2014 年广东省林业科技创新专项基金项目
"森林土壤养分状况调查与评价"

# 广东省云浮市森林土壤养分调查与评价

李小川　丁晓纲　等著

中国林业出版社

**图书在版编目(CIP)数据**

广东省云浮市森林土壤养分调查与评价 / 李小川等著. —北京:中国林业出版社,
2018.12

ISBN 978-7-5038-9877-8

Ⅰ.①广··· Ⅱ.①李··· Ⅲ.①森林土—土壤有效养分—土壤分析—云浮 Ⅳ.①S714

中国版本图书馆 CIP 数据核字(2018)第 273339 号

*中国林业出版社·科技出版分社*

责编:于晓文　于界芬

**出版**　中国林业出版社(100009　北京西城区刘海胡同 7 号)
　　　　网址:http://lycb. forestry. gov. cn/　**电话**　010 – 83143542

**发行**　中国林业出版社

**印刷**　固安县京平诚乾印刷有限公司

**版次**　2018 年 12 月第 1 版

**印次**　2018 年 12 月第 1 次

**开本**　710mm×1000mm　1/16

**印张**　12.25　　彩插 20 面

**字数**　245 千字

**定价**　68.00 元

# 《广东省云浮市森林土壤养分调查与评价》
# 著者名单

李小川　　丁晓纲　　曾曙才　　张春花

杨海燕　　魏　丹　　张中瑞　　张　耕

陈利娜　　华月珊　　解懿妮　　齐　也

包倪雯　　孙丽芳　　张祥宇　　郑　家

庞晓峰　　王伟达　　卢广超

# 序

习近平总书记强调，山水林田湖是一个生命共同体，人的命脉在田，田的命脉在水，水的命脉在山，山的命脉在土，土的命脉在树。土壤是经济社会可持续发展的物质基础，保护好土壤环境是推进生态文明建设和维护生态安全的重要内容。森林土壤是森林生态系统的重要基质，系统组分所需的水分、养分、氧气等大部分都有赖于土壤的补给，其土壤资源状况能够直接影响生态系统健康、森林质量精准提升和林产品质量安全。

开展森林土壤调查，建立林地土壤数据库，可以全面、系统、准确地掌握土壤养分和环境质量状况，科学评估区域土壤污染风险，确定土壤环境安全和质量等级，对指导林木测土配方施肥、制定林地土壤污染防治对策、提高林地环境管理水平、推进森林科学经营具有十分重要的现实意义。科学合理和高效利用林地资源，做好森林土壤调查、摸清森林土壤家底是基础、也是关键。近年来，广东省林业厅组织广东省林业科学研究院等单位开展了广东省云浮市森林土壤养分状况调查与评价试点，形成了《广东省云浮市森林土壤养分调查与评价》一书。该书详尽记录了云浮市森林土壤理化性质、养分状况、重金属及其分布特征，评价了土壤养分变异性、重金属污染等状况，开发了林地土壤养分状况信息管理系统和森林土壤资信手机应用程序，实现了移动端信息查询服务。

森林土壤调查是一项长期、基础性工作，云浮市森林土壤调查历时 4 年，参与的科技人员付出了巨大心血和努力。《广东省云浮市森林土壤养分调查与评价》一书的出版，不仅为云浮市的林业区划和森林可持续经营提供了科学依据和指导，也为广东省及其他地区林地土壤调查和评价提供经验和借鉴，对森林的科学经营、质量精准提升和发展特色经济林、推进乡村振兴都具有重要指导作用。

2018 年 4 月

# 前　言

　　森林是一个自然生长且以乔木为主的生物群落，也是林木、微生物、伴生植物、动物以及土壤的综合体，是陆地生态系统的主体，森林不仅可以提供木材等林产品，而且对维护地球生态平衡、保护生态环境有着重要作用，对人类的生存与发展至关重要。土壤为森林系统中的植被生产、发育提供必需的生存环境及养分，是营养元素转化的枢纽，对森林系统的发展有着极为重要的作用。土壤是不均一和变化的空间连续体，在空间上具有高度的空间变异性。空间变异性是土壤的一种自然属性，是普遍存在的。土壤养分是土壤的最基本属性之一，土壤的肥力状况由它的存在状态和数量决定，进而直接影响着植被的生长繁殖。在森林中，土壤肥力是决定森林生产力的主要因素，其水平的高低是评估林业发展和土地可持续利用的重要标准。而养分的空间变异性也是土壤特性空间变异性的重要方面。土壤养分空间变异的程度主要受土壤形成过程以及它在空间和时间上的平衡影响，土壤空间变异的因素有成土母质、地形、时间、生物等自然因素和人为因素。然而传统林业生产中，往往将林地简单地依据地形、行政区域划分，忽略土壤养分空间变异性，从而导致某些地区林地施肥量不足或过高，施肥量不足导致植物生长发育进程相对缓慢，施肥量过大不仅造成肥料的浪费，且易对生态环境造成威胁。因此如何利用土壤调查取得的大数据建立土壤养分空间模型和土壤数据库是实现森林质量精准提升的关键。

　　随着经济增长、土地开发和经营强度增加，人类活动对森林景观类型产生了很大影响，干扰后的景观异质性改变了景观类型之间相关性状态。由于大气降尘、汽车尾气、采矿等活动，人类对森林的干扰已经不再仅限于森林的景观类型上，还体现在近年来城市、城郊森林土壤的微量元素中的重金属含量变异上。重金属元素具有难以被微生物降解、难移动等特点，它不仅会污染、危害森林生态系统，而且会进入食物链危害人类健康。由于森林土壤微量元素中的重金属进入人类食物链的风险远低于农业土壤，所以森林土壤微量元素很少得到人们的关注。中量元素钙、镁、硫是植物生长发育的必需元素，随着人们对木材质量要求逐渐提高，土壤养分中的中量元素也逐渐被人们关注。广东省土壤科学发展历史悠久，在食物安全、环境保护、减少贫困、退化土地恢复重建和生态系统稳定性维持等方面已取得了许多重要的成绩。但目前广东省面临着人均耕地面积少、后备土壤资源匮乏、土壤肥力下降、土壤环境日趋恶化以及水土流失依然严重等问题。近年来人类干扰对林业的影响极大，而对广东省森林土壤的中量元素和微量元素的研究也仅停留在城市森林、人工林中，因此天然林中的中量及微量元素的分布亟待研究。重金属污染严重威胁土壤生态环境，摸清土壤重金属含量分布，确定重金属污染源，是林地土壤污染治理与修复的重要环节。因此，有效监测和管理土壤资源，恢复与保持土壤养分以及保护土壤生态环境成为林业研究者亟待解决的问题。

　　本书是以科研生产实验数据为第一手资料，本书在编撰过程中得到了广东省林业厅、林业科研院所的大力支持，在此一并表示感谢。

　　本书由于专业性强，所涉及的专业知识面广，书中难免有疏漏和不妥之处，希望林业界同仁与广大读者批评指正，不吝赐教。

编者

2018 年 7 月

# 目　录

序

前　言

1　绪　论 ································································· (1)
  1.1　土壤养分空间变异性 ······································· (1)
  1.2　土壤中微量元素 ············································· (6)
  1.3　土壤物理性状 ··············································· (12)
2　云浮市自然地理概况 ············································· (16)
  2.1　地理气候 ····················································· (17)
  2.2　土壤母质 ····················································· (19)
  2.3　植被状况 ····················································· (21)
3　土壤采样、分析及建模方法 ···································· (24)
  3.1　土壤样点布设、样品采集与保存 ························ (24)
  3.2　土壤各指标分析与评价 ·································· (29)
  3.3　基于 GIS 与地统计学的土壤建模与制图 ············· (31)
  3.4　土壤数据库建立与管理系统开发 ···················· (40)
4　云浮市林地土壤物理性质 ········································ (45)
  4.1　土壤水分含量 ··············································· (45)
  4.2　土壤物理性质变异性 ······································· (48)
  4.3　新兴县土壤物理性质 ······································· (53)
  4.4　小　结 ······················································· (76)
5　云浮市林地土壤有机质含量 ···································· (80)
  5.1　云城、云安区土壤有机质含量 ························ (80)
  5.2　罗定、新兴地区土壤有机质含量 ···················· (82)
  5.3　郁南县土壤有机质含量 ·································· (100)
  5.4　小　结 ······················································· (104)
6　云浮市林地土壤氮、磷、钾含量 ····························· (106)
  6.1　云城、云安区土壤氮、磷、钾含量 ················· (106)

    6.2　土壤全氮、全磷、全钾等级空间分布 ……………………（108）

    6.3　罗定市土壤氮、磷、钾含量 …………………………………（108）

    6.4　新兴县土壤氮、磷、钾含量 …………………………………（113）

    6.5　郁南县土壤氮、磷、钾含量 …………………………………（115）

    6.6　小　结 ……………………………………………………………（124）

**7　云浮市林地土壤中量元素（钙、镁、硫）含量** …………（127）

    7.1　云城区土壤中量元素含量 ……………………………………（127）

    7.2　云安区土壤中量元素含量 ……………………………………（128）

    7.3　土壤中量元素空间预测分布 …………………………………（129）

    7.4　小　结 ……………………………………………………………（132）

**8　云浮市林地土壤重金属含量** ……………………………………（133）

    8.1　云城、云安区土壤重金属含量 ………………………………（133）

    8.2　罗定市土壤重金属 ……………………………………………（137）

    8.3　新兴县土壤重金属 ……………………………………………（144）

    8.4　郁南县土壤重金属 ……………………………………………（162）

    8.5　小　结 ……………………………………………………………（172）

**9　云浮市土壤养分空间分布** ………………………………………（175）

    9.1　云浮市土壤有机质空间分布 …………………………………（175）

    9.2　云浮市土壤全氮空间分布 ……………………………………（176）

    9.3　云浮市土壤全磷空间分布 ……………………………………（176）

    9.4　云浮市土壤全钾空间分布 ……………………………………（177）

**参考文献** ………………………………………………………………（178）

# 1

---

# 绪　论

## 1.1　土壤养分空间变异性

### 1.1.1　土壤养分空间变异性定义

土壤是地球陆地表面能够生产植物收获物的疏松表层,在时间和空间上受多种因素影响,因此具有空间变异性(李旭等,2012)。养分空间变异是土壤特性空间变异的一个重要方面,是客观存在的,是指土壤中的养分在空间位置的差异性和趋势性。

变异类型包括结构分异和随机变异,而自然因素和人类活动是影响土壤养分空间变异的根本因素(张法升等,2011)。其中,自然因素包括气候、地形因子(海拔、坡度、坡向等)、成土母质等;人类活动包括施肥、中耕除草、灌溉等生产性活动。土壤母质在土壤的形成和发育过程中具有无法替代的地位,导致土壤的理化性质呈现差异。在大尺度上,影响土壤养分变异的主要因素是气候条件、地形地貌、土壤类型等区域性因素(白由路等,1999)。大量研究表明,土壤大量元素的空间变异主要受土壤母质、地形、气候、降水和农业措施等因素影响(Mallarino,1996)。成土母质相较于地形在解释土壤空间变异的过程中有更重要的地位(Stolt et al.,1993)。通常来说,成土母质养分含量与土壤中养分含量成正比,但在某些区域由于长期的人为管理,土壤养分空间变异趋于缩小,呈现出区域内大致统一(李子忠等,2000)。地形对土壤养分有较大的影响,通过水热条件和成土物质的再分配对土壤养分的空间变异造成直接影响(Mulla,1993;秦松等,2008)。有研究表明地形位置与黏粒、砂粒的含量以及土壤 pH 值有显著的相关性，坡度相似的位置土壤特性大致相似。土壤有机质的含量因坡位不同而呈现差异（Miller et al.，1988），地形对硝态氮含量有着重要影响，而磷含量与地形相关性较低（Franzen et al.，1996）。

人类活动对土壤养分的空间变异也存在较大的影响，如生产中的施肥、耕作方式、灌溉以及农药施用等生产措施均可以导致土壤的理化性质发生变异。在中小尺度上，影响土壤养分变异特征的主要因素是土壤养分管理（Franzen et al.，1996）。农户对肥料的认知不同、经济条件不同会导致肥料施用的差异，从而对土壤养分的空间分布产生一定的差异（Bouma et al.，1993；赵月玲等，2005）；刘冬碧等（2003）对不同种植方式对土壤特性产生的影响进行分析，得出土壤有效养分与利用方式呈现密切的相关性；作物对养分的吸收、养分在土壤剖面的移动以及土壤酸碱调节剂的应用也都会引发土壤养分的空间变异（Phillips et al.，2005；Stafford，1997）。人类活动对与土壤养分变异来说，属于外部影响因素，在小范围内表现明显（王云全，2015）。土地利用类型同样也会对土壤养分变异产生影响，史文娇等（2009）得出土地利用类型对有效态微量元素的含量存在影响；阿拉腾希胡日等（2010）表明水稻土的有机质含量明显高于旱地的，水田的速效钾含量低于旱地；刘占仁等（2012）研究结果显示，林地全氮含量依次高于水田、旱地和未利用地，全磷含量则为未利用地依次高于旱地、林地和水田，而且土壤有机质含量也因不同的土地利用方式及类型存在差异；张淑娟等（2015）对林地、灌丛、草地和耕地等4 种土地利用方式下的土壤养分开展研究，结果表明不同利用方式下 7 种土壤养分含量存在显著的差异。

## 1.1.2　土壤养分空间变异研究进展

Milne 在 1936 年首次提出土壤的空间变异，认为灌溉、排水、沉积、侵蚀、淋溶和再沉积等过程导致空间相邻的土壤的相互关联（周慧珍等，1991）。早期养分空间分析一般采用 Fisher 经典统计学进行研究，是定量研究土壤性质空间变异的第一种方法（张少良等，2008）。这种方法基于一种假设，即假设样本为纯随机采样，样本之间完全独立且服从某种已知的概率分布（Petersen et al.，1986；梁春祥等，1993）。Fisher 经典统计学并未重视每个样本的空间位置，仅可以定性估测试验区土壤特性变异程度，但在很多情况下难以充分、科学、准确地描述土壤特性的空间变化状况（Robert，1999）。

20 世纪 60 年代初，地统计学形成，后在法国统计学家 G. Matheron 等学者(1963)的理论基础上形成一门新的统计学分支,首先被用于地学领域,因此被称为地统计学(赵汝东,2008;赵业婷,2015)。地统计学能对土壤随机性变量和结构性变量进行分析,且弥补了 Fisher 经典统计学中忽略空间位置的不足,更具有优越性(侯景儒等,1993)。Campbell(1978)率先将地统计学应用于土壤砂粒含量和 pH 的空间变异(徐剑波等,2011)。随后,Burgess 等(1980)和 McBratney 等(1983)成功在土壤调查和属性估测中运用了克里格法,地统计学与 GIS 相结合探究土壤空间变异规律的现时代就此开启(梁春祥等,1993),运用地统计学法研究特性空间变异成为土壤科学的研究热点。土壤特性在空间上并非是独立的,随着土壤性质空间变异的深入研究,大量研究结果表明,在一定范围内土壤在空间上是连续的,存在空间相关性,土壤特性并非是纯随机变量(Burrough,1993;Ersahin et al.,2006;Heuvelink et al.,2001;Ritz et al.,2004;Webster,2000;Webster et al.,1984)。Cambardella 等学者(1994)提出块金值≤25%时,土壤属性有强空间相关性,25%~75%时为中度空间相关性,≥75%时表现为弱度空间相关性,在土壤属性的空间变异性研究中被广泛使用(苗恒录等,2009;王培法等,2014;王政权,1999),研究结果同时表明土壤碳氮都属于中等程度的空间变异(Cambardella et al.,1994)。统计学选取样本要求均匀分布,导致难以对大尺度范围内的土壤养分空间变异进行定量研究,因此土壤特性的空间变异通常局限于小尺度范围。Webster 等(1984)研究了农田土壤铁、锰、锌、铜元素的空间变异性;Mishra 等(1995)研究了红壤区域有机质和 pH 的空间变异性;Yanai 等(2003)探究了表土(0~20cm)的全氮、全磷和 pH 的空间变异性,并发现均符合线性模型。大尺度下的土壤养分空间变异较早出现于(Yost et al.,1982)对夏威夷岛土壤养分变异性的研究中,其结果表明 P、K、Ca 和 Mg 元素含量空间相关距离为32~40km;1997 年,Chien 等(1997)对我国台湾中部的土壤养分空间变异展开研究;同年,White 等(1997)针对美国土壤全锌含量的空间变异特性展开研究并绘制等值线图;Mcgrath 等(2003)运用地统计学结合 GIS 技术发现爱尔兰西海岸的草地土壤表层有机碳含量高于内陆和东南海岸;国际上对土壤特性空间变异性的研究并非仅限于养分方面,对土壤盐分(Souza et al.,2000)、含水量(Nyberg et al.,1999)、土壤密度(Warrick et al.,1980)、土壤微生物(Jiménez et al.,2011)等属性的空间变异也有相关报道。2000 年后,国外土壤科研工作者逐步开始关注土壤利用方式对土壤养分空间变异的影响。Bruland 等(2006)探究并揭示了 3 种不同利用方式下的土壤空间变异状况;Sano 等(2006)研究表明导致土壤有机质空间变异和氮素的矿化过程的因素是不同的土壤利用方式和土壤类型。

　　土壤空间变异研究在国内起步较晚，起初主要是运用传统统计学对湖区、农场等土壤养分特征的空间变异规律进行研究（沈思渊等，1986）。发展至 20 世纪 90 年代中后期才逐渐增多（潘成忠等，2003），并且逐步采用半方差分析图和克里金插值法探究土壤养分的空间变异。李菊梅等（1998）应用半方差函数对土壤养分的空间变异规律展开研究；同年，秦耀东（1998）详细阐明了半方差函数的使用并给出了提高分析精度的意见，促进了地统计学在土壤特征空间变异研究中的应用；张有山等（1998）、胡克林等（1999）探讨了土壤养分的空间变异特征，绘制了养分等值线图。郭旭东等（2000）对表层土壤养分的空间变异展开研究，从水平和垂直方向解释澄城、杨陵 2 块田地的土壤有机质、硝态氮和铵态氮等的空间变异规律。土壤养分空间变异的尺度效应（张法升等，2009）成为研究热点，而研究多集中于试验田、小流域、县域等中小尺度（陈涛等，2013；霍霄妮等，2009；雷咏雯等，2004；王圣伟等，2013），少见大尺度范围的研究（于洋，2016）。国内的土壤养分空间变异特征研究主要手段是通过野外采样和室内测定，空间插值法是实现区域土壤养分空间连续分布的重要途径。已有大量研究针对反距离插值法（IDW）、样条函数法（Spline）和克里金插值（Kriging）等 3 种插值法的精度展开，但结论并不一致，而整体结果表明克里金插值法效果优于前两者（赵业婷，2015）。克里金插值法具有考虑样点间的空间相关性的优势，包括普通克里金插值、协同克里金插值、回归克里金插值、分层克里金插值等。较为常用的是普通克里金插值和协同克里金插值，前者基于单变量，后者则需利用具有极显著相关性的主变量和辅变量进行插值。Baxter（2005）、Castrignanò（1990）和庞夙等（2009）先后研究均表明采用某特定的辅助变量的协同克里金插值法比普通克里金插值更加精确和经济。郭熙等（2011）对山地丘陵区耕地土壤进行插值，结果显示以海拔、坡度等地形因子为辅助变量的协同克里格法插值精度高于普通克里格法和反距离插值法。李楠等（2011）以有机质为辅助变量的协同克里格法对城乡交错带地区的土壤全氮、速效磷和速效钾进行空间插值，结果效果优于普通克里格法。杜挺等（2013）利用土壤多种养分属性相关性进行的协同克里格法相比普通克里格法能提高拟合精度。石淑芹等（2014）研究表明协同克里格法在区域土壤养分空间预测中的效果优于普通克里格法，同时提出土壤类型适于作土壤养分属性的辅助变量。而姜勇等（2005；2006）在土壤有机碳和土壤锌的研究中表明基于回归模型的克里格法效果更优。克里金插值方法存在弊端，其具有平滑效应，易使预测值向均值或中值方向偏移，从而使得其预测结果难以明显反映局部变异特征(吴春发,2008);而且克里金插值法基于空间养分的相关性,借助统计关系函数进行统计插值,这类方法对空间依赖性过强,势必会导致预测养分的数据过分依赖空间属性数据,从而使预测的误差较大。

## 1.1.3 土壤养分预测方法

### 1.1.3.1 DEM 数字高程模型

数字高程模型(Digital Elevation Model),简称 DEM,源于美国麻省理工学院的 Miller 教授所进行的计算机道路工程辅助设计工作(吴良超,2005)。是一种能够表示地面高程的实体地面模型,该模型是数字地形模型的一个分支,集数据采集、处理、应用功能于一体。早期的 DEM 主要应用于土木工程中,后来随着 GIS 的应用普及,DEM 技术的优点逐渐被人们所认识,并作为空间数据库实体为 GIS 空间数据分析做数据基础(杜建刚 等,1997;睢海刚 等,1999)。随着 DEM 被交通、农业、测绘等学科的普遍应用,它已经成为 GIS 地形分析的核心部分。目前 DEM 在我国已被首次纳入国家测绘生产计划中并规模生产。

### 1.1.3.2 空间插值模型

空间插值方法,包括克里格法、样条函数法、反距离加权插值法等,它们充分提高了采样的效率,节约了成本,且具有优化插值的特点(孔毅,2012)。在中国,克里格插值法的运用比较多,样条函数与反距离加权插值法运用比较少。近几年国内对土壤预测的插值法研究主要是对几种插值法的插值结果进行比较,从而判定最优插值法。不同的插值方法,在研究过程当中表现出不同的优异度(许金朵,2008)。弓小平等(2009)运用普通克里格、协克里格法插值对阿舍勒矿床进行研究,结果发现协克里格插值法的相对误差较小;范铭丰(2010)运用普通克里格与反距离加权插值法对重庆江津区的土壤样进行研究,结果发现克里格插值法的预测精度较高。王珂等(2000)通过克里格插值法、样条函数发、反距离加权插值法对土壤中的钾元素进行研究,发现反距离加权插值法最好。

### 1.1.3.3 人工神经网络

近年来,应用人工神经网络法等建模方法对土壤养分的空间变异规律进行分析也逐渐成为研究热点。人工神经网络以其具有自学习、自组织、较好的容错性和优良的非线性逼近能力,可以较准确地揭示环境与土壤的非线性映射关系,可用来描述土壤与环境因子之间的复杂关系(Erzin et al.,2008;

Zou et al., 2010），对土壤养分的空间变异规律进行分析，精确度较高。

BP 神经网络是一种按误差反向传播算法（Back-Propagation Algorithm，BP 算法）训练的多层前馈网络，是目前应用最广泛的神经网络模型之一（莫林等，2007）。在 ANN 实际应用中，BP 网络被广泛应用于函数逼近、模式识别/分类、数据压缩等，80%~90% 的 ANN 模型都是基于 BP 网络或其变化形式，体现了人工神经网络最精华的部分（周开利，2005）。Ulson 等（2000）设计了带一个隐藏的多层感知器神经网络，利用 BP 网络算法对田间采集的土壤属性数据进行训练，再进行空间插值，其结果与克里格插值结果相比，达到了相近甚至更好地预测精度。沈掌泉等（2004）应用广义回归神经网 2 方法对土壤变异进行研究，结果表明，由于神经网络模型属于非线性模型，和地统计方法相比，在大多情况下精度高于克里金插值，因此在土壤养分空间变异性研究中前景广阔。何勇等（2004）利用人工神经网络对田间信息进行插值，研究结果显示对碱解氮预测神经网络精度高于克里金插值。在土壤有效铜和有效锌的研究中，对比克里金插值和 RBF 神经网络两种方法，结果显示 RBF 神经网络是解决非线性系统预测问题较为有效的研究工具。闫凌飞（2006）应用神经网络与遗传算法预测土壤养分含量，同时构建了基于 BP 神经网络与遗传算法相结合的网络模型用于土壤养分含量分析。胡大伟等（2007）根据样点数据和坐标属性，运用神经网络对农田土壤中间数的空间变异进行研究，结果发现经济发达的地区污染源较多，其分布较为集中，通过水系污染农田也是重金属产生变异的重要原因。在样本数量较少的情况下，基于人工神经网络的插值方法得到结果要明显优于克里格插值结果（刘吉平等，2012），与雷能忠等（2008）研究结果相似，BP 神经网络在小样本数量情况下，预测精度明显优于克里金插值，但随着样本数量的增加，两种方法的精度趋于稳定且基本相同。采用空间坐标和邻近样点信息作为输入，运用 RBF 神经网络对土壤样有机质、全氮和有效锰进行插值研究，结果显示其精度明显优于普通克里金插值和回归克里金插值，源于神经网络模型能够更加准确地捕获土壤养分与环境因子间的复杂关系。

# 1.2　土壤中微量元素

## 1.2.1　土壤中量元素

中量元素的研究要晚于微量元素，由作物缺硫诊断的研究拉开了中量元素研究的序幕(戚英鹤,1982)。随着人们对中量元素的关注度不断增大,对镁元素与硫元素的研究也相继开展。其中,关于镁元素的研究并不是单一地从土壤肥力角度出发,而是囊括了农化性质(吴洵等,1987)、树体营养(赖富发,1988)、镁肥的喷施技术(林北森等,2016)、农业增产(胡时友等,2015)、镁元素的定量分析技术(栾亚阁等,2015)等方面。硫元素的研究相比镁元素而言,在研究内容上除了含量分布特征、作物生长发育,还涉及微生物群落结构(王慧,2006)、微生物群落多样性(陈丰等,2012)、对重金属的解毒机理(余林,2012)等方面。相比于其他2种元素,硫元素的研究从表层土深入到了垂直的剖面研究中。尽管国内对中量元素的研究已经有几十年的历史,但是对于森林土壤研究涉及较少,仅有少数的关于莽山常绿阔叶林土壤养分研究(谢寄托,2014)和川西亚高山冷杉林土壤养分研究(马丹等,2014)。同时森林土壤中的中量元素的空间布局情况亟待研究。

## 1.2.2 土壤重金属

### 1.2.2.1 森林土壤重金属污染现状

土壤是生态系统的重要组成部分,它的好坏发展直接影响到森林的建设。从 20 世纪 90 年代到现在,全球范围内对于土壤越来越重视(Dekimpe and Morel,2000)。城市化和工业发展带来的大量污染物直接作用于土壤。来自于城市 80% 的工业和生活的污染物直接或间接地进入城市和周边地区的土壤生态系统中。在废物处理设施仍然不能满足需要的绝大多数地区,土壤靠自身能力已不足以去缓冲和净化这些污染物,因而将导致严重土壤污染的发生。土壤是影响植物群落生存、结构和功能的重要环境因子之一(Tal et al.,2010),通过大气和水体进入土壤的重金属,在土壤中不断累积,通过接触、摄取和吸收等多种途径危害动植物健康(Oliver,1997)。2014 年 4 月,根据国家环境保护部和国土资源部联合发布的全国土壤污染状况调查报告显示,我国土壤环境状况整体不容乐观,部分地区污染情况日益加重。全国土壤总的点位超标率为 16.1%,其中耕地土壤点位超标率更是高达 19.4%。值得注意的是我国部分林地(天然林、次生林和人工林林地)土壤点位超标率也高达 10.0%(严健标,2011)。土壤重金属来源主要有 2 个:一个是自然污染途径进入,即岩石在风化成土壤时自身所带重金属的比例会对土壤有一定的影响,再者是某些火山地震的发生、森林火灾、植被析出等活动使重金属漂浮于空中,通过降雨和尘降回到水体或者土壤中(马耀华和刘树应,1998);二是人为活动的影响,各种各样的工业污染、交通污染、城市废弃物堆放所产生的重金属都会通过各种途径渗入到土壤中去。而目前森林土壤重金属的污染源主要为人为输入（张金池等，2004）。兰天水等（2003）以 319 国道龙岩市新罗区路段为研究对象，采样后进行土壤重金属 Cd、Pb、Cu、Zn、Cr 含量测定并进行评价，结果显示污染物主要来源于机动车辆燃料和轮胎中所含微量重金属成分。史贵涛等（2006）对上海市区 44 个公园土壤重金属含量进行测定，并以上海市土壤背景值为标准对污染状况进行评价，得到污染较为严重的公园区域其污染来源可能是交通和工业污染，与公园建成时间无显著性相关的结论。有数据表明，全世界平均每年各类土壤重金属元素排放量都是数以万计，这些重金属污染物通过各种途径进入森林生态系统，造成森林生态系统污染与破坏（孙铁珩，2001）。森林土壤重金属含量过高直接影响森林土壤生态系统的结构与功能，使生物种群结构发生改变，生物多样性减少，并可通过地下水、食物链等方式危害动物和人类的生存与健康（张金池等，2001）。

### 1.2.2.2 森林土壤重金属污染研究现状

目前，国外对森林土壤重金属污染研究比较成熟，研究表明，人类活动影响强度不同，土壤重金属污染程度不同，建城历史越悠久，污染程度越高；城市化、工业化水平越高，污染程度越高（楚纯洁和朱玉涛，2008）。Hernandez 等（2003）发现，法国森林土壤中重金属含量 Cr > Zn > Pb > Ni > Cu > Co > Cd；对灰壤 Pb 的同位素分析表明，土壤表层、中层和深层人为 Pb 贡献率分别达到了 83%、30% 和 11%。Cogliastro 等（2001）研究表明，在波兰南部锌冶炼厂周围奥尔库什森林 6 km 范围内，2 个月的重金属输入量从高到低分别为 Pb > Cd > Fe > Zn；枯枝落叶层 Cd、Pb、Cu、Zn 和 Fe 的含量提高了几倍到数十倍。Yelpatyevsky（1995）研究受污染的栎树林林地重金属含量状况，发现受污染林区重金属 Pb、Zn、Cd、Cu 含量分别是未污染地区的几倍到几十倍，由此可见城市森林对重金属有很强的累积能力，且可对污染地区土壤进行修复。Katarzyna（2003）于 1998~2002 年研究 Cracow 市由于城市化和工业化等污染对城市森林地被植物污染的影响，结果发现人为输入很大程度地影响了森林地被物 Cd、Cu、Pb、Zn 和 Fe 含量，还发现当与污染源的距离越远，森林污染程度就会愈来愈弱。Mertens（2007）研究了 4 个不同树种栽植 33 年后树木和林下土壤重金属含量情况，发现杨树对 Cd 和 Zn 的吸收量较高，并且对这两种重金属的吸收与表层土壤重金属浓度成正比，栎树与其他树种相比土壤 pH 值较高，且其表层土壤重金属浓度明显呈下降趋势，树木生长可导致土壤性质的变化，森林对重金属循环和分配有积极的影响，一方面森林蒸发作用使土壤水流减少，减少了土壤向地下水和地表水重金属的淋溶输入；另一方面，树木生长使重金属移动加快。

国内对森林土壤重金属方面的研究还比较少，宇晓波等（2009）选取贵阳市花溪区典型石灰土林地土壤作为研究对象，分析其中 7 种重金属的含量特征，平均含量从高到低顺序为：$Pb > Ni > Mn > Co > Cu > Cd > Zn$；欧芷阳等对东莞市的尾叶桉林、马尾松林、马占相思林和针阔混交人工林 4 种林分的表层土壤的 $Cu$、$Zn$、$Pb$、$Cd$ 4 种重金属含量进行测定，并对其污染状况进行评价，结果表明，4 种土壤重金属含量从高到低依次是：$Zn > Pb > Cu > Cd$，土壤综合污染指数依次为马占相思林 > 尾叶桉林 > 马尾松林 > 针阔混交林（欧芷阳等，2013）；刘平等（2011）对桉树人工林地土壤养分和重金属进行了现状分析与评价，结果表明桉树人工林的土壤污染较为严重；潘勇军等（2008）对广州市城市森林范围内的土壤重金属的污染状况进行研究，结果表明机场高速林带林区和广深铁路林带林区都有部分重金属元素超标，而其他严格控制其环境重金属污染物的各林区则没有超标，其中帽峰山森林公园综合污染指数最低，由此可见森林群落对重金属污染元素有一定的削弱作用。孙慧珍等（2011）对东北林业大学林业示范区的 9 种人工林的土壤重金属进行测定并评价其土壤重金属污染状况，结果表明同一人工林土壤重金属含量均随土壤深度增加呈下降趋势，各类型人工林同一土层重金属含量以 $Zn$ 最高，土壤综合污染指数从高到低为：水曲柳林 > 黄波罗林 > 针阔混交林 > 胡桃楸林 > 樟子松林 > 黑皮油松林 > 兴安落叶松林 > 白桦林 > 蒙古栎林。简毅等（2015）对岷江下游小型集水区的水杉人工林、杉木人工林、巨桉人工林、阔叶混交林 4 种林分中的 5 种重金属（$As$、$Cd$、$Cu$、$Pb$、$Zn$）含量进行测定，并对其污染状况做了评价，结果表明，4 种林分类型土壤重金属含量随土壤深度的增加而降低，污染程度从高到低顺序为 $Cd > Pb > As > Cu > Zn$；薛佳梦等（2016）以东北林业大学城市林业示范研究基地的兴安落叶松林、樟子松林、黑皮油松林、黄波罗林、蒙古栎林、水曲柳林和白桦林为研究对象，对树干中 $Zn$、$Cu$、$Pb$、$Cd$、$Hg$ 和 $As$ 6 种重金属累积量进行测定，结果表明不同人工林对重金属的综合累积能力存在差异，排序结果为：白桦林 > 兴安落叶松林 > 水曲柳林 > 樟子松林 > 蒙古栎林 > 黄菠罗林 > 黑皮油松林；方晰等（2012）对长沙市森林土壤 7 种重金属含量调查，结果显示：7 种重金属的平均含量均随着城市化程度提高而增加，$Pb$ 增幅最大，$As$ 增幅最小。同一城市化梯度森林土壤均以 $Zn$ 平均含量最高，$Cd$ 最低，但均未超过土壤环境质量标准；聂明等（2011）通过比较亚热带人工林和天然林中 13 种不同的土壤重金属含量，结果表明天然林土壤中的重金属含量普遍高于人工林，猜测可能由于天然林年龄较大，其植物根系积累和固定的土壤重金属含量会更高。马军等（2011）对福州城市边缘区森林土壤重金属进行了取样调查分析，结果表明：Cr、Pb 是该区土壤重金属污染最主要的元素，Zn、Cu、Pb、Cr 含量随土层深度增加而减少，Mn 则相反，单项污染指数评价结果表明 Cr 污染最严重，Cu 污染最小；童方平等对冷水江锑矿区重金属进行调查，结果表明：七里铺点土壤中以 Sb、Hg、Cd、Zn 含量最高，长龙界点土壤中以 As 含量最高，联盟点土壤中以 Pb 含量最高。随着土层厚度的增加，土壤中 Sb、As、Pb、Hg、Cd、Zn 含量呈递减的趋势。

国内也有许多对森林土壤重金属的研究，但大多集中在城市绿地和对土壤重金属的污染评价。卓文珊等（2009）对广州市的 7 个功能区的 5 种重金属元素（Ni、Cr、Pb、Zn、Cu）的含量测定并对其污染状况做了评价，得出在工业区和新居住区的重金属含量积累程度比较高和重金属的存在形态上也存在差异的结论。阴雷鹏和赵景波（2006）调查了西安市主要功能区表层土壤中 5 种重金属的含量和分布规律，得出除去工业区和交通区为重度污染区域，其他功能区为轻度污染的结论。深圳市 9 个主要公园和 7 条主要道路绿地的 4 种土壤重金属元素（Cu、Zn、Pb、Cd）经过调查分析后结果表明，除了 Cd，道路绿地土壤重金属 Cu、Zn、Pb 含量普遍高于公园绿地（史正军等，2007）。郭平等（2005）对长春市的开发区、工业区、郊区耕地、住宅区和公园中的土壤重金属元素（Cu、Mn、Pb、Ni、Zn、Fe）做了调查分析。林健和邱卿如（2000）对 319 国道龙岩市新罗区路段进行土壤的采样土壤综合污染指数为 1.63，已形成严重污染的元素为 Cd 和 Pb，轻度污染的元素为 Cu 和 Cr，污染晕带自公路起向其两侧扩散范围约为 250 m，土壤对重金属元素吸附及污染程度：Cd > Pb > Cu > Cr > Zn > Ni > As；俞聪等（2008）对上海浦东新区公园绿地土壤重金属的分布特征及其评价，结果表明仅公园受到相对较严重的 Ni 和 Cr 污染；从综合污染指数来看，公园为重度污染，其余公园未受污染，得出本次调查的公园绿地土壤在一定程度上受到某些重金属的污染的结论；吴新民等（2003）对南京市的不同功能分区的土壤重金属分布做了调查分析，结果表明，土壤重金属平均含量从高到低依次是矿冶工业 > 居民区 > 商业区 > 风景区 > 城市绿地 > 开发区，且各功能区土壤重金属分布不均匀反映了其来源的途径也存在差异，如矿冶区，土壤重金属来源受所在地企业性质的影响而各不相同。朱丽等（1999）通过对南京大厂区林区 4 种土壤重金属元素（Cu、Ni、Zn、Mn）进行研究分析，结果表明土壤重金属平均含量从高到低依次是南京钢铁厂 > 太子山公园 > 扬子乙烯地区，且不同层次重金属含量无明显差

异；丁园等（2013）通过对庐山森林土壤研究表明，庐山表层土壤 Cu、Pb、Zn
和 Cd 含量普遍超标，北坡污染程度比南坡更重，其综合污染指数最高达
2.54，并随着海拔高度而增加；南坡 Cu、Pb 和 Zn 的污染程度加重，而北坡
未表现出这一变化规律，而且土壤重金属在剖面上的垂直分布是随着土层深
度的增加而递减，这证实了土壤重金属污染主要来源于外部，而非成土母质。

#### 1.2.2.3 实验所选重金属元素

环境中常见的重金属元素有 ed、er、eu、Hg、As、Fe、Mn、Ni、eo、
Cu、Cd、Zn、Pb 等，本书选取 Cu、Zn、Pb、Cd、Ni 5 种重金属元素，原因
如下。

Cu 既是重金属污染元素又是植物必要的营养元素，Cu 还是人体健康不可
缺少的微量元素，对于血液、免疫系统和中枢神经、皮肤、头发、骨骼组织
以及大脑、肝、心等内脏的发育和功能有着重要的影响。过量的 Cu 不仅影响
农作物的生长与产量，更为严重的是可通过食物链对人畜的健康产生危害，
调查研究 Cu 的污染状况具有一定的现实意义。

Cd 污染主要来自于电镀、染料、采矿、冶炼、化学制品、塑料工业、合
金及一些光敏元件制备等行业排放的"三废"物，是一种生物积累性剧毒元素。

Zn 是植物生长发育必需的营养元素之一，而且对人体有很大作用。Zn 对
人体的免疫功能起着调节作用，还是许多蛋白质、核酸合成酶的构成成分，
至少有 80 种酶的活性与 Zn 有关。人体内的 Zn 含量过少会引发一系列病症。
但摄入过量可引起头晕、呕吐、腹泻等副作用。

Pb 的主要污染源是蓄电池、冶炼、五金、机械、涂料和电镀工业等部门
排放的废水以及汽车尾气，Pb 是可在人体和动植物组织中蓄积的有毒重金属
元素之一，迄今未发现它对人体有任何益处的生物功能。长期以来世界各地
广泛使用含铅汽油，使得 Pb 成为环境中最普遍的重金属污染元素。很多化学
品在环境中滞留一段时间后即可降解为无害的最终化合物，但 Pb 无法再降
解。Pb 一旦排入环境后在很长时间里仍然保持其可用性。正由于铅在环境中
的持久性，且对许多生命组织有着较强的潜在毒性，因此铅一直被列入强污
染物范围内。在很低的浓度下，铅的慢性长期健康效应表现为：影响大脑和
神经系统。

Ni 是人体必需的生命元素，其主要特点之一是参与许多酶的合成和激活
作用，它们在体内多以结合态存在，存在于蛋白质和酶内，或与蛋白质、肽、
氨基酸以及有机控酸等结合，并以结合态形式参与体内生物学过程。但过量
的 Ni 会对人体造成危害，可引起炎症、癌症、神经衰弱症等疾病，同时使人

体系统紊乱、降低生育能力、致畸和致突变等。

# 1.3　土壤物理性状

## 1.3.1　土壤水分及物理性质

林下土壤的物理特性主要是通过水分含量、土壤容重、质地、结构性等特性表现出来的。土壤水分及物理性质状况对林木的生长与分布有着重要影响，而土壤物理性质各因素之间并不是孤立的，它们互相影响相互作用，其中土壤质地、土壤容重、土壤的结构性以及土壤水分含量尤为重要。

### 1.3.1.1　土壤水分

土壤水分是运输森林植物养分的载体，同时水分也是提供土壤径流的供源，对土壤通气性达到调节作用（杨弘等，2007）。土壤水分还对土壤中植物营养元素的有效供应产生影响。赵从举等（2015）通过对海南西部桉树人工林土壤水分变化特征的研究发现，不同林龄桉树林和椰树林的土壤含水量由表层到深层呈现递减趋势，其中林龄越大则变异系数越大，土层也随之增厚；与其他林分相比，林龄较大的林分对深层土壤水分的消耗越多，土壤水分含量相应减少，对桉树林的适时采伐有利于其林下土壤的水分保持及树种生长。王月等（2015）通过对土壤水分与白刺沙堆退化关系的研究发现，在研究的不同年份间，各样地的土壤含水量均呈现出 2008 年最大，2009 年和 2011 年次之，2010 年最小状态；同年内不同季度土壤含水量也表现出差异：春季土壤含水量最低，夏季逐渐增加，随后逐渐减小；在不同发育阶段，雏形阶段的土壤含水量最大且渗透能力最强，而当达到稳定和死亡阶段后水分含量不断减少至最低，渗透能力薄弱。张川等（2014）通过对坡地林分土壤水分的研究发现，土壤水分含量随空间地势变化而改变，在取样的不同阶段，不同林分林下土壤的含水量变化前期和中期相反而后期趋同状态。

### 1.3.1.2　土壤容重

土壤容重作为土壤物理性质中一项重要指标，不仅可以衡量土壤紧实度和土壤孔隙度，而且是转换土壤质量、面积、体积的必要指标，为土壤持水性能、养分输送功能的衡量提供重要依据。土壤容重的变化关系土壤孔隙状况，进而对土壤持水能力、入渗规律及养分运移特征产生影响，使土壤的导水特性产生变化（Abet，1989；邵明安等，2007；李志明等，2009）。研究土壤结构对植被的影响经常使用土壤容重作为重要指标。李志洪（2000）通过试验证明，土壤容重与毛管孔隙度呈正相关，与通气孔隙度呈负相关；土壤容重在低于 1.09 g/cm³ 的低容量范围内，对土壤坚实度影响非常显著。侯旭蕾等（2013）通过室内模拟降雨试验的研究得出，土壤容重增大，土壤含水量降低，降雨造成的土地径流量增大，从而造成土壤侵蚀和养分大量流失的状况。

容重大、紧实的土壤对土壤物理性质的影响是多方面的（Al - Adawi，1996；Assouline，1997；Lipiec，2003）。徐明岗等（2000）通过对 4 种不同质地土壤的研究得出，容重对氯离子和磷在土壤中的运移扩散产生影响，在 1.1～1.6 g/cm³ 容重范围内，氯离子和磷扩散系数均随容重增加而产生不同幅度的增大。脱云飞等（2010）通过室内模拟不同容重对土壤水氮分布影响得出，土壤容重越大，土壤结构越紧密，水分入渗能力受土壤颗粒阻碍，从而造成湿润体的水平和垂直湿润距离减小，含水率分布的均匀性越差，累积入渗量减小。

### 1.3.1.3 土壤质地

土壤质地影响土壤水分、养分的含量及气体、热量的传播。前人研究结果表明，土壤质地不同，其内部结构、颗粒组成和孔隙度的差异性使土壤的理化性质发生变化，从而对植被根系的生长发育产生重要影响。土壤质地是决定土壤肥力、持水能力、热量传播的重要因素（李秀英，2006）。韩勇鸿（2012）通过对土壤质地及田间持水量的研究得出，土壤田间持水量受质地影响而变化，土壤中黏粒含量增多，田间持水量增大。江培福等（2006）研究得出，土壤中砂粒增多，田间持水量减少。耿玉清（2006）通过研究发现，在森林土壤特别是山地土壤中，石砾含量会影响有效土层的厚度，土壤质地是影响土壤其他物理指标和林木生长的重要因子。Pagliai M（2003）通过研究指出黏土的某些物理性质变化比壤土更复杂。Griffith（1973）通过研究 5 种不同质地土壤指出，土壤质地不同对土壤的水分、地温、作物产量影响不同。土壤质地对土壤容重影响很大，一般说来砂土容重较大，黏土容重较小，腐殖质较厚的表层土壤容重较小。根据多数研究结果可得，砂壤、中壤、壤土比黏壤的容重低，其总孔隙度和非毛管孔隙度较大，通气性也较好，土壤容重对土壤通气孔隙度、持水量等指标影响显著。

土壤质地作为最基本的土壤性质指标，目前国际上一般采用 USDA 制定的三级分类标准。美国农业部（USDA），按照 2～0.05mm、0.05～0.002mm 和小于 0.02mm 将砂粒、粉粒和黏粒按比例划定为 12 个质地名称。我国南京土壤研究所于 1978 年拟定了一套我国的质地分类制（张保刚等，2009）。目前我国多采用这两种粒级分类制。测定土壤质地的方法很多，有感官法、筛分法、静水沉降法、吸管法和简易比重计法(杨乐苏等，2005)。随着土壤科学的发展，激光法作为一种区别于传统质地测量方法的新方法受到了国内外的广泛关注，人们发现其测量结果与传统方法具有一定差异(刘富刚等，2008)。人们在食品、化工、医药等不同领域利用激光法，并取得了一定的成果(刘雪梅等，2005)。

## 1.3.2　影响土壤物理性质因素

植物通过根系与土壤系统连接，通过土壤进行着各种物质代谢和养分传输，并受土壤性质的变化影响(邱莉萍等，2006)。不同区域的大量研究表明，植被通过增加地表凋落物和地下有机物(细根及根系分泌物)输入，从而显著降低土壤容重，增强团聚体稳定性，改善土壤持水能力和入渗性能，从而改善土壤综合物理性质，并促进退化土壤理化性质的恢复(马祥华等，2005)。郭琦(2014)研究发现，林下植被生物量对于土壤结构有一定的影响，与土壤容重和孔隙度相关性高，对土壤水分影响较小；灌草发育程度高，林分层次结构完备，能够促进林分土壤的改善和恢复。

无论天然林带或人工绿地，植被类型是影响土壤物理性质的重要因素，不同林分类型对土壤的生物作用存在差异。成土过程不同、景观格局的区别也会对土壤物理性质造成差异(李健英等，2008)。在各种植被类型中，受农业耕作及植被生长因素的作用，退耕地、林地、草地、灌丛的土壤密度依次减小(邱扬，2001)。薛立等(2008)通过对杉木、马尾松、湿地松、尾叶桉和速生相思林这5种华南地区主要林分的土壤物理性质研究得出，5种林分的土壤物理性质较为一致的：毛管孔隙度、非毛管孔隙度和总孔隙度均由上至下逐层递减，容重由上至下逐层递增。康冰等(2009)通过研究得出，植被特征与土壤物理性质的极显著关系主要体现在胸径(冠幅)、乔木高、灌木层盖度对土壤孔隙度的影响，而胸径和树高是表征林木单株生物量和林龄的两个重要参数，一般林龄越大时生物量越高，改良土壤的作用就越强。

许多研究表明，不同土地利用方式下土壤物理性质具有明显差异，不合理的土地利用方式会降低土壤表面覆盖度，造成土壤结构不稳定、通透性较差、地表径流增加和土壤侵蚀等严重后果(Martínez等，2009)。连纲等(2006)研究得出，不同土地利用类型对土壤容重和水分有着重要影响并表现出一定规律。李裕元等(2010)研究得出，通过种植人工草地并使其自然恢复为次生天然草地的植被恢复模式，对土壤结构的改善作用显著优于直接种植柠条灌丛和自然弃耕等模式。张超等(2011)研究得出，黄土丘陵区坡耕地退耕后，天然草地对土壤微团聚体的改善作用更明显。Giertz 等（2005）通过研究土地利用改变对土壤物理性质影响，得出农地比草地和林地的土壤侵蚀量高，造成砂粒含量增加，土壤持水能力降低，同时林地和草地较高的蒸散量和耗水量导致其土壤含水量比农地低。Wairiu 等（2006）通过分析土地利用对土壤微孔隙度的影响，发现自然林地土壤微孔隙度和孔隙半径的范围都明显高于传统农地，说明林地土壤结构性较好。

在山地地形中，海拔、坡度、坡向等地形因子与土地利用方式对土壤物理性质的变化有着非常重要的影响（Brubaker，1993）。土壤在山地不同坡位处的形成过程也是造成土壤特征不同的重要因素（高雪松，2005）。国内外学者研究得出，不同坡面位置上土壤的物理性质、水分及养分含量存在明显差异。杜阿朋等（2006）研究得出，阴坡土壤物理性质最优，土层厚度、土壤密度、石砾含量、非毛管孔隙度随坡位下降而逐渐增大，土壤水分含量也随之呈现不同幅度的减少。李庆云等（2010）研究得出，垂直剖面上土壤总孔隙度、毛管孔隙度和非毛管孔隙度随土层深度增加呈现显著降低趋势。

王政权等（2000）研究发现，随着土壤深度的增加，土壤密度逐渐增大，土壤孔隙度、持水量则随之减少。杨弘等（2007）通过对长白山北坡阔叶红松林和暗针叶林的土壤水分物理性质进行的观测和对比分析发现，随着土壤深度的增加，容重和毛管孔隙度逐渐增加，总孔隙度和非毛管孔隙度随之减少，不同林分类型土壤物理性质表现出较大差异。曹彧等（2007）研究发现，土壤物理性质随林分类型和土层深度变化的差异性极显著。孙继军等（2015）通过对辽西半干旱区老鹰窝山自然保护区 8 种典型植被下土壤物理性质的研究分析得出，土壤孔隙度随土层深度增加而逐层递增，土壤容重则呈现递减趋势。

# 2

# 云浮市自然地理概况

云浮市土地面积 7 785.11 km²(其中市区面积 1 966.71km²)。云浮市辖 2 区 2 县 1 市。全市有 55 个镇、8 个街道，118 个社区，847 个村民委员会，户籍人口 301.23 万人。云浮市有耕地面积 10.31 万 hm²，粮食播种面积 11.77 万 hm²，粮食产量 70.21 万 t。林地面积 50.56 万 hm²，森林覆盖率 69.6%，活立木蓄积量 0.27 亿 m³。草地面积 7 735.91 hm²，城镇村及工矿用地面积 47 592.18 hm²，交通运输用地面积 1 173.45hm²，水域及水利设施用地面积 30 142.53hm²，其他土地面积(含设施农用地、田坎、盐碱地、沼泽地、沙地、裸地)12 557.14 hm²。

云浮市矿产资源丰富，是中国重要的多金属矿化集中区之一，已探明有金、银、铜、铁、大理石、花岗岩、石灰石、硫铁矿等 50 多个品种。硫铁矿储量、品位均居世界首位，被誉为"硫都"。石材加工历史悠久，素有"石都"之称，是中国石材基地中心、中国石材流通示范基地、中国人造石之都、中国民间文化(石雕)艺术之乡。

云浮市水资源丰富，西江黄金水道贯穿全境，云浮新港是广东内河第一大港。西江发源于云南，流经广西，在广东佛山三水与东江、北江交汇。其干流在江门、中山注入南海。与东江、北江合称珠江。云浮辖区西江干流河段从上游封开县的蟠龙口至下游云城区西坑段共长 95 km，流经云浮市郁南、云安，河面一般宽 0.5~1 km。全年四季均可通行 1 000 t 级的客货轮，是中国的黄金水道，也是广东和广西的内河航道干线。西江在云浮市境内的支流有蟠龙河、罗旁河、罗定江(又称南江)、蓬远河、南山河、新兴江，流向多为北向东。

## 2.1 地理气候

### 2.1.1 区域位置

云浮市位于广东省中西部，1994 年 4 月设立地级市，辖云城区、云安区、新兴县、郁南县，代管罗定市。西江中游以南，与肇庆、佛山、江门、阳江、茂名、广西梧州接壤。云浮市区距广州约 140 km，水路距香港约 328 km，上溯广西梧州约 111 km。全市位于北纬 22°22′~23°19′和东经 111°03′~112°31′范围内。全市土地面积 7 785.11 km²。

### 2.1.2 海拔地貌

云浮市地势西南高、东北低，市内主要河流罗定江（又称南江）、新兴江均大致呈西南—东北流向。西部、西南部、东南部与邻区、邻市俱以山岭为界，唯北部以西江为界。丘陵是云浮市主要地貌，多沿山地边缘发育，高丘陵海拔 250~450 m 之间，低丘陵海拔 100~250 m 之间。低丘陵坡度平缓，多为 15°~20°。在总面积中，山区面积占 60.5%，丘陵面积占 30.7%，是典型山区市。云浮市地形、地貌复杂。对本市地形、地貌和气候有重要影响的是大绀山与大云雾山两座大山。大绀山海拔高度 1 086 m，山脉呈南北走向，南起南盛镇小洞村与石城镇（托洞）红山村，北至高峰镇大台村，跨南盛、托洞、茶洞、高村、云城、高峰等镇，绵延约 30 km，东西宽 5~8 km，山岭叠嶂，雄伟壮丽。余脉北延云浮（云安）、郁南县边界直至西江沿岸六都、都杨（都骑、杨柳）等镇，构成三列东北偏北向的低山地，中支向安塘镇伸展，南连云浮云雾山，海拔 500 m 以上的山峰有 40 余座。大云雾山位于云安区，海拔高度 1 140 m，从西南富林崛起，跨云安、新兴两区之界，向东延伸入朝阳、前锋而伸展至安塘和思劳镇。大绀山和大云雾山地势高拔，形成中西部高而东北低的地势，东面多为中丘，低丘宽谷、小平原；中西部为低山、高丘峡谷和中丘宽谷、小盆地。由于两座大山的地势高拔，既有利于阻挡从东北吹来冷空气的入侵，而形成"云雾缭绕、雨点纷纷"，也有利于从西南而来的暖湿气流爬升凝结，产生地形雷雨，而"电闪雷鸣，大雨滂沱"。故此，它是形成云浮市独特的地形气候，累年风向频率以东北风向为多，西南风次之的气候，也是形成云浮市"东涝、西旱、中间冲"的水旱灾害频繁的地理环境。

### 2.1.3 水热条件

云浮市主要气候特点是开汛早、汛期长、气温高、降水多。全市年平均气温 22.4 ℃，历年同比偏高 0.5 ℃；全市年平均降水量 1 899.8 mm，历年同比偏多 25.2%；年日照时数 1 684.6 h，历年同比偏多 5.8%。2016 年 3 月 22 日全市开汛，比常年开汛日提前 15 天，且汛期持续时间较常年偏长 1 个月，全市"龙舟水"属正常，但空间降水分布不均匀；全市平均高温日数达 38.8 天；全年雨水偏多，无明显旱情；先后有 4 个热带气旋影响云浮市，其中台风"妮妲""莎莉嘉"对全市产生严重影响。春季雨水略偏多，气温偏低，对春种春播有一定影响；夏季雨水充足，气温偏高，局地性暴雨洪涝导致一些灾情；秋季雨水明显偏多，气温偏高，水浸局地农作物，造成一定农业损失；冬季雨水偏少，气温偏高，属暖冬。全市平均气温 22.4℃，比历年均值偏高 0.5℃。云城区及云安区 2016 年平均气温 22.2℃，比历年均值偏高 0.5℃。罗定市平均气温 22.8℃，比历年均值偏低 0.4℃。新兴县平均气温 22.4℃，比历年均值偏高 0.6℃。郁南县平均气温 22.0℃，比历年均值偏高 0.2℃。云浮市平均降水 1 899.8 mm，比历年偏多 25.2%。云城区及云安区总降雨量 2 328.8 mm，比历年偏多 47.4%。罗定市总降雨量 1 475.7 mm，比历年偏多 6.2%。新兴县总降雨量 1 930.1 mm，比历年偏多 14.5%。郁南县总降雨量 1 864.4 mm，比历年偏多 32.1%。

云浮市的主要河流为西江。云浮辖区西江干流河段从上游封开县的蟠龙口至下游云城区西坑段共长 95 km，流经云浮市郁南、云安，河面一般宽 0.5 ~ 1 km。西江在云浮市境内的支流有蟠龙河、罗旁河、罗定江（又称南江）、蓬远河、南山河、新兴江，流向多为北向东。罗定江（又称南江）发源于信宜市鸡笼山，流经罗定市的太平、罗镜、连州、罗平、生江、黎少、素龙、附城、罗城、双东和郁南县的大湾、河口、宋桂、连滩、南江口等 15 个镇，在南江口的下咀汇入西江，罗定江在云浮市境内的干流河道长 193 km，流域面积 3 712 km²。罗定江支流众多，在云浮境内有 12 条集雨面积超过 100 km² 的支流汇入。新兴江发源于新兴县的天露山脉和阳春市的竹山顶（古称绵山），由南向北流经云浮市的新兴县、云城区和肇庆市高要区，在高要区南岸街道注入西江。新兴江在云浮市境内集雨面积 1 876 km²，流经云浮市的干流河长 111.4 km；河床平均坡降 0.10%。南山河，又称大降水，发源于云安区茶洞禾昌顶东（海拔 696 m），从西南向东北流经云安区和云城区，在云安区都杨镇的降水出口注入西江。沿途主要有大降坑水、高峰水和云楼水汇入。流经境内的集雨面积 255 km²，干流河长 46 km，主河道平均坡降 0.32%，上游坡度较陡, 云城至下游出口段河床较缓, 平均坡降 1.74%, 多年平均流量每秒 5.74 $m^3$, 多年平均径流量 1.81 亿 $m^3$, 主河道天然落差 101 m, 水能理论蕴藏量 3 419 kW, 其中可开发 1 894 kW, 是贯穿云浮市区的唯一河流。

## 2.2 土壤母质

根据广东省第二次土壤普查成果表明, 现云浮范围内(当时属肇庆)土壤类型主要为红壤土类及赤红壤土类, 隶属铁铝土纲, 小部分地区土壤类型为初育土纲紫色土土类。土壤类型受到成土母质、地形、气候等因素的影响, 可划分为 5 个土类, 分别为赤红壤、红壤、黄壤、红色石灰土、紫色土; 6 个亚类, 分别为赤红壤、暗色赤红壤、红壤、黄壤、红色石灰土、酸性紫色土; 9 个土属, 分别为花岗岩赤红壤土属、砂页岩赤红壤土属、侵蚀赤红壤土属、暗色砂页岩赤红壤土属、花岗岩红壤土属、砂页岩赤红壤土属、花岗岩黄壤土属、酸性红色石灰土土属、酸性紫色土土属(表 2.1)。云浮市位于吴川—广州断裂带(构造带)和罗定—四会断裂带之间, 加上动力和区域变质影响, 岩石复杂; 土壤母质类型为花岗岩、砂页岩及侵蚀型母质; 云浮市的土壤的成土母质, 除直接为所在母岩风化物(原积、坡积物)外, 还有沟谷地(坑)的洪积物、河流冲积物和宽谷冲积物, 其次西江河沿岸和新兴江下游的腰古等河流冲积物。河流冲积物和宽谷冲积物土层深厚, 洪积物次之, 坡积物土层较浅薄。土壤质地以中壤土为主, 其次为轻壤土、重壤土、砂土和黏土(轻黏)面积不大(广东省土壤普查办公室, 1993)。

表 2.1 云浮市土壤类型

| 土类 | 亚类 | 土属 |
| --- | --- | --- |
| 赤红壤土 | 赤红壤亚类 | 花岗岩赤红壤土属 |
| | | 砂页岩赤红壤土属 |
| | | 侵蚀岩赤红壤土属 |
| | 暗色赤红壤亚类 | 暗色赤红壤土属 |
| 红壤土 | 红壤亚类 | 花岗岩赤红壤土属 |
| | | 砂页岩赤红壤土属 |
| 黄壤土 | 黄壤亚类 | 花岗岩黄壤土属 |
| 红色石灰土 | 红色石灰土亚类 | 酸性红色石灰土土属 |
| 紫色土 | 酸性紫色土亚类 | 酸性紫色土土属 |

### 2.2.1　花岗岩

花岗岩，包括花岗片麻岩、三长花岗岩、斜长花岗岩、石英斑岩、黑云母花岗岩等，分布大绀山西南部至镇安、大云雾山一带，以及东北面的杨柳、都杨、思劳和东部的安塘等区较多，其他朝阳、前锋、附城等区也有小部分，呈酸性（云浮县农业局土壤普查组，1984）。花岗岩在自然覆盖条件下发育成赤红壤、红壤和黄壤，一般山形圆滑、万头状，土层深厚，土色浅黄至灰色，红色较淡，粗砂多且均匀，土壤质地为轻壤至中壤，含石英砂砾多，富钾贫磷素等养分。由于红黏土和石英砂砾相混合而缺乏钙质胶结而成深厚疏松土层，一旦失去植被覆盖，极易引起水土流失而形成侵蚀赤红壤或侵蚀红壤，甚至沦为废地。

### 2.2.2　砂　岩

砂岩，包括砂页岩、石英砂岩、含砾砂页岩、粉砂岩、长石石英砂岩、炭质干枚岩、炭质砂页岩、石英云母片岩及紫红色砂页岩，大部分属于寒武系成岩，小部分是朱罗系成岩。分布范围广遍及全县各地，其中尤以砂页岩、石英砂岩、含砾砂页岩、粉砂岩为多，成土山高陡峭，土层较厚，浅黄至棕黄色，质地多为中壤土至轻壤，土壤较肥，林木茂盛。含砾砂岩和紫红色砂页岩、粉砂岩分布高村至白石一带，山上和山旁易见巨砑岩裸露，成岩属白垩纪（罗定群），成土紫红或浅红色，土层浅瘦（特别是白石部分），草丛稀疏，只长松和小灌木。其他炭质砂页岩和炭质干枚岩等分布面积不广，只在部分地区零星存在，如炭质砂页岩分布小云雾和高峰等部分地方，成土灰黑色，质地为中壤土，有煤炭已开采利用。

### 2.2.3　石灰岩

石灰岩，包括碳质灰岩、泥质灰岩、白云质灰岩、大理岩及灰砾岩等，属泥盆系至石炭系成岩，分布地区仅次于砂岩，在六都、高峰、云城镇、附城、朝阳、前锋、茶洞、富林、镇安等10个区（镇）均占有相当大面积，形成石灰岩带，石灰岩群峰裸露或半裸露，成土灰色、灰白或红黄色，绝大多数为碳酸钙，在高温多雨条件下，多被溶蚀、侵蚀形成峰林和溶洞等岩溶地。石灰岩形成的土壤，质地黏重，易板结，透水性差，易造成土层侵蚀现象。土壤富含盐基，pH值7以上，呈碱性，自然肥力较高，土层较厚，土质为中壤至重壤。但在海拔300 m以下的低丘地区，高温多雨条件下，发育成红色石灰土,强烈淋溶作用的结果,表土多呈中性或酸性,土壤肥力相对下降。

## 2.3 植被状况

云浮市以南亚热带常绿阔叶林构成原生植被,共有130科369属和600多种植物资源。其中,蕨类植物17科19属23种,裸子植物8科10属15种,被子植物双子叶植物纲90科268属466种,被子植物单子叶植物纲15科72属100种。蕨类植物主要分布在下坡和山谷,如木贼(*Equisetum hyemale*)、海金沙(*Lygodium japonicum*)、蚌壳蕨(*Cibotium barometz*)、乌毛蕨(*Blechnum orientale*)等,芒萁(*Dicranopteris dichotoma*)多分布在山顶或森林,主要构成草坪。裸子植物是云浮市的主要植被、用材林,其中马尾松(*Pinus massoniana*)和杉木(*Cunninghamia lanceolata*)为优势树种。双子叶被子植物纲的植物种类最多且各地均有分布,其中樟科(Lauraceae)、壳斗科(Fagaceae)、桃金娘科(Myrtaceae)、山茶科(Theaceae)、桑科(Moraceae)、茜草科(Rubiaceae)、藤黄科(Guttiferae)、大戟科(Euphorbiaceae)、芸香科(Rutaceae)、柿科(Ebenaceae)、玄参科(Scrophulariaceae)等为优势树种。云浮市优秀的乡土树种有楮(*Broussonetia kazinoki*)、青桐栲(*Castanopsis fargesii*)、格木(*Erythrophleum fordii*)、黄椿木姜子(*Litsea variabilis*)等;观果树种有荔枝(*Litchi chinensis*)、龙眼(*Dimocarpus longan*)、番石榴(*Psidium guajava*)、橄榄(*Canarium album*)、枇杷(*Eriobotrya japonica*)和柑橘(*Citrus reticulata*)等;观花树种主要有山茶(*Camellia japonica*)、杜鹃(*Rhododendron simsii*)、木兰(*Magnolia liliflora*)、米仔兰(*Aglaia odorata*)等。被子植物的单子叶植物纲以禾本科(Gramineae)、兰科(Orchidaceae)和百合科(Liliaceae)为主。其中,禾本科黄茅(*Heteropogon contortus*)构成当地草本地被植物的主要成分,而种类繁多的竹亚科(Bambusoideae Nees)分布广泛且常作为用材林种植。云浮市内国家一级保护植物有桫椤(*Alsophila spinulosa*),国家二级保护植物有水松(*Glyptostrobus pensilis*)、格木(*Erythrophleum fordii*)等10种。

云浮市主要植被类型为天然次生常绿阔叶混交林、针叶混交林、各类针阔混交林、杉木林、桉树林等,树种多以杉木(*Cunninghamia lanceolate*)、相思(*Acacia* spp.)、桉树(*Eucalyptu* ssp.)、马尾松(*Pinus massoniana*)为主,经济树种以毛竹(*Phyllostachys heterocycla*)、油茶(*Camellia oleifera*)居多。

### 2.3.1 杉木林

杉木，别名沙木、沙树等，裸子植物，属杉科常绿乔木，生长快，产量高，材质轻韧，强度适中，质量系数高，是广东主要优良用材树种，是我国特有的速生商品材树种。具香味，材中含有"杉脑"，能抗虫耐腐，加工容易。广泛用于建筑、家具、器具、造船等各方面。树皮纤维可供造纸原料，根、皮、果、叶均可入药，有祛风燥湿止血之效。杉木垂直分布随纬度和地形而变化，主要分布于海拔 800 ~ 1000 m 以下的丘陵山地，在南部及西部山区分布较高，东部及北部分布较低。杉木需要优越的立地和气候条件，适宜杉木生长的气候条件是：温暖多雨，年平均气温 16 ~ 19℃，年降水量 1 300 ~ 2000 mm，旱季(月降水量 40 mm 以下)不超过 3 个月，各月相对湿度在 80% 以上，降水量超过蒸发量，日照不强，全年日照 1 300 ~ 1600 h，有霜期达 2 ~ 3 个月；适宜杉木生长的土壤是：土壤厚度达 1 m 以上，腐殖质层厚约 10 cm，腐殖质含量不低于 2.5%，质地疏松，以中壤、重壤最宜，心土 50 cm 以下，pH 值 4.5 ~ 6.5，肥沃湿润，而且排水良好的土壤；一般而言，山地连绵，群山环抱和山洼、山谷等地，日照时间短，风力弱，云雾多，湿度大，土层深厚，肥沃湿润，适宜杉木生长(广东森林编辑委员会，1990)。

### 2.3.2 桉树林

桉树又名尤加利树，是桃金娘科桉树属植物的总称。常绿高大乔木，天然分布于大洋洲的澳大利亚大陆，是世界三大速生树种之一，也是重要的阔叶硬质材之一。桉树生长快速，轮伐期极短，适应性强，少有大面积的病虫害发生，经济效益好。桉树一般生长在年平均气温 15℃，最冷月不低于 7 ~ 8℃，年平均降水量达到 1 000 mm 的地区。广东省地处热带、南亚热带交界处，属海洋性季风气候，雨量充沛，热量丰富，十分适宜桉树生长。中国自 1890 年开始引种桉树，至今已有 120 多年的历史。但在 1949 年以前，只有小规模的引种试验及小面积的栽培作为行道树、庭园观赏、四旁绿化的树种。国营雷州林业局 1954 年建立后，开创了我国大面积营造桉树人工林的先河。根据 2005 年的森林资源二类调查数据统计，我国桉树人工林面积已达 170 万 hm$^2$，其中广东省现有桉树林面积 83.36 万 hm$^2$，占全省乔木林面积的 9.5%，已成为广东省的主要造林树种之一。种植的桉树多以赤桉(Eucalyptus camaldulensis)、尾叶桉(Eucalyptus urophylla)、尾巨桉(Eucalyptus grandid × E. urophylla)为主，多属纯林，林分结构比较简单；林下常见的灌木有黄牛木

（*Cratoxylon ligustrinum*）、车桑子（*Dodonaea viscosa*）、桃金娘（*Rhodomyrtus tomentosa*）等。

### 2.3.3 马尾松林

马尾松，松柏目松科松属，常绿针叶乔木，强阳性树种，喜光、喜酸、耐旱，根系发达，主根明显，主根入土深度可达 4~5 m，有根菌共生，对立地的适应性较强，能耐干旱瘠薄，对土壤要求不严格，在石砾土、沙质土、黏土、山脊和阳坡的冲刷薄地上，以及陡峭的石山岩缝、水土流失较严重的荒山荒地也能生长，而在阳光充足、湿润肥沃的酸性土壤上生长最佳，且忌低洼积水。马尾松在广东省分布很广，是中国南部主要材用树种之一，呈垂直地带性分布，可由台地直至海拔 1000 m 的山地，而以 800 m 以下的丘陵低山为多。马尾松用途广，经济价值高，木材可供建筑、沈木、板材、胶合板、造纸和人造纤维等用；松香、松节油为重要化工、医疗原料；松针和树皮含单宁；种子含油达 30%，可制肥皂、油漆及润滑油；松材、枝叶和根也是良好的燃料。马尾松因其适应性、天然更新能力强，长期以来是广东绿化荒山重要的造林先锋树种。但由于马尾松纯林组成单一，林分结构简单，针叶灰分含量低，枯落物分解缓慢，常形成酸性的粗腐殖质，肥力低，影响林木生长；同时易发生松毛虫和火灾，因此常与阔叶树种混交。

### 2.3.4 相思林

马占相思（*Acacia mangium*），含羞草科金合欢属，常绿乔木，原产澳大利亚昆士兰沿海、巴布亚新几内亚南部及印度尼西亚东部。自 20 世纪 80 年代以来，华南地区引种具有生长快、耐热、耐瘠、耐酸、抗风、抗污染、固氮、耐旱和速生特点的外来树种，马占相思由于根瘤的固氮作用和前期的快速生长，能在较短时间内有效地改善土壤条件，并可对退化丘陵荒坡进行大面积的植被恢复，成林后经林分改造（往往是间种乡土树种）以缩短恢复时间，效益显著，因此很快成为我国热带和南亚热带地区的主要造林树种之一，是华南丘陵退化荒坡进行植被恢复的常用先锋树种。但是，马占相思蒸腾耗水量大，生长 10 年后的林段生产力和叶面积指数下降，虽然华南丘陵地区雨量大，但分配不均，土壤的持续性持水力低，可能是引起成熟马占相思林林段生产力和叶面积指数下降的原因。为此，有学者提出采用乡土树种对马占相思先锋群落进行必要的林分改造，以保证森林可持续发展的观点。

# 3

# 土壤采样、分析及建模方法

## 3.1 土壤样点布设、样品采集与保存

### 3.1.1 土壤样点布设

首先根据县(区)各镇的林业生产情况,确定该镇具有代表性的区域作为调查区域,代表性主要表现在森林植被类型、土壤类型、质地类型、利用类型、生产管理水平等。对研究区林分的分布情况进行整体调查,选择有代表性的森林植被和土壤类型作为样带。典型样带类型包括:天然次生林样带、人工林样带。天然次生林样带又包含针叶混交林、阔叶混交林、针阔混交林3种类型;人工林样带包括桉树林、杉木林、速生相思林、马尾松林以及其他经济林树种。典型的土壤类型包括:赤红壤、红壤、石灰土、紫色土、黄壤5种类型。各镇的每种林分、土壤类型在同一海拔高度各选取3个样地作为重复,对每块样地的地名、地形、海拔、经纬度、坡向、坡度、主要植被类型进行调查。

如彩图1所示,云城区设置有35个随机点;云安区设置有68个随机点;郁南县共设置有239个样点,其中有148个随机点,91个专题点;罗定市设置有260个林分分布点,新兴县设置有125个林分分布点。

#### 3.1.1.1 随机与专题布点

云城区、云安区采用随机布点;郁南县采用随机布点和专题布点相结合的方法,随机布点是依据土壤类型均匀布点;专题布点是根据土壤养分随着坡度、坡向、林相分布的变化来加密布点,详情见彩图1。

依据云浮市云城区和云安区林地面积确定每个县区、乡、镇的土壤样品数量，再根据典型的土壤类型包括：赤红壤、红壤、石灰土、紫色土、黄壤5种类型随机分布样点，确保每个县、区这5种土壤类型根据面积分布相当比例的样点。

地形是影响土壤和环境间物质间能量交换的重要条件，地形因子对表层土壤中水分的运输以及物质的转移有着重要的影响，地形条件的差异也会导致土壤养分的分布状况大不相同。因此，选取3个基本的地形因子包括：海拔、坡度、坡向，对郁南县进行加密布点。

### 3.1.1.2  林分布点

土壤与植被之间有着密不可分的联系，从土壤中吸收所需要的养分是植被的生长发育的前提，而枯枝落叶及地下根系的分泌物也是土壤养分的重要来源之一（陈仕栋，2011；洪雪姣，2012）。不同的森林植被类型，进入土壤中的有机物残体，如植被的枝叶，生物残体的形式以及数量都是各异的，这种差异会对土壤中养分的储量产生直接的影响（马慧静，2014）。林分类型的差异决定了进入土壤的植物残体量的不同（刘留辉等，2007），另一方面，植被的组成也会对土壤有机碳的分解速率产生影响。另外，植物土壤中的根系规模也会对土壤各个层次养分含量产生直接影响。因此，需根据各个林分（针叶混交林、阔叶混交林、针阔混交林、桉树林、杉木林、速相思林、马尾松林以及其他经济林）面积比例确定样点分布。

罗定市的植物区系组成和地理成分相当丰富，森林覆盖率达60%以上，林地面积共计132 207 hm²，占全市国土面积的59.3%，有林地面积120 042 hm²，占林地面积90.80%；疏林地面积102 hm²，占林地面积0.08%；灌木林地面积2 840 hm²，占林地面积2.15%；未成林地面积2 894 hm²，占林地面积2.19%；其他林地面积6 319 hm²，占林地面积4.79%。

新兴县植物资源及种类较为丰富，林地面积共计100 844.7 hm²，占全市国土面积的67.1%，有林地面积95 559.8 hm²，占林地面积94.76%；疏林地面积59.4 hm²，占林地面积0.06%；灌木林地面积3 791.9 hm²，占林地面积3.76%；未成林地面积382.9 hm²，占林地面积0.38%。其中乔木林面积为95 102.7 hm²，具体林分情况如下：马尾松20 625.1 hm²，占林地面积20.5%；杉木10 385.1 hm²，占林地面积10.3%；桉树10 379.3 hm²，占林地面积10.3%；相思林426.6 hm²，占林地面积0.42%；阔叶混交林1 445.2 hm²，占林地面积1.43%；针叶混交林2 906 hm²，占林地面积2.88%；针阔叶混交林5 919.7 hm²，占林地面积5.87%。

## 3.1.2　土壤剖面选取、挖掘与观察

剖面点位要代表布点要求的土壤类型和利用现状，要有一个相当稳定的土壤发育条件，通常要求小地形比较平坦稳定，没有经过挖沟、整修等人为扰动，开挖中如果发现剖面有人为扰动等因素需重新选点。在林地采样时，需要考虑优势树种、平均胸径、平均树高、郁闭度等因素，剖面避免设在林中空地或林缘。采用样方调查时的土壤采样方法：每个土壤剖面宽 60 cm、深 1 m 或挖至母质层（对于厚度不足 1 m 的剖面），土壤剖面挖好后，用剖面刀自上而下把挖掘留下的铁锹痕迹修去，保证剖面垂直、光滑，露出土壤的自然结构。如表 3.1 所示，首先，调查人员需记录样点的地理信息，其中包括地点、方位、地形；其次，观察并判断土壤类型、侵蚀情况以及土壤腐殖质层和枯落物层厚度；另外，描述土壤 A、B、C 层剖面形态特征，其中包括土壤颜色、土壤质地、干湿度、松紧度、土壤结构、土壤新生体、侵入体、动物孔穴、植物根系；最后记录样方内植被覆盖状况、气候条件，以及整个林地的地形地貌，并选择代表性地点取景拍照（表 3.1）。

表 3.1　土壤调查记录

调查人员：　陈利娜、马兴　　　　　　　　　记录人员：　陈利娜

调查日期：2015 年 11 月 21 日 10 时 00 分　　　天气状况：　阴

| | |
|---|---|
| 剖面编号：　088 | |
| 地点：云安 区(县)富林 乡(镇)东路 村委会　　林分　小地名：大云雾山 | |
| 方位：纬度：22°41.174′N　　经度：111°58.245′E | 海拔：416m |
| 地貌：□平原　√山地　　□丘陵　　□高原　　□盆地 | |
| 坡向：　南偏西10° | 坡度：35° |
| 坡位：□山顶　√上坡　□中坡　□下坡　□坡脚 | |
| 土壤类型：√红壤　□赤红壤　□山地红壤　□黄壤　　□黄棕壤 □棕壤 其他：＿＿＿ | |
| 侵蚀情况：√无　□轻度　□中度　□高度　□严重 | |
| 凋落物层厚度：　3　cm | 腐殖质层厚度：　8　cm |
| 林分类型 | √天然林：<br>植被类型：□硬叶常绿阔叶林　□软叶常绿阔叶林<br>□阔叶混交林 □针叶林　√针阔混交林　□其他：＿＿＿＿＿ 优势种<br>（木）：　板栗　树高：15　m 胸径：50 cm<br>平均木：野漆树　树高：10　m 胸径：6　cm<br>林下主要植被：粗叶榕、芒萁 |

（续）

| | | |
|---|---|---|
| 林分类型 | 植被盖度：　95%　　　□人工林：<br><br>树种：　　　　　　　　株行距：　m×　m<br><br>郁闭度：　　　平均木树高：　　　m　平均木胸径：　　　cm<br><br>林龄：　　　　年 | |
| 土壤剖面形态特征 | A层<br>（0~60cm） | 颜色：□砖红　√棕　□红　□暗棕　□黄　□黑　□白　□灰　□其他：　　　<br>干湿度：√干　□潮　□湿　□重湿　□极湿<br>松紧度：□散碎　√疏松　□稍紧　□紧密　□紧<br>结构：□团粒　□块状　□柱状　□核状　□片状　√单粒<br>新生体：√无　□铁盘　□铁锰结核　□石灰结核　□核膜　□其他：　　　<br>侵入体：√无　□砖瓦　□文物　□塑料　□蚯蚓粪　□其他：　　　<br>植物根系：□无　□少量　√中量　□多量　□密集<br>动物孔穴：□无　√蚂蚁窝　□老鼠洞　□蚯蚓孔　□其他：　　　 |
| | B层<br>（60~80cm） | 颜色：□砖红　□棕　□红　√暗棕　□黄　□黑　□白　□灰　□其他：　　　<br>干湿度：√干　□潮　□湿　□重湿　□极湿<br>松紧度：□散碎　□疏松　√稍紧　□紧密　□紧<br>结构：√团粒　□块状　□柱状　□核状　□片状　□单粒<br>新生体：√无　□铁盘　□铁锰结核　□石灰结核　□核膜　□其他：　　　<br>侵入体：√无　□砖瓦　□文物　□塑料　□蚯蚓粪　□其他：　　　<br>植物根系：□无　√少量　□中量　□多量　□密集<br>动物孔穴：√无　□蚂蚁窝　□老鼠洞　□蚯蚓孔　□其他：　　　 |
| | C层<br>（80~100cm） | 颜色：√砖红　□棕　□红　□暗棕　□黄　□黑　□白　□灰　□其他：　　　<br>干湿度：√干　□潮　□湿　□重湿　□极湿<br>松紧度：□散碎　□疏松　□稍紧　√紧密　□紧<br>结构：√团粒　□块状　□柱状　□核状　□片状　□单粒<br>新生体：√无　□铁盘　□铁锰结核　□石灰结核　□核膜　□其他：　　　<br>侵入体：√无　□砖瓦　□文物　□塑料　□蚯蚓粪　□其他：　　　<br>植物根系：√无　□少量　□中量　□多量　□密集<br>动物孔穴：√无　□蚂蚁窝　□老鼠洞　□蚯蚓孔　□其他：　　　 |

## 3.1.3　土壤样品采集

采集土样时，记录土壤表面凋落物层厚度后，除去表面凋落物，挖取 1 m 的土壤剖面，每个样地共 1 袋混合布袋样品、5 袋剖面布袋样品、10 个环刀样品和 10 个小铝盒样品。

### 3.1.3.1　布袋样品采集及处理

每个取样点分 0~20 cm, 20~40 cm, 40~60 cm, 60~80 cm 和 80~100 cm 五层由下至上分别全层取样，并混合均匀，每个样品重 1 kg 左右。同时，每个样地内按 S 形路线多点等量采集 0~20 cm 土层的土壤样品，并将同一样地内的土壤样品混合均匀，每个混合样品重 1 kg 左右，将采集好的土壤样品用布袋盛装，在袋内装一张标签，用铅笔注明剖面编号、日期、采样深度、采样人等信息，并做好剖面记录。将采集好的布袋样品带回实验室，将布袋样品平铺到土盘上，放置于通风、透气又不受阳光直射且没有污染的地方摊开，在自然条件下风干。剔除肉眼可见的枯枝落叶、根系和碎石，磨细后分别过孔径为 3 mm、2 mm 和 0.25 mm 的土筛，保存于封口袋中用于测定土壤基本指标含量。

### 3.1.3.2　环刀样品采集

在采集完全部布袋样品之后，在土壤剖面按照自上而下的顺序每层采集 2 个环刀样品，用小铁铲将采土点刨平，把环刀套在环刀柄上，刀口朝下，垂直放在水平的地上，用木锤敲打环刀柄，使环刀全部入土，环刀柄的环托高出地面 3~5 cm，小孔不得有土挤出即可。然后用小铁铲挖开环刀周围的土壤，用手扶住环刀柄，另一只手小心将环刀连土一起铲出，用小土刀削平下部，套上盖子，然后取出环刀柄，用小土刀削平上部，抹去附在环刀周围的泥土，放在大铝盒中，贴上标签并用封口胶密封，带回实验室。

### 3.1.3.3　小铝盒样品采集

在采集环刀样品的同时，每层采集两个小铝盒样品，均匀取约 10 g 的土放入小铝盒中，贴上标签后用封口胶密封，带回实验室。

## 3.1.4　土壤样品保存与土壤标本库建立

采集土样后，及时将装土样的布袋拆口，并置于阴凉处阴干；为防止发霉变质，需定期翻晾土样。土壤分析样品及时运送回实验室，制备土壤标本，剩余样品经风干后进行制样，保存供各项分析用。土样品风干研磨后，过 2 mm 筛子，并依据广东省云浮市典型林地条件、土壤资源分布特征，将采集的土壤剖面，制成土壤分析标本、比样标本、整段标本、剖面摄影。

## 3.2 土壤各指标分析与评价

### 3.2.1 土壤理化性质分析方法

所有采集的土壤样品按照国家标准以及林业行业标准对研究区内土壤的全氮、全磷、全钾、全硫、碱解氮、速效磷、速效钾、交换钙、交换镁、总镉、总铅、总锌、总铜、总镍含量进行检测分析（表3.2）。土壤物理性质：土壤自然含水量采用酒精燃烧法测定；土壤容重、毛管持水量采用环刀法测定；土壤总孔隙度、毛管孔隙度、非毛管孔隙度及通气孔隙度由计算得出（鲍士旦，2000）。

**表3.2　土壤理化性质分析方法**

| 序号 | 项目 | 测定方法 |
| --- | --- | --- |
| 1 | 有机质 | 重铬酸氧化－外加热法 |
| 2 | 全氮 | 半微量凯氏法 |
| 3 | 全磷 | 酸溶－钼锑抗比色法 |
| 4 | 全钾 | 氢氧化钠碱熔－火焰光度法 |
| 5 | 碱解氮 | NaOH 碱解扩算法 |
| 6 | 速效磷 | $NaHCO_3$ 浸提－钼蓝比色法 |
| 7 | 速效钾 | $NH_4OAc$ 浸提－火焰光度法 |
| 8 | Zn、Cu、Pb、Cd、Ni | 火焰光度计法 |

### 3.2.2 土壤元素评价方法

#### 3.2.2.1 土壤养分分级与土壤背景值

根据广东省第二次土壤普查养分分级标准，将广东省云浮市森林土壤养分进行分级，土壤养分分级是以极高、高、中、低、缺、极缺表示土壤养分丰缺程度（表3.3），以评价云浮市的土壤养分质量，并将全国土壤元素背景值与土壤养分含量均值做比较。

土壤元素背景值是指土壤在自然成土过程中所形成的固有地球化学组成和含量，或指在不受或者很少受人类活动和工业污染与破坏的情况下，土壤原来固有的化学组成和结构特征。不同自然条件下发育的不同的土类，同一种土类发育于不同的母质母岩，其土壤环境背景值也是有明显差异的。即使在同一地点(土类、母质母岩均同)采集的样品，分析结果也不同，这说明土壤本身的结构和化学组成是非常不均的。所以土壤元素的环境背景值是统计性的，即按照统计学的要求进行采样设计与样品采集，分析结果经频数分布类型检验，确定其分布类型，以其特征值(例如是对数正态分布的，用几何均值)表达该元素背景值的集中趋势，以一定的置信度表达该元素背景值的范围，可以说土壤环境背景值是一个范围，而不是一个确定值。

表3.3　土壤养分分级标准

| 项目 | 一级 | 二级 | 三级 | 四级 | 五级 |
|------|------|------|------|------|------|
| 有机质(g/kg) | >40.0 | 30.0～40.0 | 20.0～30.0 | 10.0～20.0 | 6.0～10.0 |
| 全氮(g/kg) | >2.00 | 1.50～2.00 | 1.00～1.50 | 0.75～1.00 | 0.5～0.75 |
| 全磷(g/kg) | >1.00 | 0.80～1.00 | 0.60～0.80 | 0.40～0.60 | 0.20～0.40 |
| 全钾(g/kg) | >25.0 | 20.0～25.0 | 15.0～20.0 | 10.0～15.0 | 5.0～10.0 |

注：资料来源于广东第二次土壤普查报告《广东土壤》。

### 3.2.2.2　土壤重金属评价方法

采用单因子指数法和内梅罗综合污染指数法进行云浮市土壤重金属污染评价(周广柱等，2005)。

(1)单因子指数法。单因子指数法可以评价某种元素的污染程度，其计算公式为：

$$P_i = \frac{C_i}{S_i} \tag{3-1}$$

式中：$P_i$ 为重金属 $i$ 元素的污染指数；$C_i$ 为重金属 $i$ 元素的含量实测值；本研究中 $S_i$ 选用的是广东省土壤环境背景值(中国环境监测总站，1990)。在广东省土壤环境背景值中，重金属 Cd、Pb、Cu、Zn、Ni 的标准值分别为 0.056、36.000、17.000、47.300、14.400 mg/kg。单因子指数污染的分级标准是：$P_i \leqslant 1$ 时，污染水平为非污染；$1 < P_i \leqslant 2$ 时，为轻污染；$2 < P_i \leqslant 3$ 时，为中污染；$P_i > 3$ 时，为重污染。

(2)内梅罗综合污染指数法。由于单因子指数法只能反映出单个元素的污染水平，不能全面地显示出某个地区土壤的污染的整体水平，而内梅罗综合污染指数法可以兼顾单因子指数法中的平均值和最高值，突出污染水平高的元素对土壤环境的影响，因此，可以选用内梅罗综合污染指数法进行综合评价。其计算公式为：

$$P_{综} = \sqrt{\frac{(\overline{P})^2 + P_{imax}^2}{2}} \tag{3-2}$$

式中：$P_{综}$ 为土壤的综合污染指数；$P_{imax}$ 为单因子指数法中污染程度最大的重金属污染指数值；$\overline{P} = \frac{1}{n}\sum\limits_{i=1}^{n} P_i$ 为单因子指数值的平均值，其计算公式为：

$$\overline{P} = \frac{\sum\limits_{i=1}^{n} w_i P_i}{\sum\limits_{i=1}^{n} w_i} \tag{3-3}$$

式中：$w$ 为重金属元素的权重，Pb、Cu、Cd、Zn 和 Ni 的权重分别为 3、3、3、3、2。内梅罗综合污染指数的分级标准见表 3.4。

表 3.4    土壤综合污染程度分级标准

| 土壤综合污染等级 | 土壤综合污染指数 | 污染程度 | 污染水平 |
|---|---|---|---|
| 1 | $P_{综} \leqslant 0.7$ | 安全 | 清洁 |
| 2 | $0.7 < P_{综} \leqslant 1.0$ | 警戒线 | 尚清洁 |
| 3 | $1.0 < P_{综} \leqslant 2.0$ | 轻污染 | 污染物超过起初污染值，作物开始污染 |
| 4 | $2.0 < P_{综} \leqslant 3.0$ | 中污染 | 土壤和作物污染明显 |
| 5 | $P_{综} > 3.0$ | 重污染 | 土壤和作物污染严重 |

## 3.3    基于 GIS 与地统计学的土壤建模与制图

### 3.3.1    模型数据获取准备

为了建立准确的土壤模型，需要获取三类数据，分别是 GIS 基础数据（数字化地图）、DEM（数字高程模型）数据以及样点数据。其中，DEM 数据是土壤建模的重要因素，DEM 是区域地表面海拔高程的数字化表达，DEM 数据中包含了丰富的地形、地貌、水文等信息，能够反映各种分辨率的地形特征，通过 DEM 可以提取大量的地表形态信息（图 3.1）。为了更加详细地研究土壤养分与地形因子与水文因子间的关系，本研究在 10 m 分辨率 DEM 的基础针对云浮市森林覆盖区域提取地形参数和水文参数。各参数含义及提起方法如下述。

#### 3.3.1.1    坡  度

坡度（Slope），表示地表面在某点的倾斜程度，定义为曲面上某点的法线方向与垂直方向间的夹角，计算公式为：

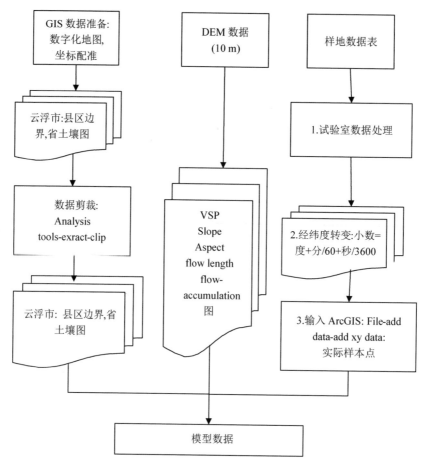

**图 3.1 模型数据准备**

$$Slope = \arctan \sqrt{Slope_x^2 + Slope_y^2}, \; -90° \leqslant Slope \leqslant 90° \qquad (3-4)$$

式中: $Slope$ 为 $x$ 方向上的坡度; $Slope_y^2$ 为 $y$ 方向上的坡度。

坡度的提取是在 ArcGIS 10.2 平台下通过空间分析模块运用 Slope 工具从 DEM 中直接提取,然后将坡度按照《国家森林资源清查技术规定》(2014)划分等级(表 3.5)。

**表 3.5 坡度分级**

| 坡度分级 | 坡度(°) | 坡度分级 | 坡度(°) |
|---|---|---|---|
| Ⅰ级(平坡) | <5 | Ⅳ级(陡坡) | [25, 35) |
| Ⅱ级(缓坡) | [5, 15) | Ⅴ级(急坡) | [35, 45) |
| Ⅲ级(斜坡) | [15, 25) | Ⅵ级(险坡) | ≥45 |

#### 3. 3. 1. 2 坡　　向

坡向(Aspect),地面上某点在该平面上沿最大倾斜方向的某一矢量在水平面上的投影方向,求算公式:

$$Aspect = \frac{Slope_y^2}{Slope_x^2} \tag{3-5}$$

式中:$Slope_x^2$、$Slope_y^2$ 含义同上。

#### 3. 3. 1. 3 坡　　长

坡长(Slope Length),通常指地面上某点沿水流方向到其水流方向起点间的最大地面距离在水平面上的投影长度(安辛克等,2006)。坡长是影响侵蚀的重要地貌因素之一。坡长也是决定坡面水流能量沿程变化、影响坡面径流与水流产沙过程的重要地貌因素之一(李俊,2007)。不同的算法造成坡长计算结果不同,本研究坡长提取基于非累积流量坡长计算方法(曹龙熹等,2007;晋蓓等,2010)。

#### 3. 3. 1. 4 地形位置指数

地形位置指数(Toppgraphic Position Index,TPI)是于2001年首次提出的一种基于GIS的半自动地形分类自定义算法(Weiss,2001),坡面上某点的TPI值定义为此点高程与此点某个邻域内高程平均值的差。

$$TPI = H - \overline{H}_i \tag{3-6}$$

式中:$H$ 为研究点高程值;$\overline{H}_i$ 为领域内高程平均值。

$TPI$ 值反映了一个点与邻域内其他点在地形上的相对位置,$TPI > 0$ 表示该点比周围环境(高程平均值)高,判定该区域为沟脊;$TPI < 0$ 表示比周围环境低,判定该区域为沟谷;$TPI \approx 0$ 时,该区域较为平缓。在 ArcGIS 10. 2 中加载地形分析套件 Land Facet Corridor Designer,并利用其中的 Topographic Position Index Tools 工具对坡位信息进行分类提取,得到研究区坡位图。

#### 3. 3. 1. 5 土壤地形因子

土壤地形因子(Soil Terrain Factor,STF),是一个水文相似性指数的改良版(Ambroise et al., 1996;Scanlon et al., 2000),该参数考虑到了总排水面积、坡度和根际区域的黏粒含量,其计算公式如下:

$$STF = \ln \frac{(A + 1) P_{clay}}{(s + k)^2} \tag{3-7}$$

式中:$A$ 为汇流面积($m^2$);$P_{clay}$ 为取自低精度土壤数据的黏粒含量(%);$k$ 为参数($k = 1$);$s$ 为派生自 DEM 的坡度(%)。STF 图由 ArcGIS 的空间分析扩展生成。

#### 3. 3. 1. 6 垂直坡位

垂直坡位(Vertical Slope Position,VSP),为地面与最近水平面间高程差,由每个独立单元格到最近水体的高程差的积分计算得来，计算公式如下：

$$VSP = \min \sum (ds/100) \tag{3-8}$$

式中：$d$ 为两个相邻单元格之间的距离；$s$ 为在每个单元格的坡度（%）。VSP 采用 ArcGIS 的空间分析扩展生成。

### 3.3.1.7 泥沙输移比

泥沙输移比（Sediment Delivery Ratio，SDR），表明流域泥沙输送的效率，反映流域水流输移侵蚀泥沙能力，很大程度上受到地形和水流流动距离的影响（Fernandez，2003；Ferro et al.，1995），同时与流域气候条件、土壤质地、植被以及土地利用类型等因素密不可分。其定义为在某一流域内通过地表水输移至出口的泥沙量与流域面积侵蚀总量的比值，计算公式如下：

$$SDR = \frac{Y}{T} \tag{3-9}$$

式中：$Y$ 为出口控制断面的泥沙量；$T$ 为土壤侵蚀总量（Zhao et al.，2008）。SDR 分布经 ArcGIS 的空间分析扩展生成。

### 3.3.1.8 水流方向

水流方向（Flow Direction，FD），指的是水流离开每一个栅格单元时的指向，即水流离开单元的最大坡降。在 ArcGIS 中运用空间分析工具中水文分析模块的 Flow Direction 函数，采用 D8（Deterministic Eighthours）算法来确定水流方向，根据中心栅格与 8 个相邻域栅格（图 3.2）间的坡度差来确定，流向由 8 个栅格编码其中之一来确定（表 3.6）。

| 32 | 64 | 128 |
|----|----|-----|
| 16 | X | 1 |
| 8 | 4 | 2 |

图 3.2　水流方向编码

表 3.6　水流方向

| 编码 | 水流方向 | 编码 | 水流方向 |
|------|----------|------|----------|
| 1 | 东（E） | 16 | 西（W） |
| 2 | 东南（SE） | 32 | 西北（NW） |
| 4 | 南（S） | 64 | 北（N） |
| 8 | 西南（SW） | 128 | 东北（NE） |

### 3.3.1.9 汇流累积量

汇流累积量（Flow Accumulation，FA），反映了栅格汇集水流能力的强弱，基于水流方向数据计算得出。汇流累积量的大小意味着对应栅格上游有多少个栅格的水流方向最终回流经过该栅格，值越大，区域就越易于形成地表径流。在 ArcGIS 中运用空间分析工具中水文分析下的 Flow Accumulation 函数。

### 3.3.2 人工神经网络模型

#### 3.3.2.1 模型建立

BP 神经网络有 3 层，即输入层、输出层、隐含层（图 3.3）。独立变量（Slope、Aspect Flow length、TPI、STF、VSP、SDR 、FD、FA）组合形成输入层的节点，选择这些变量基于数据的有效性和对土壤养分含量预测的性能；土壤养分含量作为每个网络的输出层节点；隐含层节点的数量反映了模型（模型规模）的复杂性，也在训练过程中确定。运用 Levenberg – Marquardt（LM）算法训练神经网络，确定隐层节点数量并估算权重矩阵（Fun et al.，1996）；运用"提前停止法"来防止在训练过程中由于"过度训练"导致的"过拟合"现象，且同时可提升相应模型的泛化能力（图 3.4）。为确定隐含层的节点数量，采用 LM 算法训练的人工神经网络进行替换节点数量（15 ~ 40）来进而评估模型性能的方法来确定（Zhao et al.，2009）。

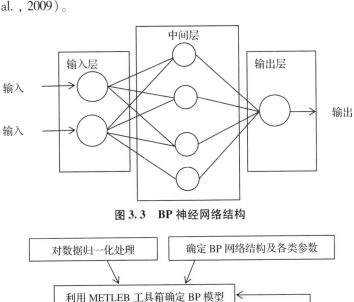

**图 3.3 BP 神经网络结构**

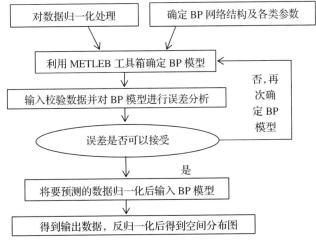

**图 3.4 BP 神经网络模型学习过程**

#### 3.3.2.2　模型校验

对云浮市部分森林土壤样点的养分数据经剔除异常数据后，用做模型训练集，已有的另一部分森林土壤养分数据作为模型的验证集；从 DEM 提取对应点的输入变量数据(Slope、Aspect Flow length、TPI、STF、VSP、SDR 、FD、FA)。最后进行精度评价，采用均方误差(MSE)、相关系数($r$)和相对总精度(Relative Overall Accuracy，ROA)对模型的精度及性能进行评价，若 MSE 越小则说明模型校正效果越佳。

### 3.3.3　模型筛选

针对 DEM 派生的地形参数(坡度、坡向、坡长、地形位置指数)与土壤类型组合形成 2~5 输入节点的 ANN 模型校验其模型精度，选择最佳(MSE 小、相关系数和相对总精度高)的地形参数与土壤类型组合，定义为Ⅰ级人工神经网络模型。Ⅰ级模型进一步与 DEM 派生的水文参数(土壤地形因子、泥沙输移比、水流方向和汇流累积量)分别组合作为输入变量构建含有 1~5 个水文参数的人工神经网络，进一步选择 MSE 小、相关系数和相对总精度高的模型作为对土壤养分含量预测的最佳模型，定义为Ⅱ级模型(图 3.5)。

图 3.5　BP 人工神经网络模型流程

## 3.3.4　土壤空间分布图制作

### 3.3.4.1　地统计学的基本原理

地统计学法通过考虑样本值大小、空间位置、样本间的距离，在区域化变量理论与大量采样的基础上，分析采样样本属性值的均值、频率分布、方差关系等，确定空间分布格局以及存在的相关关系。

(1)区域化变量。区域化变量是地质统计学的学术用语。它表示一个变量的空间分布，变量主要反映出某种空间特质。用区域化变量进行描述的现象，称为区域化现象，即区域化随机变量。

$$Z(x) = Z(x_u, x_v, x_w) \tag{3-10}$$

区域化变量具有随机性和结构性两个显著的特征。随机性表现为区域化变量是一个随机函数，具有随机、异常的、局部的性质；结构性表现为它具有一般的或平均的结构性质，当 $Z(x)$ 与变量点 $x$ 与偏离空间距离的点 $x+h$ 的数值具有某种程度的自相关时，即 $Z(x+h)$，这种自相关依赖于两点间的距离 $h$ 及变量特征。

(2)半变异函数。半变异函数既能反映区域变量空间变异上的连续性，也能反映不同距离间观测值的变化，它是地统计分析的基础。

$$Y(h) = \sum_{i=1}^{N(h)} \left[ Z(x_i) - Z(x_i + h) \right]^2 \frac{1}{2N(h)} \tag{3-11}$$

式中：$h$ 为步长；$Z(x)$ 为区域化变量在 $x$ 处的值；$Z(x+h)$ 为位置 $x$ 偏离 $h$ 的变量。

(3)前提假设。在进行空间插值前，需要符合3个前提假设。第一随机过程，即样本要具有代表性以及样本的选取合理，能很好地揭示其内在规律；第二，采样数据符合正态分布，很多模型假设数据服从正态分布，如线性回归、泛克里格；第三，平稳性即均值平稳性和半变异函数平稳性，这要求数据预处理时，特异值的补位需考虑半变异函数的平稳性。

### 3.3.4.2　特异值处理方法

特异值的存在易引发变异函数的比例效应，增加估计误差。本研究数据量庞大，录入的数据需严格、认真的核对与检查。具体数据检查与特异值处理流程如下。

(1)首先汇总各养分含量数据的基本统计特征，统一规范各养分含量的单位，对极值及其邻域进行对比检查，减少人为录入的失误。

(2)统计分析各养分含量数据的极大值和极小值及其 ±5% 数据，结合 $3\sigma$

准则(域值法)和邻近点数据比较法,进行特异值的替换和删除(李中元等,2008;邹青等,2012)。

### 3.3.4.3　空间差值方法

IDW(反距离加权法)和SPLINE(样条函数法)插值工具被称为确定性插值方法,因为这些方法直接基于周围的测量值或确定生成表面的平滑度的指定数学公式。第二类插值方法由地统计方法(如克里金法)组成,该方法基于包含自相关(测量点之间的统计关系)的统计模型。因此,地统计方法不仅具有产生预测表面的功能,而且能够对预测的确定性或准确性提供某种度量(冯琼瑛等,2015)。

(1)IDW(反距离加权平均)。IDW是一种局部估计加权平均插值方法,基于相近相似原理,即距离越近性质越相似,距离越远相似性小,计算公式一般为(陈思萱等,2015):

$$\bar{Z}(S_0) = \sum_{i=1}^{N} \lambda_i Z(S_i) \tag{3-12}$$

式中:$\bar{Z}(S_0)$为$S_0$处的预测值;$N$为预测计算过程中要使用的预测点周围样点的数量;$\lambda_i$为预测计算过程中使用的各样点的权重,该值随着样点与预测点之间距离的增加而减少;$Z(S_i)$是在$S_i$处获得的测量值。

(2)Spline(样条函数)。Spline是利用最小化表面总曲率数学函数进行估值的插值方法,即在穿过采样点时,它将一数学函数与指定数量的最近输入点进行拟合,从而生成恰好经过输入点的平滑表面。由于样条函数是根据一些特定点拟合产生的平滑插值曲线(朱求安,2009),因此可以保留局部的细节特征。

样条函数法工具的算法为表面插值使用以下公式:

$$S(x,y) = T(x,y) + \sum_{j=1}^{N} \lambda_j R(r_j) \tag{3-13}$$

式中:$j=1,2,\cdots,N$,$N$为点数;$\lambda_j$为通过求解线性方程组而获得的系数;$r_j$为点到第$j$点之间的距离。

(3)Universal Kriging(泛克里格)。克里金法假定采样点之间的距离或方向可以反映可用于说明表面变化的空间相关性。克里金法工具可将数学函数与指定数量的点或指定半径内的所有点进行拟合以确定每个位置的输出值。克里金法是一个多步过程:它包括数据的探索性统计分析、变异函数建模和创建表面,还包括研究方差表面,该方法通常在土壤科学和地质中使用。克里金法是通过一组具有$Z$值的分散点生成估计表面的高级地统计过程。与插值工具集中的其他插值方法不同，选择用于生成输出表面的最佳估算方法之前，有效使用克里金法工具涉及 $Z$ 值表示的现象的空间行为的交互研究。由于克里金法可对周围的测量值进行加权以得出未测量位置的预测，因此它与反距离权重法类似。这两种插值器的常用公式均由数据的加权总和组成：

$$\bar{Z}(S_0) = \sum_{i=1}^{N} \lambda_i Z(S_i) \tag{3-14}$$

式中：$Z(S_i)$ 为第 $i$ 个位置处的测量值；$\lambda_i$ 为第 $i$ 个位置处的测量值的未知权重；$s_0$ 为预测位置；$N$ 为测量值数。在反距离权重法中，权重 $\lambda_i$ 仅取决于预测位置的距离。但是，使用克里金方法时，权重不仅取决于测量点之间的距离、预测位置，还取决于基于测量点的整体空间排列。要在权重中使用空间排列，必须量化空间自相关。克里金法中，权重 $\lambda_i$ 取决于测量点、预测位置的距离和预测位置周围的测量值之间空间关系的拟合模型。克里格插值是以空间自相关为基础，利用原始数据和半方差函数的结构性，对区域化变量未知采样点进行无偏估值的插值方法。克里格插值法的权重使用半变异函数确定，根据统计学上无偏和最优的要求，半变异函数可用下式计算：

$$\gamma(h) = \frac{1}{2N(h)} \sum_{i=1}^{N(h)} \left[ Z(x_i) - Z(x_i + h) \right]^2 \tag{3-15}$$

式中：$\gamma(h)$ 为半变异函数；$h$ 为滞后距离或步长；$N(h)$ 为距离等于 $h$ 的样点对数 $Z(x_i)$ 和 $Z(x_i + h)$ 分别为区域化变量 $Z(x)$ 在位置 $x_i$ 处的 $x_i + h$ 实测值。克里金可分为普通克里金法和泛克里金法。泛克里金法模型，可用模型类型包括"一次漂移函数线性关系"和"二次漂移函数线性关系"。本研究选用系统默认的"Lineardrift-Universal Kriging"即"一次漂移函数呈线性关系"（汤国安，2011）。

### 3.3.4.4 空间插值方法精度评价——交叉验证法

交叉验证即采用构建的插值公式反过来计算所有采样点位置的性状值，得到与采样数量同样多的估计值或预测值，以各采样点处的实测值为因变量，以上述估计值为自变量，构建直线回归方程。最好的估算结果是一条45°的回归直线。拟合结果评价，可用标准误差、标准差等统计工具（谢高地等，2005）。插值方法的优劣还可采用插值数据集和验证数据集进行评价。为了克服交叉验证的缺点，本书中又采用了部分样点验证的方法，即用一部分采样点的实测值构建插值模型即 Validation，用这个模型来估算另外一部分采样点的值即 Calibration，实际样本点 = Validation + Calibration，然后用统计方法计量估算的误差。应用这种方法的前提是要有足够数量的样本，否则用一部分样本构建插值模型本身的可靠性就值得怀疑，再用它进行验证就更无从谈起（李志斌，2010）。交叉检验法作为一种常见的精度验证方法，优点在于可最大限度地利用观测值，避免因精度验证需要而减少参与插值过程的观测数量。常用的交叉验证统计指标主要有平均误差（ME）、平均绝对误差（MAE）、平均相对误差（MRE）、均方根误差（RMSE）。ME、MAE、MRE 和 RMSE 的值越小，表明空间插值结果的精度越高（图 3.6）。

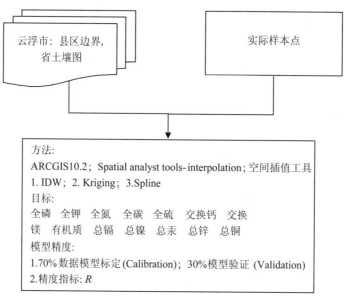

**图 3.6　空间数据插值流程**

# 3.4　土壤数据库建立与管理系统开发

基于土壤样点实测数据，搭建广东省云浮市林地土壤环境质量基础数据库平台。采用移动互联方式，利用网络技术、数据库技术、移动端应用开发技术以及智能移动终端技术等研发森林土壤资信手机应用程序。

## 3.4.1　土壤信息平台开发的关键技术体系

### 3.4.1.1　采用 java 跨平台语言

系统充分考虑了多用户并发性、稳定性要求、程序健壮性等要求，采用java 为开发语言，java 为创建高度动态的 Web 应用提供了一个安全高效的开发环境，能够适应市场上包括 Apache WebServer 、IIS 在内的 85% 的服务器产品。可跨 Linux、Unix、Window 平台部署运行。

### 3.4.1.2　采用 MYSQL5.6 开源数据库

Mysql 5.6 数据库在原 Mysql 5.5 的安全性、稳定性、健壮性上更上一层楼，且 InnoDB 的引擎的读写性能超过 Myism 引擎的 3 倍，可以说是 Mysql 数据库一个质的飞跃，且管理方便，使其成为在互联网上应用最广泛的数据库，主要用于数据的持久化。

### 3.4.1.3　采用 Redis3.0 开源内存数据库

Redis 是一个开源的使用 ANSI C 语言编写、遵守 BSD 协议、支持网络、可基于内存亦可持久化的日志型、Key-Value 数据库，并提供多种语言的 API。它通常被称为数据结构服务器，因为值（Value）可以是字符串（String）、哈希（Map）、列表（List）、集合（Sets）和有序集合（Sorted Sets）等类。

### 3.4.1.4　构建大数据平台

整个系统用 Nginx + TOMCAT6.0 集群 + redis 内存库集群 + mysql 数据库集群，共同构建大数据平台，方便后期的维护、移植、管理。

## 3.4.2　平台的软件架构

由于原始数据详细，施肥应用明确需求详细、明确，故直接围绕土壤数据分析生成周边业务。主要分成 5 大模块（图 3.7）：

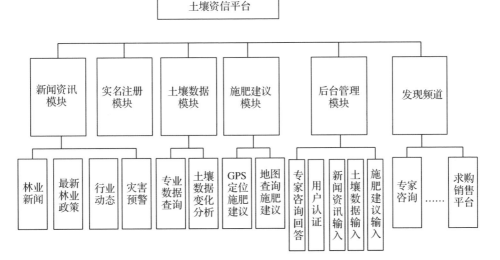

**图 3.7　系统开发平台和总体设计**

（1）新闻资讯模块，主要展示最新的林业政策、新闻、行业动态、病虫预警等信息。

（2）土壤数据模块，主要用于专业数据查询和土壤数据变化分析。

（3）施肥建议模块，主要根据土壤分析，专家提供施肥建议。

（4）用户实名注册模块，方便跟踪用户，采集实时种植林业品种，并提供有效的方案。

（5）后台管理模块，用于土壤数据输入、施肥建议输入、新闻资讯和专家咨询输入。

### 3.4.3　土壤信息平台数据库设计

（1）新闻资讯模块设计。新闻中心：显示最新林业新闻，每天不定时刷新新闻。

（2）土壤数据模块设计。①专业数据查询。输入 GPS 坐标，显示坐标附近采样点的详细土壤数据、采集时间、采集人，主要供专业人员使用。②土壤数据变化分析。重点关注区域（地质灾害、土壤污染），历年的土壤数据变化分析，特殊关注区域（林农自费请求采集土壤数据分析），施肥整改后的效果校核。

（3）施肥指导模块设计。①GPS 手工自动定位模式。通过手机自动定位手机的 GPS，同时显示附近采样点的土壤参数和适种树种的施肥建议，及最近服务站地址和联系方式，方便和技术人员沟通，处理紧急自然灾害。②地图选择模式。在地图上搜索栏输入地址，便可精确定位到区域。同时弹出适种树种及对应的施肥建议，由于区域范围广，引导用户用 GPS 自动定位模式，得出最精确的施肥建议（符合精准农业的标准）。

（4）发现频道模块设计。发现频道初期只设计常问问题、快速提问模块，后期可以根据实际需要扩展相应的模块。①快速提问模块。注册用户 APP 或公众号里直接输入问题，专家通过注册用户的身份识别，自动了解用户的精确信息，更新统计数据库，同时针对用户的问题，实际的环境特点和条件给予他精确的回答。②常问问题模块。由于专家有限，且问的问题可能重复性比较大，可以把问的比较多的问题，做个公共答案放在此模块，供用户搜索查询。

（5）后台管理模块设计。①土壤数据输入模块。将实际取样的土壤数据输入到数据库，并使用相应的前端方便输入。②施肥建议卡输入模块。根据土壤的性质、种植的树种，给出合适的施肥建议。③新闻资讯输入模块。每天更新相关新闻。④专家咨询输入模块。专家根据用户的问题，给予明确的施肥建议，并将频繁问的问题归类到常问问题内显示和搜索。⑤用户认证模块。缴纳保证金的用户，才可以发布销售信息，若发布非相关信息，将罚扣保证金。

（6）用户注册模块设计。①注册模块。注册用户可以有向专家咨询的权利，同时注册用户的时候必须要采集用户的具体位置、树种、种植面积、真实姓名和联系方式，可以针对用户的信息作出精准的服务。②注册用户独有界面模块，主要有显示用户的信息；针对土壤、树种分析给出相应具体的施肥建议，界面展示如图3.8所示。

**图3.8　土壤 APP 界面展示（一）**

**图 3.8 土壤 APP 界面展示(二)**

# 4

# 云浮市林地土壤物理性质

## 4.1 土壤水分含量

土壤水分是森林土壤重要的组成部分，土壤水分会参与土壤中物质的代谢和转化等重要过程，同时也在土壤形成过程中起到了至关重要的作用（魏强等，2012）。土壤水分既是限制有机物质输入土壤的关键因素，又是影响土壤有机质分解的重要条件（邹俊亮等，2012）。

土壤容重是土壤物理性质的重要指标之一，土壤容重的大小能够说明土壤的紧实度及孔隙情况，反映土壤的通气渗水能力和植物根系生长的阻力状况（李德生等，2003）。土壤容重越小，孔隙度越大，则说明土壤发育良好，表示土壤较为疏松，土壤熟化程度较大，有利于植物生长，这种土壤也有利于蓄水防渗，可以有效减缓径流冲刷（马慧静等，2014）。当土壤容重变大时，通常表明土壤存在退化趋势，且容重越大，则说明土壤较为紧实，土壤熟化程度较小，不利于水分的渗透，土壤退化越严重（LOWERY B，1995）。

研究指出土壤水分在不同样点上的分布具有明显差异，自然含水量在各土层间的分布差异不显著；但植被情况对土壤的理化特性有很大的影响；此外，不同土壤层次下的林地土壤含水量的变化均与雨季分布及林木的生长期密切相关（熊咏梅等，2006；邓新辉等，2008；田大伦等，2003）。由以上研究结果可知，土壤各理化性质之间均存在不同程度的相关关系，且有机质与各理化性质密切相关。鉴于此，本研究通过对云浮市森林土壤自然含水量和容重进行描述性分析，并分析土壤水分各指标间的线性相关关系；同时对云浮市罗定、新兴的森林土壤各物理指标进行多重比较，分析土壤各物理指标在不同林分和不同地区的差异性分布情况。

### 4.1.1　土壤自然含水量分析

土壤自然含水量是指自然状态下土壤的水分含量，可反映当时可供植物吸收和利用的土壤水分状况（鲍士旦，2008）。云浮市土壤的自然含水量共计625个有效样点，如表4.1所示。土壤自然含水量范围由大到小依次是郁南县（53.48～502.18 g/kg）、罗定市（66.84～395.69 g/kg）、新兴县（130.25～412.48 g/kg）、云安区（97.74～306.27 g/kg）、云安区（97.74～306.27 g/kg）和云城区（114.51～244.89 g/kg）；自然含水量的平均值由大到小依次是：新兴县（238.32 g/kg）、罗定市（211.29 g/kg）、郁南县（208.68 g/kg）、云安区（202.67 g/kg）和云城区（193.22 g/kg）；变异系数由大到小依次是：罗定市（29.31%）、郁南县（26.85%）、新兴县（19.69%）、云安区（19.11%）和云城区（15.75%）。

表4.1　云浮市土壤自然含水量描述性分析

| | 样点数 | 最小值（g/kg） | 最大值（g/kg） | 平均值（g/kg） | 变异系数（%） |
|---|---|---|---|---|---|
| 云城区 | 35 | 114.51 | 244.89 | 193.22 | 15.75 |
| 云安区 | 63 | 97.74 | 306.27 | 202.67 | 19.11 |
| 郁南县 | 143 | 53.48 | 502.18 | 208.68 | 26.85 |
| 新兴县 | 125 | 130.25 | 412.48 | 238.32 | 19.69 |
| 罗定市 | 259 | 66.84 | 395.69 | 211.29 | 29.31 |

### 4.1.2　土壤容重分析

土壤容重是指单位体积内的干土质量，是表示土壤松紧程度、熟化程度的一个重要尺度，是反映土壤质量的重要指标，反映土壤肥力、通气透水性以及植物根系生长的受阻情况，它们的大小受到土壤质地及结构状况、土壤有机质含量及各种自然及人为活动因素的作用（黄昌勇，2010）。土壤容重在森林土壤理化性质研究中是一项重要的基本数据（丁咸庆等，2015）。土壤容重对紧实度有重要的影响，土壤容重的大小与孔隙度及渗透率有密切的关系（MARIA et al，2001）。

云浮市土壤的容重共计610个有效样点，如表4.2所示，土壤容重范围由大到小依次是郁南县（1.05～1.98 g/cm³）、罗定市（0.96～1.78 g/cm³）、云安区（1.32～1.93 g/cm³）、新兴县（1.18～1.76 g/cm³）和云城区（1.27～

1.80 g/cm³）；土壤容重的平均值由小到大依次是：新兴县（1.39 g/cm³）、罗定市（1.39 g/cm³）、郁南县（1.59 g/cm³）、云安区（1.61 g/cm³）和云城区（1.62 g/cm³）；变异系数由大到小依次是：罗定市（11.76%）、郁南县（9.22%）、新兴县（8.25%）、云城区（7.61%）和云安区（6.98%）。

**表 4.2　云浮市土壤容重描述性分析**

| | 样点数 | 最小值(g/cm³) | 最大值(g/cm³) | 平均值(g/cm³) | 变异系数(%) |
|---|---|---|---|---|---|
| 云城区 | 34 | 1.27 | 1.80 | 1.62 | 7.61 |
| 云安区 | 55 | 1.32 | 1.93 | 1.61 | 6.98 |
| 郁南县 | 137 | 1.05 | 1.98 | 1.59 | 9.22 |
| 新兴县 | 125 | 1.18 | 1.76 | 1.39 | 8.25 |
| 罗定市 | 259 | 0.96 | 1.78 | 1.39 | 11.76 |

### 4.1.3　土壤自然含水量与土壤容重的相关关系

如图 4.1 所示，云浮市的土壤容重与土壤自然含水量呈负相关关系，相关系数（$R$ 为绝对值）为 0.517，两者可拟合成一元线性回归方程：$y = -0.0016x + 1.8175$。再由皮尔森相关性分析结果可知，云浮市土壤容重与土壤自然含水量之间呈极显著的负相关性（$P < 0.001$），这与前人研究结果一致（杨杰等，2011）。

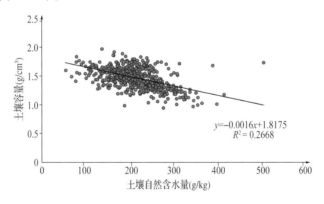

$$y = -0.0016x + 1.8175$$
$$R^2 = 0.2668$$

**图 4.1　云浮市土壤容重与自然含水量相关关系**

### 4.1.4　土壤容重与土壤孔隙度的相关关系

土壤水是土壤中最重要的组成部分之一，土壤含水量与土壤孔隙度有直接关系（常冬梅，1998）。土壤总孔隙度指土壤中所有孔隙的数量，土壤孔隙度大，则土壤通气能力增大，有益于植物根系的生长。土壤容重和孔隙度能够反映土壤的紧实度及通气情况。研究发现不同退化程度草地土壤总孔隙度产生差异，是由于土壤容重的差异所导致(魏强等，2010)。

一般而言，土壤的容重不同，则会带来物质组成、蓄水能力等各方面的差异，且土壤容重的差异也会对土壤其他理化性质造成影响。研究指出土壤容重与毛管孔隙度呈正相关关系，即通气孔隙度增加，毛管孔隙度随着土壤容重的增加而增加(曹丽花等，2011；李志洪等，2000)。

如图4.2所示，土壤容重与土壤总孔隙度、土壤毛管持水量、土壤毛管孔隙度和土壤通气孔隙度的均呈极显著的负相关关系($P<0.001$)，相关系数($R$为绝对值)由大到小依次是：土壤总孔隙度($R=1$)、土壤毛管持水量($R=0.914$)、土壤毛管孔隙度($R=0.494$)和土壤通气孔隙度($R=0.373$)。

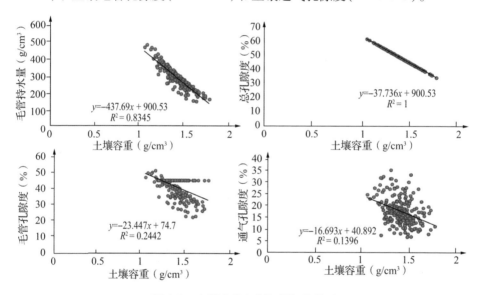

**图4.2　土壤水分各指标间相关关系**

## 4.2　土壤物理性质变异性

### 4.2.1　罗定市土壤物理性质描述性统计

对研究区域内土壤物理指标数据进行常规计算、统计分析，结果如表4.3所示，罗定市的森林土壤毛管持水量变化范围为147.65~483.06 g/kg，均值

为 280.75 g/kg，土壤总孔隙度、毛管孔隙度、非毛管孔隙度及土壤通气孔隙
度的均值分别为 46.93%、37.80%、9.13%、19.80%；含量变异范围分别是
35.53% ~ 60.57%、23.07% ~ 52.23%、3.53% ~ 19.77%、8.00% ~ 35.29%；
变异系数由大到小是非毛管孔隙度、土壤通气孔隙度、毛管持水量、毛管孔
隙度、总孔隙度，均为中等变异性。

表 4.3 罗定市土壤物理性质统计

| 指标 | 均值 | 标准差 | 变异系数(%) | 最小值 | 最大值 |
|---|---|---|---|---|---|
| 毛管持水量(g/kg) | 280.75 | 73.24 | 26.09 | 147.65 | 483.06 |
| 总孔隙度(%) | 46.93 | 5.40 | 11.50 | 35.53 | 60.57 |
| 毛管孔隙度(%) | 37.80 | 6.29 | 16.64 | 23.07 | 52.23 |
| 非毛管孔隙度(%) | 9.13 | 3.93 | 43.09 | 3.53 | 19.77 |
| 土壤通气孔隙度(%) | 19.80 | 5.78 | 29.22 | 8.00 | 35.29 |

## 4.2.2 罗定市各乡镇土壤物理性质分析

对罗定市各乡镇的土壤自然含水量、土壤容重、毛管持水量、总孔隙度、
毛管孔隙度、非毛管孔隙度、土壤通气孔隙度进行变异分析，结果（表 4.4）
显示：乡镇间的土壤自然含水量、土壤容重、毛管持水量、总孔隙度、毛管
孔隙度、非毛管孔隙度、土壤通气孔隙度均有显著差异，各乡镇的土壤自然
含水量由大到小分别是：素龙镇 > 分界镇 > 泗纶镇 > 金鸡镇 > 连州镇 > 龙湾
镇 > 围底镇 > 郎塘镇 > 船步镇 > 罗镜镇 > 罗平镇 > 苹塘镇 > 加益镇 > 附城
镇 > 太平镇 > 生江镇 > 黎少镇 > 榃滨镇；就土壤容重而言，各乡镇的容重大
小排序分别为：苹塘镇 > 太平镇 > 罗镜镇 > 附城镇 > 生江镇 > 围底镇 > 罗平
镇 > 船步镇 > 郎塘镇 > 黎少镇 > 榃滨镇 > 金鸡镇 > 素龙镇 > 加益镇 > 连州
镇 > 龙湾镇 > 分界镇 > 泗纶镇；对土壤毛管持水量来说，各乡镇大小排序为：
泗纶镇 > 分界镇 > 龙湾镇 > 素龙镇 > 连州镇 > 加益镇 > 金鸡镇 > 郎塘镇 > 船
步镇 > 围底镇 > 罗平镇 > 罗镜镇 > 太平镇 > 附城镇 > 苹塘镇 > 生江镇 > 榃滨
镇 > 黎少镇；各乡镇的土壤总孔隙度排序为：泗纶镇 > 分界镇 > 龙湾镇 > 连
州镇 > 加益镇 > 素龙镇 > 金鸡镇 > 榃滨镇 > 黎少镇 > 郎塘镇 > 船步镇 > 罗平
镇 > 围底镇 > 生江镇 > 附城镇 > 罗镜镇 > 太平镇 > 苹塘镇；各乡镇土壤毛管
孔隙度排序为：泗纶镇 > 龙湾镇 > 素龙镇 > 分界镇 > 连州镇 > 加益镇 > 金鸡
镇 > 郎塘镇 > 围底镇 > 船步镇 > 罗镜镇 > 罗平镇 > 苹塘镇 > 太平镇 > 附城
镇 > 生江镇 > 榃滨镇 > 黎少镇；各乡镇土壤非毛管孔隙度排序为：黎少镇 >

替滨镇＞生江镇＞泗纶镇＞分界镇＞附城镇＞罗平镇＞连州镇＞金鸡镇＞船步镇＞罗镜镇＞加益镇＞太平镇＞围底镇＞郎塘镇＞龙湾镇＞素龙镇＞苹塘镇；各乡镇土壤通气孔隙度排序为：替滨镇＞泗纶镇＞黎少镇＞加益镇＞龙湾镇＞生江镇＞分界镇＞附城镇＞连州镇＞太平镇＞罗平镇＞金鸡镇＞船步镇＞郎塘镇＞罗镜镇＞围底镇＞素龙镇＞苹塘镇。

表4.4 罗定市各乡镇土壤物理性质变异分析

| 城镇 | 自然含水量（g/kg） | 容重（g/cm³） | 毛管持水量（g/kg） | 总孔隙度（%） | 毛管孔隙度（%） | 非毛管孔隙度（%） | 土壤通气孔隙度（%） |
|---|---|---|---|---|---|---|---|
| 素龙镇 | 267.82 ± 85.99 a | 1.39 ± 0.21 bc | 315.86 ± 94.76 abc | 47.47 ± 7.80 bc | 42.11 ± 7.81 ab | 5.37 ± 0.38 c | 11.85 ± 0.65 c |
| 分界镇 | 250.70 ± 57.01 ab | 1.27 ± 0.15 c | 339.55 ± 76.22 ab | 51.95 ± 5.65 ab | 41.35 ± 5.34 ab | 10.60 ± 4.58 bc | 21.29 ± 6.15 b |
| 泗纶镇 | 247.15 ± 79.40 ab | 1.21 ± 0.12 c | 373.36 ± 80.58 a | 54.50 ± 4.56 a | 43.56 ± 6.15 a | 10.93 ± 2.29 b | 25.76 ± 4.46 ab |
| 金鸡镇 | 222.34 ± 56.30 ab | 1.40 ± 0.12 b | 287.71 ± 68.69 bc | 47.21 ± 4.38 bc | 38.35 ± 6.02 b | 8.85 ± 3.41 bc | 17.40 ± 4.81 bc |
| 连州镇 | 222.25 ± 39.02 ab | 1.34 ± 0.10 bc | 310.13 ± 54.98 b | 49.27 ± 3.71 b | 40.18 ± 5.12 ab | 9.10 ± 4.12 bc | 20.09 ± 6.12 bc |
| 龙湾镇 | 209.70 ± 62.48 ab | 1.33 ± 0.13 bc | 337.59 ± 82.93 ab | 49.91 ± 4.92 b | 43.11 ± 5.88 ab | 6.80 ± 1.92 c | 22.87 ± 6.21 ab |
| 围底镇 | 203.56 ± 16.78 ab | 1.47 ± 0.07 ab | 258.33 ± 27.75 bc | 44.54 ± 2.70 c | 37.49 ± 2.30 bc | 7.04 ± 1.03 c | 14.97 ± 2.15 c |
| 郎塘镇 | 203.00 ± 37.89 ab | 1.45 ± 0.11 ab | 268.32 ± 44.48 bc | 45.18 ± 4.15 c | 38.20 ± 4.02 b | 6.98 ± 2.38 c | 16.17 ± 3.50 c |
| 船步镇 | 197.90 ± 47.12 b | 1.46 ± 0.08 ab | 259.36 ± 50.79 bc | 44.91 ± 3.00 c | 36.46 ± 6.15 bc | 8.45 ± 3.63 bc | 17.03 ± 3.85 bc |
| 罗镜镇 | 192.39 ± 30.29 bc | 1.49 ± 0.08 ab | 244.28 ± 31.43 c | 43.91 ± 3.01 c | 35.68 ± 2.88 bc | 8.23 ± 1.60 bc | 15.73 ± 2.73 c |
| 罗平镇 | 188.70 ± 55.27 b | 1.46 ± 0.14 ab | 252.06 ± 61.96 c | 44.77 ± 5.29 c | 35.54 ± 6.26 bc | 9.23 ± 4.28 bc | 18.31 ± 4.06 bc |

（续）

| 城镇 | 自然含水量（g/kg） | 容重（g/cm³） | 毛管持水量（g/kg） | 总孔隙度（%） | 毛管孔隙度（%） | 非毛管孔隙度（%） | 土壤通气孔隙度（%） |
|---|---|---|---|---|---|---|---|
| 苹塘镇 | 186.67 ± 15.50 bc | 1.59 ± 0.09 a | 225.01 ± 23.82 c | 40.10 ± 3.28 c | 35.27 ± 2.12 bc | 4.83 ± 1.27 c | 10.81 ± 3.02 c |
| 加益镇 | 179.65 ± 12.60 bc | 1.37 ± 0.08 bc | 298.79 ± 42.02 bc | 48.34 ± 3.19 bc | 40.17 ± 3.33 ab | 8.17 ± 1.33 bc | 24.00 ± 3.95 ab |
| 附城镇 | 165.81 ± 39.10 bc | 1.48 ± 0.10 ab | 238.54 ± 52.21 c | 44.31 ± 3.84 c | 34.14 ± 6.12 bc | 10.17 ± 4.83 bc | 20.46 ± 4.82 b |
| 太平镇 | 165.02 ± 63.06 bc | 1.53 ± 0.18 a | 243.63 ± 74.48 c | 42.43 ± 6.85 c | 35.16 ± 6.27 bc | 7.28 ± 1.53 c | 18.91 ± 2.32 bc |
| 生江镇 | 153.70 ± 29.60 bc | 1.47 ± 0.05 ab | 223.29 ± 1.46 c | 44.40 ± 1.97 c | 32.72 ± 0.98 bc | 11.68 ± 2.94 abc | 21.91 ± 1.64 abc |
| 黎少镇 | 146.77 ± 35.27 bc | 1.44 ± 0.04 ab | 209.40 ± 36.42 c | 45.69 ± 1.61 bc | 29.88 ± 4.40 c | 15.81 ± 3.40 a | 24.75 ± 3.73 ab |
| 㯧滨镇 | 124.86 ± 47.17 c | 1.43 ± 0.10 ab | 217.33 ± 38.77 c | 45.94 ± 3.71 bc | 30.36 ± 4.65 c | 15.58 ± 4.40 a | 28.18 ± 7.07 a |

## 4.2.3　罗定市各林分类型土壤物理性质

对罗定市各林分类型的土壤自然含水量、土壤容重、毛管持水量、总孔隙度、毛管孔隙度、非毛管孔隙度、土壤通气孔隙度进行变异分析，结果（表4.5）显示：各林分类型间的土壤自然含水量、土壤容重、毛管持水量、总孔隙度、毛管孔隙度、非毛管孔隙度、土壤通气孔隙度均有显著差异，各林分类型的土壤自然含水量由大到小分别是杉木林＞马尾松林＞阔叶林＞针阔混交林＞针叶混交林＞桉树林＞黄栀子林＞相思林＞茶叶林＞龙眼林＞油茶林＞毛竹林＞杂竹林＞砂糖橘林＞荔枝林＞八角林＞湿地松林＞肉桂林；就土壤容重而言，各林分类型的容重大小排序分别为：荔枝林＞龙眼林＞湿地松林＞油茶林＞肉桂林＞杂竹林＞相思林＞黄栀子林＞针叶混交林＞桉树林＞阔叶林＞茶叶林＞八角林＞马尾松林＞针阔混交林＞毛竹林＞砂糖橘林＞杉木林；对土壤毛管持水量来说，各林分类型大小排序为：杉木林＞马尾松林＞针阔混交林＞阔叶林＞桉树林＞针叶混交林＞砂糖橘林＞相思林＞茶叶林＞毛竹林＞黄栀子林＞八角林＞杂竹林＞油茶林＞肉桂林＞龙眼林＞湿地松林＞荔

枝林；各林分类型的土壤总孔隙度排序为：杉木林＞砂糖橘林＞毛竹林＞针
阔混交林＞马尾松林＞八角林＞茶叶林＞阔叶林＞桉树林＞针叶混交林＞黄
栀子林＞相思林＞杂竹林＞肉桂林＞油茶林＞湿地松林＞龙眼林＞荔枝林；
各林分类型土壤毛管孔隙度排序为：杉木林＞马尾松林＞针阔混交林＞桉树
林＞阔叶林＞针叶混交林＞砂糖橘林＞相思林＞茶叶林＞茶叶林＞黄栀子林＞
毛竹林＞八角林＞杂竹林＞油茶林＞龙眼林＞荔枝林＞肉桂林＞湿地松林；
各林分类型土壤非毛管孔隙度排序为：肉桂林＞湿地松林＞八角林＞毛竹
林＞杂竹林＞油茶林＞茶叶林＞砂糖橘林＞荔枝林＞黄栀子林＞龙眼林＞针
阔混交林＞阔叶林＞针叶混交林＞相思林＞桉树林＞马尾松林＞杉木林；各
林分类型土壤通气孔隙度排序为：八角林＞砂糖橘林＞肉桂林＞毛竹林＞杂
竹林＞湿地松林＞茶叶林＞针阔混交林＞油茶林＞桉树林＞相思林＞针叶混
交林＞黄栀子林＞杉木林＞阔叶林＞荔枝林＞马尾松林＞龙眼林。

表 4.5 罗定市各林分类型土壤物理性质变异分析

| 林分 | 自然含水量<br>（g/kg） | 容重<br>（g/cm³） | 毛管持水量<br>（g/kg） | 总孔隙度<br>（%） | 毛管孔<br>隙度（%） | 非毛管孔<br>隙度（%） | 土壤通气<br>孔隙度（%） |
|---|---|---|---|---|---|---|---|
| 杉木林 | 241. 82 ±<br>48. 19 a | 1. 33 ±<br>0. 12 b | 334. 21 ±<br>57. 74 a | 49. 75 ±<br>4. 34 a | 43. 19 ±<br>3. 69 a | 6. 55 ±<br>1. 00 b | 18. 30 ±<br>6. 04 b |
| 马尾松林 | 236. 63 ±<br>71. 43 a | 1. 37 ±<br>0. 18 b | 315. 82 ±<br>83. 87 a | 48. 36 ±<br>6. 85 ab | 40. 80 ±<br>6. 20 ab | 7. 57 ±<br>2. 71 b | 17. 71 ±<br>4. 79 b |
| 阔叶林 | 221. 58 ±<br>44. 30 ab | 1. 38 ±<br>0. 14 ab | 299. 01 ±<br>73. 01 ab | 47. 80 ±<br>5. 20 ab | 39. 53 ±<br>5. 18 ab | 8. 28 ±<br>2. 48 b | 18. 25 ±<br>4. 74 ab |
| 针阔混交林 | 219. 39 ±<br>68. 60 ab | 1. 37 ±<br>0. 18 b | 308. 43 ±<br>92. 82 a | 48. 37 ±<br>6. 81 ab | 39. 80 ±<br>8. 28 ab | 8. 57 ±<br>3. 34 b | 20. 06 ±<br>4. 52 ab |
| 针叶混交林 | 211. 07 ±<br>64. 96 ab | 1. 40 ±<br>0. 17 ab | 294. 60 ±<br>84. 60 ab | 47. 12 ±<br>6. 38 ab | 39. 28 ±<br>6. 01 ab | 7. 85 ±<br>3. 48 b | 18. 84 ±<br>4. 97 ab |
| 桉树林 | 207. 09 ±<br>53. 08 ab | 1. 40 ±<br>0. 17 ab | 298. 17 ±<br>80. 56 ab | 47. 27 ±<br>6. 58 ab | 39. 67 ±<br>5. 96 ab | 7. 60 ±<br>1. 95 b | 19. 57 ±<br>4. 69 ab |
| 黄栀子林 | 202. 75 ±<br>5. 57 ab | 1. 41 ±<br>0. 02 ab | 265. 22 ±<br>3. 42 ab | 46. 62 ±<br>0. 87 ab | 37. 10 ±<br>0. 96 ab | 9. 52 ±<br>1. 83 b | 18. 33 ±<br>1. 86 ab |
| 相思林 | 200. 84 ±<br>52. 56 ab | 1. 42 ±<br>0. 15 ab | 282. 93 ±<br>61. 04 ab | 46. 40 ±<br>5. 69 ab | 38. 64 ±<br>4. 42 ab | 7. 76 ±<br>3. 18 b | 18. 92 ±<br>4. 41 ab |

（续）

| 林分 | 自然含水量（g/kg） | 容重（g/cm³） | 毛管持水量（g/kg） | 总孔隙度（%） | 毛管孔隙度(%) | 非毛管孔隙度(%) | 土壤通气孔隙度(%) |
|---|---|---|---|---|---|---|---|
| 茶叶林 | 190.87 ± 20.46 ab | 1.38 ± 0.09 ab | 274.05 ± 35.15 ab | 48.02 ± 3.24 ab | 37.22 ± 2.47 ab | 10.80 ± 1.71 ab | 22.03 ± 2.18 ab |
| 龙眼林 | 182.91 ± 28.12 ab | 1.53 ± 0.08 ab | 220.69 ± 36.83 b | 42.30 ± 3.12 b | 33.17 ± 4.43 b | 9.13 ± 3.55 b | 14.73 ± 2.76 b |
| 油茶林 | 173.06 ± 23.02 b | 1.47 ± 0.10 ab | 236.60 ± 31.93 b | 44.67 ± 3.80 ab | 33.85 ± 2.71 b | 10.82 ± 3.52 ab | 19.63 ± 5.73 ab |
| 毛竹林 | 172.42 ± 63.70 b | 1.36 ± 0.15 b | 270.27 ± 43.43 ab | 48.52 ± 5.70 ab | 35.89 ± 3.73 ab | 12.62 ± 6.32 ab | 25.73 ± 9.18 a |
| 杂竹林 | 165.97 ± 90.47 b | 1.42 ± 0.07 ab | 253.26 ± 77.33 ab | 46.24 ± 2.50 ab | 34.99 ± 9.84 b | 11.25 ± 7.41 ab | 23.13 ± 9.31 ab |
| 砂糖橘林 | 165.73 ± 39.30 b | 1.36 ± 0.11 b | 294.47 ± 61.04 ab | 48.70 ± 4.20 ab | 38.94 ± 5.06 ab | 9.76 ± 0.86 ab | 26.79 ± 0.54 a |
| 荔枝林 | 156.79 ± 21.86 b | 1.53 ± 0.08 a | 213.42 ± 10.92 b | 42.14 ± 2.86 b | 32.56 ± 2.50 b | 9.58 ± 5.05 b | 18.13 ± 6.67 b |
| 八角林 | 155.73 ± 5.78 b | 1.38 ± 0.11 ab | 262.02 ± 36.69 ab | 48.10 ± 4.20 ab | 35.32 ± 1.70 ab | 12.78 ± 2.49 ab | 26.80 ± 6.78 a |
| 湿地松林 | 152.98 ± 35.15 b | 1.47 ± 0.10 ab | 214.98 ± 27.04 b | 44.62 ± 3.69 ab | 30.63 ± 5.24 ab | 13.99 ± 7.07 ab | 22.64 ± 7.57 ab |
| 肉桂林 | 141.64 ± 35.69 b | 1.44 ± 0.12 ab | 225.03 ± 66.07 b | 15.75 ± 4.51 ab | 30.99 ± 7.08 b | 14.76 ± 4.43 a | 26.11 ± 2.81 a |

注：多重比较采用 Duncan 法，同一系列不同字母表示差异显著（$P < 0.05$），相同字母表示差异不是著，下同。

# 4.3 新兴县土壤物理性质

## 4.3.1 不同林分类型土壤水分含量的分层分析

土壤水分是土壤物理指标的重要组成部分，它积极参与土壤中物质的转化与运输过程，是植物生长所必需的，并影响着土壤结构的形成和稳定。土壤水分是植物生长发育所需水分的主要给源，土壤水分的丰欠状况，直接影响植物的生长和产量。在本书研究结果中，不同林分中土壤的吸湿水含量、自然含水量和毛管持水量也各有不同。

#### 4.3.1.1 不同林分土壤吸湿水含量

土壤吸湿水含量见表4.6，在0~20cm土层，吸湿水含量由高到低依次为针叶混交林（38.19 g/kg）、阔叶混交林（29.37 g/kg）、针阔混交林（28.91 g/kg）、桉树林（28.63 g/kg）、杉木林（28.53 g/kg）、相思林（25.17 g/kg）、马尾松（24.92 g/kg），混交林土壤吸湿水含量要高于纯林土壤吸湿水含量，说明土层0~20 cm混交林林分更利于其林下土壤吸湿水含量的保持。针叶混交林的吸湿水含量显著大于其他林分，杉木林、桉树林、阔叶混交林和针阔混交林两两差异不显著。

在20~40cm土层，吸湿水含量由高到低依次为针叶混交林（38.58 g/kg）、阔叶混交林（26.42 g/kg）、桉树林（26.39 g/kg）、马尾松（24.46 g/kg）、杉木林（20.44 g/kg）、针阔混交林（19.93 g/kg）、相思林（9.24 g/kg）。总的来说，与0~20cm土层的规律一致，针叶混交林和阔叶混交林的土壤吸湿水含量明显高于其他林分。针叶混交林大于其他林分且差异明显，马尾松、桉树林、阔叶混交林等与其他林分差异显著。

在40~60cm土层，吸湿水含量由高到低依次为针叶混交林（37.74 g/kg）、阔叶混交林（35.94 g/kg）、桉树林（31.19 g/kg）、针阔混交林（27.64 g/kg）、马尾松（25.64 g/kg）、杉木林（22.04 g/kg）、相思林（12.28 g/kg）。在该土层，针叶混交林和阔叶混交林的吸湿水含量明显高于其他林分。

在60~80cm土层，吸湿水含量由高到低依次为针叶混交林（39.64 g/kg）、阔叶混交林（37.66 g/kg）、桉树林（28.44 g/kg）、针阔混交林（24.59 g/kg）、杉木林（22.34 g/kg）、相思林（18.11 g/kg）、马尾松（16.21 g/kg），除了桉树林较靠前，其他纯林在该土层的吸湿水含量较低。

在80~100cm土层，吸湿水含量由高到低依次为针叶混交林（38.53 g/kg）、阔叶混交林（28.02 g/kg）、桉树林（26.67 g/kg）、针阔混交林（24.24 g/kg）、杉木林（17.80 g/kg）、马尾松（15.24 g/kg）、相思林（11.57 g/kg），总体而言，混交林吸湿水含量较纯林含量高，说明混交林土壤吸湿水的保持能力更强。

表4.6  不同林分土壤吸湿水含量(g/kg)

| 林分 | 0~20cm | 20~40cm | 40~60cm | 60~80cm | 80~100cm |
|---|---|---|---|---|---|
| 马尾松 | 24.92±1.31c | 24.46±1.58b | 25.64±1.65c | 16.21±1.87d | 15.24±1.62c |
| 杉木林 | 28.53±1.50b | 20.44±1.92c | 22.04±1.32c | 22.34±1.52c | 17.80±1.47c |
| 桉树林 | 28.63±1.48b | 26.39±1.69b | 31.19±2.16b | 28.44±2.31b | 26.67±1.56b |
| 相思林 | 25.17±2.03c | 9.24±1.33d | 12.28±1.13c | 18.11±1.43d | 11.57±1.92d |
| 针叶混交林 | 38.19±2.46a | 38.58±2.52a | 37.74±1.24a | 39.64±2.01a | 38.53±2.11a |
| 阔叶混交林 | 29.37±1.37b | 26.42±2.06b | 35.94±2.35a | 37.66±2.14a | 28.02±3.16b |
| 针阔混交林 | 28.91±1.61b | 19.93±1.85c | 27.64±1.72c | 24.59±1.68c | 24.24±1.37b |

注：多重比较采用 Duncan 法，同一列不同字母表示差异显著($P < 0.05$)，相同字母表示差异不显著，下同。

### 4.3.1.2  不同林分土壤自然含水量

土壤自然含水量在不同林分的含量如表4.7所示，在0~20cm土层，自然含水量依次为杉木林(341.21 g/kg)、针阔混交林(318.85 g/kg)、阔叶混交林(257.25 g/kg)、桉树林(254.07 g/kg)、马尾松(223.43 g/kg)、针叶混交林(216.72g/kg)、相思林(150.47g/kg)；杉木林的自然含水量在0~20cm高于其他混交林和纯林，针阔混交林的自然含水量高于其他混交林分。

在20~40cm土层，自然含水量依次为杉木林(312.16 g/kg)、针阔混交林(312.06 g/kg)、阔叶混交林(246.34 g/kg)、马尾松(218.24 g/kg)、桉树林(216.21 g/kg)、针叶混交林(211.71g/kg)、相思林(130.02 g/kg)，与0~20cm土层一致，杉木林在20~40cm土层中的自然含水量高于其他林分，相思纯林最低，可能与其土壤的孔隙性有关。

在40~60cm土层，自然含水量依次为杉木林(292.00g/kg)、针阔混交林(235.44 g/kg)、阔叶混交林(220.57 g/kg)、针叶混交林(197.68 g/kg)、马尾松(180.68 g/kg)、桉树林(174.47 g/kg)、相思林(120.89 g/kg)，跟0~40cm土层一致，该土层中杉木林的自然水含量最高，除了杉木林，在剩下的林分中，混交林的自然含水量高于纯林。

在60~80cm土层，自然含水量依次为杉木林(259.33 g/kg)、针阔混交林(224.49 g/kg)、阔叶混交林(209.26 g/kg)、针叶混交林(168.87 g/kg)、桉树林(149.95 g/kg)、马尾松(147.02 g/kg)、相思林(146.42 g/kg)，该土层的规律与40~60cm土层一致，杉木林的自然水含量最高，相思林的自然含水量最低，可能与其土壤的物理结构有关。

在80～100cm土层，自然含水量依次为杉木林（222.95 g/kg）、针阔混交林（212.59 g/kg）、阔叶混交林（207.56 g/kg）、桉树林（188.02 g/kg）、马尾松（151.99 g/kg）、相思林（117.24 g/kg）、针叶混交林（105.35 g/kg），相比于其他土层，在该土层中，针叶混交林的自然含水量最低，说明在深层土壤中，混交林的土壤含水量低于纯林。

表4.7　不同林分土壤自然含水量（g/kg）

| 林分 | 0～20cm | 20～40cm | 40～60cm | 60～80cm | 80～100cm |
|---|---|---|---|---|---|
| 马尾松 | 223.43±4.38d | 218.24±3.54c | 180.68±5.27c | 147.02±3.88e | 151.99±3.23c |
| 杉木林 | 341.21±5.28a | 312.16±4.07a | 292.00±4.32a | 259.33±3.93a | 222.95±2.91a |
| 桉树林 | 254.07±3.29c | 216.21±4.94c | 174.47±4.50c | 149.95±3.40e | 188.02±3.27b |
| 相思林 | 150.47±3.11e | 130.02±3.58d | 120.89±3.53d | 146.42±4.51e | 117.24±4.30d |
| 针叶混交林 | 216.72±4.71d | 211.71±4.22c | 197.68±3.76c | 168.87±2.29d | 105.35±3.24d |
| 阔叶混交林 | 257.25±5.09c | 246.34±5.19d | 220.57±3.82b | 209.26±2.58c | 207.56±3.02a |
| 针阔混交林 | 318.85±4.07b | 312.06±4.24a | 235.44±5.23b | 224.49±3.27b | 212.59±3.25a |

#### 4.3.1.3　不同林分土壤毛管持水量

不同林分的土壤毛管持水量在各土层含量不同（表4.8）。在0～20cm土层，杉木林毛管持水量最高（326.98 g/kg），这可能与杉木林下土壤的理化性质有关，其次为针阔混交林（310.99 g/kg）、马尾松（301.65 g/kg）、桉树林（286.08 g/kg）、阔叶混交林（271.87 g/kg）、针叶混交林（252.33 g/kg），而相思林毛管持水量最低（200.16 g/kg），杉木林的土壤毛管持水量最高，且与其他林分差异明显。

在20～40cm土层，针阔混交林（311.72 g/kg）毛管持水量最高，其次为杉木林（302.60 g/kg）、阔叶混交林（266.45 g/kg）、桉树林（244.81 g/kg）、马尾松（241.43 g/kg）、针叶混交林（237.40 g/kg），而相思林（159.81 g/kg）毛管持水量最低，在该土层，毛管持水量并无规律性可言。

在40～60cm土层，杉木林（265.48 g/kg）毛管持水量最高，其次为针叶混交林（251.92 g/kg）、针阔混交林（229.93 g/kg）、马尾松（223.56 g/kg）、桉树林（213.88 g/kg）、阔叶混交林（211.19 g/kg），而相思林（139.39 g/kg）毛管持水量最低。马尾松与其他林分差异显著（$P<0.05$），杉木林、针叶混交林与其他林分差异显著（$P<0.05$）。

在60～80cm土层，杉木林（246.98 g/kg）毛管持水量最高，其次为针叶混交林（232.00 g/kg）、针阔混交林（231.01 g/kg）、阔叶混交林（212.53 g/

kg）、桉树林（189.71 g/kg）、相思林（147.67 g/kg），而马尾松（134.68 g/kg）毛管持水量最低，土壤毛管持水量呈现混交林地大于纯林的规律。

在80～100cm土层，阔叶混交林（228.45 g/kg）毛管持水量最高，其次为针阔混交林（220.68 g/kg）、桉树林（215.76 g/kg）、杉木林（200.64 g/kg）、马尾松（146.01 g/kg）、针叶混交林（114.03 g/kg）、相思林（107.15 g/kg），阔叶和针阔混交林的土壤毛管持水量最高，说明在深层土壤中，混交林的土壤毛管持水量更加丰富。

**表4.8 不同林分土壤毛管持水量（g/kg）**

| 林分 | 0～20cm | 20～40cm | 40～60cm | 60～80cm | 80～100cm |
|---|---|---|---|---|---|
| 马尾松 | 301.65±5.22d | 241.43.22c | 223.56±4.38a | 134.68±3.25d | 146.01±2.66c |
| 杉木林 | 326.98±6.91a | 302.60±5.01a | 265.48±3.72b | 246.98±3.20b | 200.64±3.14b |
| 桉树林 | 286.08±5.01b | 244.81±3.99c | 213.88±2.66c | 189.71±2.83c | 215.76±2.74a |
| 相思林 | 200.16±4.32d | 159.81±4.18d | 139.39±4.09d | 147.67±2.97d | 107.15±2.83d |
| 针叶混交林 | 252.33±5.39c | 237.40±3.81c | 251.92±4.91b | 232.00±4.15b | 114.03±3.25d |
| 阔叶混交林 | 271.87±2.98b | 266.45±3.27b | 211.19±3.76c | 212.53±3.42a | 228.45±2.49a |
| 针阔混交林 | 310.99±5.21a | 311.72±4.32a | 229.93±3.91c | 231.01±2.96b | 220.68±4.91a |

## 4.3.2 不同林分类型土壤的质地

土壤质地是土壤中不同大小直径的矿物颗粒的组合状况，是土壤中重要的物理指标之一。土壤质地的状况与土壤通气、保肥、保水状况及耕作的难易有密切关系，是拟定土壤利用、管理和改良措施的重要依据。本研究通过对不同林分土壤中小于0.01mm的物理性黏粒含量的测定，确定各个林分土壤质地的类型。

在该研究区内，7种林分的土壤质地类型有轻壤土、中壤土、重壤土3种类型，同种林分各层的土壤质地各有不同。由表4.9可见：0～20cm土层相思林（25.43%）、阔叶混交林（28.42%）和针阔混交林（26.21%）为轻壤土，马尾松林（43.54%）、桉树林（38.63%）为中壤土，而杉木林（48.36%）、针叶混交林（50.22%）则为重壤土，在该土层中，混交林大部分是轻壤土。针叶混交林土壤质地与其他林分土壤质地差异显著（$P<0.05$），桉树林土壤质地与其他林分土壤质地差异显著（$P<0.05$），马尾松和杉木林的土壤质地差异不显著，相思林、阔叶混交林以及针阔混交林的土壤质地差异不显著。

在20～40cm土层，针阔混交林（28.42%）为轻壤土，桉树林（41.86%）、相思林(37.36%)、阔叶混交林(30.39%)为中壤土,而马尾松林(53.63%)、杉木林(51.04%)、针叶混交林(50.24%)则为重壤土。桉树林、相思林土壤质地与其他林分土壤质地差异显著($P < 0.05$),阔叶混交林、针阔混交林土壤质地与其他林分土壤质地差异显著($P < 0.05$),马尾松林、杉木林、针叶混交林的土壤质地差异不显著。

40~60cm 土层阔叶混交林(25.71%)、针阔混交林(27.78%)为轻壤土,马尾松林(43.68%)、杉木林(44.92%)、桉树林(37.23%)、相思林(39.66%)为中壤土,而针叶混交林(52.98%)则为重壤土,该层土壤质地跟其他层次相似,也同样兼具有轻壤土、中壤土以及重壤土。针叶混交林土壤质地与其他林分土壤质地差异显著($P < 0.05$),阔叶混交林、针阔混交林与其他林分土壤质地差异显著($P < 0.05$),马尾松林、杉木林、桉树林、相思林的土壤质地差异不显著。

60~80cm 土层阔叶混交林(27.22%)为轻壤土,桉树林(38.47%)、相思林(43.97g%)、针阔混交林(31.82%)为中壤土,而马尾松林(52.31%)、杉木林(47.19%)、针叶混交林(53.78%)则为重壤土。阔叶混交林土壤质地与其他林分土壤质地差异显著($P < 0.05$),桉树林、相思林、针阔混交林的土壤质地差异不显著,马尾松林、杉木林、针叶混交林的土壤质地差异不显著。

80~100cm 土层阔叶混交林(27.21%)为轻壤土,马尾松林(43.05%)、桉树林(30.16%)、相思林(41.04%)、针阔混交林(34.86%)为中壤土,而杉木林(53.95%)、针叶混交林(45.64%)则为重壤土,深层土壤(80 - 100cm)与其他各层的土壤质地并无差别,均为壤土类型。阔叶混交林土壤质地与其他林分土壤质地差异显著($P < 0.05$),杉木林、针叶混交林土壤质地与其他林分土壤质地差异显著($P < 0.05$),马尾松林、桉树林、相思林、针阔混交林的土壤质地差异不显著。

表4.9 不同林分类型土壤物理性黏粒( <0.01mm) 含量与质地名称(卡庆斯基制)(%)

| 林分 | 0~20cm | 20~40cm | 40~60cm | 60~80cm | 80~100cm |
|---|---|---|---|---|---|
| 马尾松 | 43.54 ± 1.51b | 53.63 ± 1.25a | 43.68 ± 1.09b | 52.31 ± 2.14a | 43.05 ± 1.32b |
| | 中壤土 | 重壤土 | 中壤土 | 重壤土 | 中壤土 |
| 杉木林 | 48.36 ± 1.31b | 51.04 ± 1.09a | 44.92 ± 1.26b | 47.19 ± 1.18b | 53.95 ± 1.59a |
| | 重壤土 | 重壤土 | 中壤土 | 重壤土 | 重壤土 |
| 桉树林 | 38.63 ± 2.22c | 41.86 ± 2.31b | 37.23 ± 1.53c | 38.47 ± 2.32c | 30.16 ± 1.77c |
| | 中壤土 | 中壤土 | 中壤土 | 中壤土 | 中壤土 |

（续）

| 林分 | 0~20cm | 20~40cm | 40~60cm | 60~80cm | 80~100cm |
|---|---|---|---|---|---|
| 相思林 | 25.43 ± 1.58d | 37.36 ± 1.43b | 39.66 ± 1.60c | 43.97 ± 1.79b | 41.04 ± 2.01b |
|  | 轻壤土 | 中壤土 | 中壤土 | 中壤土 | 中壤土 |
| 针叶混交林 | 50.22 ± 2.31a | 50.24 ± 1.22a | 52.98 ± 1.38a | 53.78 ± 1.30a | 45.64 ± 1.35b |
|  | 重壤土 | 重壤土 | 重壤土 | 重壤土 | 重壤土 |
| 阔叶混交林 | 28.42 ± 1.62d | 30.39 ± 1.54c | 25.71 ± 1.68d | 27.22 ± 1.28d | 27.21 ± 1.52c |
|  | 轻壤土 | 中壤土 | 轻壤土 | 轻壤土 | 轻壤土 |
| 针阔混交林 | 26.21 ± 2.93d | 28.42 ± 1.97c | 27.78 ± 2.04d | 31.82 ± 1.33d | 34.86 ± 1.13c |
|  | 轻壤土 | 轻壤土 | 轻壤土 | 中壤土 | 中壤土 |

### 4.3.3　不同林分类型土壤的容重及孔隙性

　　土壤容重是土壤物理性质的重要指标，容重大小反映了土壤的透水性、松紧程度和根系伸展的阻力状况等。在土壤质地相近时，土壤容重大小对于植物根系的生长、土壤动物和微生物的活动有很大的影响。土壤孔隙度关系着土壤的透水性、透气性、导热性和紧实度，而不同林分类型结构不同的土壤中孔隙度也各具不同。在本研究中，通过对 7 种林分土壤容重、总孔隙度、毛管孔隙度、非毛管孔隙度、通气孔隙度的分析研究，进一步了解了不同林分类型下土壤孔隙状况的区别与变化。

#### 4.3.3.1　不同林分土壤容重

　　7 种不同林分 0~100cm 的土壤容重见表 4.10。在 0~20cm 土层，各林分的土壤容重范围在 1.34~1.09g/cm³，土壤容重由大到小依次为相思林>阔叶混交林>杉木林>针阔混交林>针叶混交林>桉树林>马尾松，相思林和马尾松林地的土壤容重相差较大。

　　在 20~40cm 土层，各林分的土壤容重范围在 1.17g~1.46g/cm³，土壤容重由大到小依次为相思林>杉木林>桉树林>阔叶混交林>针叶混交林>马尾松>针阔混交林，与 0~20cm 土层一样，在该层中，相思林的土壤容重最大，这可能与相思林的根系的发育状况有关。

　　在 40~60cm 土层，各林分的土壤容重范围在 1.59~1.22g/cm³，土壤容重由大到小依次为相思林>针叶混交林>杉木林>马尾松>针阔混交林>桉树林>阔叶混交林。土层容重相思林、针叶混交林与其他林分差异显著（$P < 0.05$），杉木林、马尾松与其他林分差异显著（$P < 0.05$）。

在 60～80cm 土层，各林分土壤的容重范围在 1.56～1.29g/cm³，土壤容重由大到小依次为马尾松 > 针叶混交林 > 相思林 > 杉木林 > 桉树林 > 阔叶混交林 > 针阔混交林。土层容重马尾松、相思林、针叶混交林与其他林分差异显著（$P < 0.05$），杉木林、桉树林、阔叶混交林、针阔混交林各林分之间差异不显著。

在 80～100cm 土层，各林分的土壤容重范围在 1.57～1.31g/cm³，土壤容重由大到小依次为针叶混交林 > 桉树林 > 马尾松 > 相思林 > 阔叶混交林 > 杉木林 > 针阔混交林。土层容重针阔混交林与其他林分差异显著（$P < 0.05$），马尾松、桉树林、相思林、针叶混交林各林分之间差异不显著。

表 4.10　不同林分土壤容重（g/cm³）

| 林分 | 0～20cm | 20～40cm | 40～60cm | 60～80cm | 80～100cm |
|---|---|---|---|---|---|
| 马尾松 | 1.09 ± 0.13b | 1.19 ± 0.17c | 1.32 ± 0.11b | 1.56 ± 0.05a | 1.53 ± 0.03a |
| 杉木林 | 1.15 ± 0.11b | 1.26 ± 0.03b | 1.32 ± 0.05b | 1.37 ± 0.07b | 1.41 ± 0.05b |
| 桉树林 | 1.10 ± 0.09b | 1.26 ± 0.07b | 1.24 ± 0.04c | 1.34 ± 0.03b | 1.56 ± 0.05a |
| 相思林 | 1.34 ± 0.21a | 1.46 ± 0.11a | 1.59 ± 0.05a | 1.51 ± 0.04a | 1.52 ± 0.04a |
| 针叶混交林 | 1.11 ± 0.12b | 1.22 ± 0.13b | 1.47 ± 0.10a | 1.52 ± 0.04a | 1.57 ± 0.03a |
| 阔叶混交林 | 1.15 ± 0.10b | 1.23 ± 0.10b | 1.22 ± 0.04c | 1.33 ± 0.05b | 1.42 ± 0.06b |
| 针阔混交林 | 1.14 ± 0.15b | 1.17 ± 0.05c | 1.29 ± 0.06c | 1.29 ± 0.04b | 1.31 ± 0.02c |

#### 4.3.3.2　不同林分土壤总孔隙度

土壤总孔隙度状况是土体构造虚实松紧的反映，影响土壤通气性，透水性和根系的伸展。土壤总孔隙度是反映土壤中所有孔隙的总量，实际上是土壤水和土壤空气两者所占的容积之和。

不同林分土壤总孔隙度由表 4.11 可知：0～20cm 土层总孔隙度除了相思林（49.27%）外，其他林分的土壤总空隙度基本保持在同一水平，均在 55% 左右，依次为马尾松（58.67%）、桉树林（58.56%）、针叶混交林（57.96%）、针阔混交林（56.94%）、阔叶混交林（56.49%）、杉木林（56.26%）。相思林与其他林分差异显著（$P < 0.05$），马尾松、杉木林、桉树林、针叶混交林、阔叶混交林、针阔混交林之间差异不显著。

20～40cm 土层总孔隙度呈现的规律与 0～20cm 土层相似，相思林（44.88%）总孔隙度最低，其他林分依次为针阔混交林（55.90%）、马尾松（54.95%）、针叶混交林（54.01%）、阔叶混交林（53.47%）、桉树林（52.41%）、杉木林（52.36%）。其差异性结果也与 0～20cm 土层相似。

40～60cm 土层总孔隙度针叶混交林(44.35%)和相思林(40.00%)较低，其余林分总孔隙度较为相近，依次为阔叶混交林(53.80%)、桉树林(53.37%)、针阔混交林(51.35%)、马尾松(50.18%)、杉木林(50.15%)。针叶混交林与其他林分差异显著，相思林与其他林分差异显著($P<0.05$)，马尾松、杉木林、桉树林、阔叶混交林、针阔混交林之间差异不显著。

在 60～80cm 土层中，各林分土壤总孔隙度状况与前三层不同，各林分没有维持在同一水平，由高到低表现为针阔混交林(51.47%)、阔叶混交林(49.77%)、桉树林(49.35%)、杉木林(48.33%)、相思林(43.07%)、针叶混交林(42.79%)、马尾松(41.06%)。针阔混交林与其他林分差异显著($P<0.05$)，杉木林、桉树林、阔叶混交林与其他林分差异显著($P<0.05$)，马尾松、相思林、针叶混交林与其他林分差异显著($P<0.05$)。

80～100cm 土层总孔隙度由高到低表现为针阔混交林(50.63%)、杉木林(46.63%)、阔叶混交林(46.35%)、相思林(42.55%)、马尾松(42.36%)、桉树林(41.14%)、针叶混交林(40.74%)。马尾松、桉树林、相思林、针叶混交林两两差异不显著。

**表 4.11  不同林分土壤总孔隙度(%)**

| 林分 | 0～20cm | 20～40cm | 40～60cm | 60～80cm | 80～100cm |
|---|---|---|---|---|---|
| 马尾松 | 58.67±2.12a | 54.95±2.01a | 50.18±1.10a | 41.06±1.12c | 42.36±1.20c |
| 杉木林 | 56.26±1.30a | 52.36±1.77a | 50.15±1.25a | 48.33±1.20b | 46.63±2.01b |
| 桉树林 | 58.56±1.04a | 52.41±2.43a | 53.37±0.79a | 49.35±1.31b | 41.14±1.18c |
| 相思林 | 49.27±1.58b | 44.88±1.90b | 40.00±1.15c | 43.07±1.28c | 42.55±1.23c |
| 针叶混交林 | 57.96±1.76a | 54.01±1.10a | 44.35±1.24b | 42.79±1.33c | 40.74±1.31c |
| 阔叶混交林 | 56.49±1.44a | 53.47±1.94a | 53.80±1.52a | 49.77±1.52b | 46.35±1.52b |
| 针阔混交林 | 56.94±0.99a | 55.90±2.05a | 51.35±1.37a | 51.47±1.81a | 50.63±1.54a |

### 4.3.3.3  不同林分土壤毛管孔隙度

土壤毛管孔隙度在不同林分的同土层中差异较为明显（表 4.12）：0～20cm 土层毛管孔隙度杉木林最大(37.90%)，针叶混交林最小(25.85%)，其余依次为针阔混交林(35.49%)、马尾松(32.88%)、桉树林(31.42%)、阔叶混交林(31.35%)和相思林(26.91%)，杉木林的土壤毛管孔隙度最大，这可能与杉木的土壤根系较粗大有关；20～40cm 土层毛管孔隙度杉木林最大(38.20%)，相思林最小(23.34%)，其余依次为针阔混交林(36.43%)、桉树林(30.88%)、针叶混交林(28.93%)、马尾松(28.73%)和阔叶混交林

（28.19%）；40～60cm 土层毛管孔隙度针阔混交林最大（29.64%），相思林最小（22.16%），其余依次为马尾松（29.51%）、杉木林（29.44%）、针叶混交林（27.15%）、桉树林（26.43%）和阔叶混交林（25.85%）；60～80cm 土层毛管孔隙度杉木林最大（33.82%），马尾松最小（21.01%），其余依次为针阔混交林（29.71%）、针叶混交林（25.85%）、桉树林（25.46%）、阔叶混交林（25.10%）和相思林（22.28%），在该土层，杉木纯林和马尾松纯林相差最大，两者均是纯林却有如此大的差别，可能与两种树木本身的生长态势有关；80～100cm 土层毛管孔隙度针阔混交林最大（28.87%），相思林最小为（16.31%），其余依次为杉木林（28.38%）、阔叶混交林（24.04%）、马尾松（22.34%）、桉树林（22.22%）和针叶混交林（17.29%）。

土壤毛管孔隙度的差异显著性分析结果在各土层中表现各有不同：0～20cm 土层杉木林、针阔混交林与其他林分差异显著（$P < 0.05$），马尾松、桉树林、阔叶混交林与其他林分差异显著（$P < 0.05$），相思林、针叶混交林与其他林分差异显著（$P < 0.05$）；20～40cm 土层杉木林、针阔混交林与其他林分差异显著（$P < 0.05$），桉树林与其他林分差异显著（$P < 0.05$），马尾松、针叶混交林、阔叶混交林与其他林分差异显著（$P < 0.05$），相思林与其他林分差异显著（$P < 0.05$）；40～60cm 土层马尾松、杉木林、针阔混交林与其他林分差异显著（$P < 0.05$），桉树林、针叶混交林、阔叶混交林与其他林分差异显著（$P < 0.05$），相思林与其他林分差异显著（$P < 0.05$）；60～80cm 土层杉木林与其他林分差异显著（$P < 0.05$），针阔混交林与其他林分差异显著（$P < 0.05$），桉树林、针叶混交林、阔叶混交林与其他林分差异显著（$P < 0.05$），马尾松、相思林与其他林分差异显著（$P < 0.05$）；80～100cm 土层杉木林、针阔混交林与其他林分差异显著（$P < 0.05$），马尾松、桉树林、阔叶混交林与其他林分差异显著（$P < 0.05$），相思林、针叶混交林与其他林分差异显著（$P < 0.05$）。

表4.12　不同林分土壤毛管孔隙度（%）

| 林分 | 0～20cm | 20～40cm | 40～60cm | 60～80cm | 80～100cm |
|---|---|---|---|---|---|
| 马尾松 | 32.88 ± 1.64b | 28.73 ± 1.33c | 29.51 ± 1.28a | 21.01 ± 0.99d | 22.34 ± 1.32b |
| 杉木林 | 37.90 ± 1.36a | 38.20 ± 1.28a | 29.44 ± 1.31a | 33.82 ± 1.05a | 28.38 ± 1.51a |
| 桉树林 | 31.42 ± 1.42b | 30.88 ± 1.72b | 26.43 ± 1.61b | 25.46 ± 1.18c | 22.22 ± 1.34b |
| 相思林 | 26.91 ± 1.30c | 23.34 ± 1.06d | 22.16 ± 1.09c | 22.28 ± 1.26d | 16.31 ± 1.43c |
| 针叶混交林 | 25.85 ± 2.05c | 28.93 ± 2.08c | 27.15 ± 0.89b | 25.85 ± 1.32c | 17.29 ± 1.05c |
| 阔叶混交林 | 31.35 ± 1.11b | 28.19 ± 1.22c | 25.85 ± 1.33b | 25.10 ± 1.41c | 24.04 ± 1.09b |
| 针阔混交林 | 35.49 ± 1.47a | 36.43 ± 2.12a | 29.64 ± 1.29a | 29.71 ± 1.37b | 28.87 ± 1.23a |

#### 4.3.3.4 不同林分土壤非毛管孔隙度

森林土壤的贮水能力主要取决于土壤的非毛管孔隙度,并以此作为评价水资源涵养效能和调节水分循环的一个重要指标。在本研究中,7 种林分类型土壤非毛管孔隙度的状况如表 4.13 所示:不同林分 0 ~ 20cm 土层非毛管孔隙度从大到小依次为针叶混交林(32.11%)、桉树林(27.14%)、马尾松(25.30%)、阔叶混交林(25.14%)、相思林(22.35%)、针阔混交林(21.45%)、杉木林(18.37%),针叶混交林的土壤非毛管孔隙度在该土层更具优势。针叶混交林与其他林分差异显著($P < 0.05$),马尾松、桉树林与其他林分差异显著($P < 0.05$),相思林、针阔混交林与其他林分差异显著($P < 0.05$),杉木林与其他林分差异显著($P < 0.05$)。

不同林分 20 ~ 40cm 土层非毛管孔隙度从大到小依次为马尾松(26.22%)、阔叶混交林(25.27%)、针叶混交林(25.08%)、相思林(21.54%)、桉树林(21.53%)、针阔混交林(19.47%)、杉木林(14.16%)。马尾松、针叶混交林、阔叶混交林与其他林分差异显著($P < 0.05$),桉树林、相思林、针阔混交林与其他林分差异显著($P < 0.05$),杉木林与其他林分差异显著($P < 0.05$)。

不同林分 40 ~ 60cm 土层非毛管孔隙度从大到小依次为阔叶混交林(27.95%)、桉树林(26.94%)、针阔混交林(21.71%)、杉木林(20.71%)、马尾松(20.67%)、相思林(17.84%)、针叶混交林(17.20%),在该土层中,非毛管孔隙度均在30%以下,说明随着土层的深入,土壤非毛管空隙度均有下降的趋势。桉树林、阔叶混交林与其他林分差异显著($P < 0.05$),马尾松、杉木林、针阔混交林与其他林分差异显著($P < 0.05$),相思林、针叶混交林与其他林分差异显著($P < 0.05$)。

不同林分 60 ~ 80cm 土层非毛管孔隙度从大到小依次为阔叶混交林(24.66%)、桉树林(23.89%)、针阔混交林(21.76%)、相思林(20.79%)、马尾松(20.05%)、针叶混交林(17.11%)、杉木林(14.51%)。桉树林、阔叶混交林与其他林分差异显著($P < 0.05$),马尾松、相思林、针阔混交林与其他林分差异显著($P < 0.05$),针叶混交林与其他林分差异显著($P < 0.05$),杉木林与其他林分差异显著($P < 0.05$)。

不同林分 80 ~ 100cm 土层非毛管孔隙度从大到小依次为相思林(24.70%)、针阔混交林(20.82%)、桉树林(18.78%)、马尾松(18.14%)、阔叶混交林(16.85%)、针叶混交林(16.82%)、杉木林(12.10%)。桉树林与其他林分差异显著($P < 0.05$),相思林与其他林分差异显著($P < 0.05$),马尾松、阔叶混交林、针阔混交林与其他林分差异显著($P < 0.05$),杉木林、针

叶混交林与其他林分差异显著($P < 0.05$)。

**表4.13　不同林分土壤非毛管孔隙度(%)**

| 林分 | 0～20cm | 20～40cm | 40～60cm | 60～80cm | 80～100cm |
|------|---------|----------|----------|----------|-----------|
| 马尾松 | 25.30±1.09b | 26.22±1.52a | 20.67±1.20b | 20.05±1.21b | 18.14±1.33c |
| 杉木林 | 18.37±1.55d | 14.16±1.38c | 20.71±1.34b | 14.51±0.97d | 12.10±1.43e |
| 桉树林 | 27.14±1.24b | 21.53±2.07b | 26.94±1.05a | 23.89±1.09a | 18.78±0.89c |
| 相思林 | 22.35±1.07c | 21.54±1.37b | 17.84±1.15c | 20.79±1.13b | 24.70±1.25a |
| 针叶混交林 | 32.11±2.04a | 25.08±1.31a | 17.20±1.63c | 17.11±1.32c | 16.82±1.51d |
| 阔叶混交林 | 25.14±1.73b | 25.27±1.52a | 27.95±1.27a | 24.66±1.41a | 16.85±1.08d |
| 针阔混交林 | 21.45±1.37c | 19.47±1.73b | 21.71±1.30b | 21.76±1.28b | 20.82±1.21b |

#### 4.3.3.5　不同林分土壤通气孔隙度

土壤通气孔隙度在不同林分中的状况不尽相同，由表4.14可知：在0～20cm土层，通气孔隙度由大到小依次为针叶混交林(39.71%)、马尾松(38.65%)、阔叶混交林(37.82%)、针阔混交林(31.70%)、桉树林(30.66%)、相思林(29.04%)、杉木林(25.72%)，针阔混交林的土壤通气孔隙度明显小于其他两种混交林，说明在该土层，针阔混交林的土壤结构松散度较差。

在20～40cm土层，通气孔隙度由大到小依次为针阔混交林(29.43%)、马尾松(28.89%)、针叶混交林(28.21%)、阔叶混交林(26.09%)、相思林(25.89%)、桉树林(25.14%)、杉木林(16.95%)，与其他土层一样，通气孔隙度在该土层的值也最小，说明在各个土层中，杉木林的土壤较紧实。

在40～60cm土层，通气孔隙度由大到小依次为针叶混交林(26.20%)、针阔混交林(25.00%)、马尾松(24.16%)、桉树林(23.81%)、阔叶混交林(23.55%)、相思林(20.78%)、杉木林(15.76%)，在该土层中，混交林的通气孔隙度的更大，说明在该土层中混交林的土壤更松散。

在60～80cm土层，通气孔隙度由大到小依次为针阔混交林(22.61%)、相思林(20.98%)、桉树林(20.23%)、针叶混交林(20.15%)、马尾松(19.10%)、阔叶混交林(17.46%)、杉木林(14.82%)。针阔混交林与其他林分差异显著($P < 0.05$)，阔叶混交林与其他林分差异显著($P < 0.05$)，杉木林与其他林分差异显著($P < 0.05$)，马尾松、桉树林、相思林、针叶混交林两两差异不显著。

不同林分80～100cm土层通气孔隙度由大到小依次为相思林(24.70%)、

针阔混交林(20.82%)、桉树林(18.78%)、马尾松(18.14%)、阔叶混交林
(16.85%)、针叶混交林(16.82%)、杉木林(12.10%),在该土层中,混交
林和纯林的通气孔隙度没有明显差异,无明显规律性。

表4.14 不同林分土壤通气孔隙度(%)

| 林分 | 0～20cm | 20～40cm | 40～60cm | 60～80cm | 80～100cm |
|------|---------|----------|----------|----------|-----------|
| 马尾松 | 38.65±0.97a | 28.89±1.83a | 24.16±1.21a | 19.10±1.34b | 18.14±1.33c |
| 杉木林 | 25.72±1.05c | 16.95±1.27b | 15.76±1.13c | 14.82±1.63d | 12.10±1.43e |
| 桉树林 | 30.66±0.89b | 25.14±0.98a | 23.81±1.47a | 20.23±1.25b | 18.78±0.89c |
| 相思林 | 29.04±1.02b | 25.89±1.24a | 20.78±1.32b | 20.98±1.40b | 24.70±1.25a |
| 针叶混交林 | 39.71±1.13a | 28.21±1.41a | 26.20±1.40a | 20.15±0.95b | 16.82±1.51d |
| 阔叶混交林 | 37.82±1.54a | 26.09±1.54a | 23.55±1.54a | 17.46±1.22c | 16.85±1.08d |
| 针阔混交林 | 31.70±1.33b | 29.43±2.07a | 25.00±1.35a | 22.61±1.37a | 20.82±1.21b |

## 4.3.4 土壤物理性质的垂直变化特征

### 4.3.4.1 土壤水分的垂直变化特征

(1)土壤吸湿水含量的垂直变化特征。由图4.3所示,本研究中选取的7
种林分,其吸湿水含量的变化并无明显特征。

马尾松各土层吸湿水含量由高到低排列为40～60cm、0～20cm、20～
40cm、60～80cm、80～100cm。总体而言,在马尾松林地,深层土壤(60～
100cm)的吸湿水含量要显著低于浅层土壤的吸湿水含量。60～80cm、80～
100cm与其他各土层差异显著($P < 0.05$)。

杉木林各土层吸湿水含量由高到低排列为0～20cm、60～80cm、40～
60cm、20～40cm、80～100cm,杉木林地土壤吸湿水含量0～20cm土层最高,
显著高于其他土层,说明杉木林地吸湿水主要保持在表层土壤。0～20cm与其
他各层差异显著($P < 0.05$),80～100cm与其他各土层差异显著($P < 0.05$),
20～40cm、40～60cm、60～80cm两两差异不显著。

桉树林各土层吸湿水含量由高到低排列为40～60cm、0～20cm、60～
80cm、80～100cm、20～40cm,桉树林地土壤吸湿水含量与杉木林和马尾松林
有所差别,桉树林地的土壤吸湿水含量中层土壤(40～60cm)最高,这可能与
桉树林根系的发育程度以及在土层中的分布状况有关。0～20cm、20～40cm、
40～60cm、60～80cm、80～100cm各土层之间差异不显著。

针叶混交林各土层吸湿水含量由高到低排列为60～80cm、20～40cm、

80~100cm、0~20cm、40~60cm，针叶混交林地的吸湿水含量各土层之间相差不大，基本维持在同一水平，这说明针叶混交林地土壤的吸湿水含量分布较为均匀，这种林地可能更适合林木的生长。

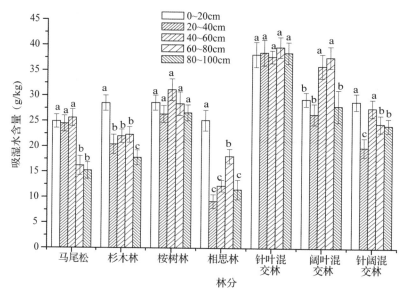

图 4.3  土壤吸湿水含量的垂直变化特征

（2）土壤自然含水量的垂直变化特征。本研究中，7 种林分土壤自然含水量的垂直变化状况如图 4.4 所示，总体上表现为自然含水量随土壤深度的增加而减小，表层土壤的自然含水量最大，可能是由于森林植被根系及凋落物腐化使得土壤表层的土质疏松，表层土壤孔隙含量相较深层土壤更多，使得在不同林分中均表现为表层土壤的自然含水量最高。

在 7 种林分中，杉木林、针叶混交林、阔叶混交林、针阔混交林不同土层土壤自然含水量变化规律较为明显，各土层自然含水量由高到低依次为 0~20cm、20~40cm、40~60cm、60~80cm、80~100cm。杉木林地土壤自然含水量随土层深度的增加呈现减小的规律，其中 60~100cm 土层比表层土壤含水量减少的幅度更加明显。0~20cm 与其他各层差异显著（$P<0.05$），20~40cm、40~60cm 与其他各层差异显著（$P<0.05$），60~80cm 与其他各层差异显著（$P<0.05$），80~100cm 与其他各层差异显著（$P<0.05$）。

针叶混交林不同土层土壤自然含水量表现规律与杉木林大致相同，但是针叶混交林地的自然含水量明显低于杉木林地的土壤自然含水量。0~20cm、

20～40cm、40～60cm、60～80cm 和 80～100cm 与其他各层差异显著（$P<$ 0.05）。

　　阔叶混交林地的不同土层土壤自然含水量与杉木林和针叶混交林表现规律相符，均是随着土层的增加而减少。0～20cm、20～40cm 与其他各层差异显著（$P<0.05$），40～60cm、60～80cm、80～100cm 与其他各层差异显著（$P<0.05$）。

　　相比于其他林地，针阔混交林地的自然含水量减少的幅度更加明显。其各土层的差异系结果与阔叶混交林相似。

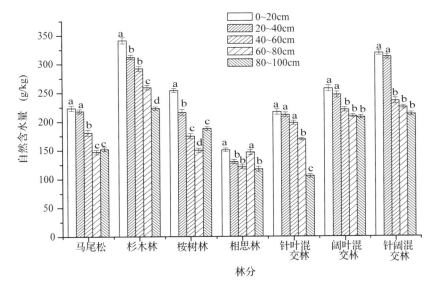

**图4.4　土壤自然含水量的垂直变化特征**

　　（3）土壤毛管持水量的垂直变化特征。由图4.5所示，本研究结果中土壤毛管持水量的垂直变化特征较为显著，除针叶混交林以外，其他林分的土壤毛管持水量基本呈现随土层的增加而降低的趋势。

　　杉木林在0～100cm 各土层毛管持水量由大到小依次为0～20cm、20～40cm、40～60cm、60～80cm、80～100cm，随着土层的增加，其值呈现减小的规律，在研究的所有林分中，杉木林的土壤毛管持水量含量较为丰富。0～20cm、40～60cm 与其他各层差异显著（$P<0.05$），40～60cm、60～80cm 与其他各层差异显著（$P<0.05$），80～100cm 与其他各层差异显著（$P<0.05$）。

　　相思林0～100cm 各土层毛管持水量在0～20cm 土层含量最高，在20～80cm 土层，基本维持在同一水平，而最深层土壤（80～100cm）毛管持水量显著低于其他土层($P<0.05$)，整体上呈现出毛管持水量随土层增加而降低的趋势，这与杉木林的垂直变化特征相似。

针叶混交林 0～100cm 各土层毛管持水量由高到低依次为 0～20cm、40～60cm、20～40cm、60～80cm、80～100cm，针叶混交林地的毛管持水量 0～80cm 土层基本维持在一个水平，而 80～100cm 土层骤减，与其余林分的毛管持水量有明显区别。

针阔混交林 0～100cm 各土层吸毛管持水量由高到低依次为 20～40cm、0～20cm、60～80cm、40～60cm、80～100cm，针阔混交林地 60～100 cm 土层的毛管持水量基本一致，且显著低于 0～60cm 土层的毛管持水量，说明在该林地土壤表层毛管持水能力明显较好。

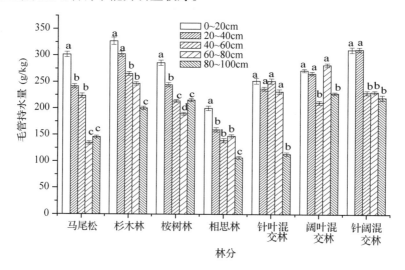

图 4.5　土壤毛管持水量的垂直变化特征

### 4.3.4.2　土壤质地的垂直变化特征

通过对土壤中小于 0.01mm 的物理性黏粒含量测定可得，各个林分在不同土层的黏粒性含量差异较大，随着土层的增加并无明显规律可循。

如图 4.6 所示，杉木林在 40～60cm 土层中，小于 0.01mm 的物理性黏粒含量为 44.92%，40～60cm 土层为含量最低的一层，质地显示为中壤土，而在 0～20cm、20～40cm、60～80cm、80～100cm 土层的黏粒含量逐渐升高，质地显示为重壤土，说明杉木林地土壤重壤土占据绝对优势，杉木林可能更适于在重壤土中生长。对其差异显著性的分析发现，0～20cm、20～40cm、40～60cm、60～80cm、80～100cm 各层之间差异均为不显著。

　　桉树林则显示出与杉木林完全相反的规律。在80～100cm土层中，桉树林小于0.01mm的物理性黏粒含量为最低，0～20cm、20～40cm、40～60cm、60～80cm、80～100cm各层随土层增加，黏粒含量波动上升，在质地上均显示为中壤土。80～100cm与其他各层土壤质地差异显著（$P<0.05$）。

　　相思林0～20cm土层小于0.01mm的黏粒含量为25.43%，20～40cm（37.36%）、40～60cm（39.66%）、60～80cm（43.97%）、80～100cm（41.04%）为中壤土，土壤的黏粒含量随着土层的增加而增加，这与杉木林的规律相一致。0～20cm土层差异显著（$P<0.05$），20～40cm、40～60cm、60～80cm、80～100cm差异不显著。

　　针叶混交林在40～60cm（52.98%）和60～80cm（53.78%）土层，小于0.01mm的物理性黏粒含量最高，80～100cm（45.64%）土层含量最低。80～100cm土层土壤质地与其他林分差异显著（$P<0.05$），0～20cm、20～40cm、40～60cm、60～80cm差异不显著。

　　阔叶混交林在20～40cm土层，小于0.01mm黏粒质量分数为30.39%（中壤土），0～20cm（28.42%）、40～60cm（25.71%）、60～80cm（27.22%）、80～100cm（27.21%）则为轻壤土，说明阔叶混交林下土壤以轻壤土为主。而各层之间差异均为不显著。

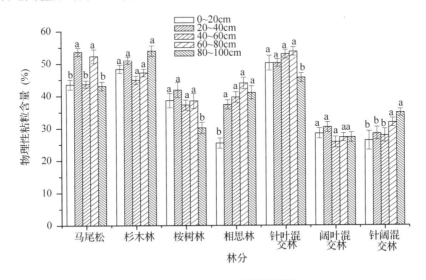

图4.6　土壤质地的垂直变化特征

### 4.3.4.3　土壤容重及孔隙性的垂直变化特征

　　（1）土壤容重的垂直变化特征。不同林分类型下土壤容重的垂直变化特征如图4.7所示，马尾松、杉木林、桉树林、相思林、针叶混交林、阔叶混交林、针阔混交林除了个别土层略有波动外，均随着土层的加深土壤容重逐渐增加，说明土层越深越紧实，物理性质随之变差。

杉木林在80~100cm土层容重最大，其次为60~80cm、40~60cm、20~40cm，0~20cm土层容重最小，其土壤容重随着土层深度的增加而增大。可见杉木林表层的土壤土质较疏松，根系较为发达，有利于林下植物生长，因而土壤容重较小。0~20cm与其他各层差异显著（$P < 0.05$），60~80cm、80~100cm差异不显著。

相思林在40~60cm土层容重最大，其次依次为80~100cm、60~80cm、20~40cm，0~20cm土层容重最小，相思林与杉木林相比差异明显，相思林是40~60cm土层的容重最大，并没有呈现随着土层增加而增大的规律。40~60cm、60~80cm、80~100cm各层之间两两差异不显著。

针阔混交林在土层容重最大，0~20cm土层容重最小，这个结果与杉木林土壤容重呈现的规律一致，均是随着土层的增加而加大。差异显著性分析结果也与相思林相似。

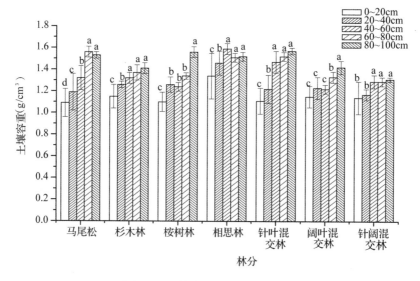

**图4.7　土壤容重的垂直变化特征**

（2）土壤总孔隙度的垂直变化特征。不同林分土壤总孔隙度的垂直变化特征中，除了个别土层数值出现波动，各林分基本呈现出土壤总孔隙度随土层加深而逐渐降低的趋势，详情见图4.8。

由图4.8可知：马尾松各土层总孔隙度按由大到小顺序排列，土层依次为0~20cm、20~40cm、40~60cm、80~100cm、60~80cm，马尾松的土壤总孔隙度随着土层的增加，有减小的趋势。

杉木林各土层总孔隙度按由大到小顺序排列，土层依次为0~20cm、20~40cm、40~60cm、60~80cm、80~100cm，杉木林不同土层土壤总孔隙度与马尾松总孔隙度一致，均是随着土层的增加而减小。

针叶混交林各土层土壤总孔隙度按由大到小顺序排列，土层依次为0~20cm、20~40cm、40~60cm、60~80cm、80~100cm，针叶混交林土壤总孔隙度随着土层的增加而减小。跟杉木林和马尾松相比，针叶混交林的减小程度更为明显。

阔叶混交林各土层土壤总孔隙度按由大到小顺序排列，土壤层次依次为0~20cm、40~60cm、20~40cm、60~80cm、80~100cm，阔叶混交林的土壤总孔隙度，与马尾松林、杉木林以及针叶混交林的变化规律一致，说明在阔叶混交林、马尾松林、杉木林以及针叶混交林中随着土层的增加，孔隙度会变差，孔隙度的变化可能与林木根系的发达程度，以及土壤中动物的活动有关。

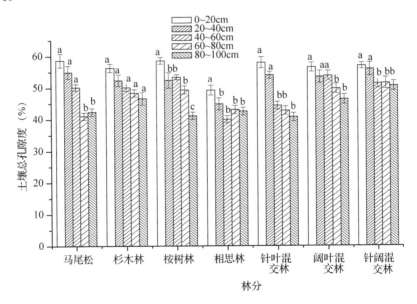

**图4.8 土壤总孔隙度的垂直变化特征**

针阔混交林各土层土壤总孔隙度按由大到小顺序排列，土壤层次依次为0~20cm、20~40cm、60~80cm、40~60cm、80~100cm，随着土层的深入，土壤总孔隙度逐渐减小。

（3）土壤毛管孔隙度的垂直变化特征。土壤毛管孔隙度因土粒小、排列紧密而形成，孔隙愈小，毛管力愈大，吸水力也愈强。毛管孔隙的数量取决于土壤质地、结构等条件。本研究中各个林分的土壤质地均为壤土，因此壤土的结构特性也会对毛管孔隙度的变化特征产生影响。

土壤毛管孔隙度的垂直变化特征如图 4.9 所示：桉树林各土层毛管孔隙度由大到小依次为 0～20cm、20～40cm、40～60cm、60～80cm、80～100cm，随着土层的深入，土壤毛管孔隙度逐渐减小，这可能与桉树的根系的分布状况有关，也可能是土壤中动物活动的影响。0～20cm、20～40cm 与其他各层差异显著（$P < 0.05$），40～60cm、60～80cm 与其他各层差异显著（$P < 0.05$），80～100cm 与其他各层差异显著（$P < 0.05$）。

相思林 0～100cm 各土层土壤毛管孔隙度由大到小依次为 0～20cm、20～40cm、60～80cm、40～60cm、80～100cm，20～80cm 土层保持在大致相同水平，80～100cm 土层的土壤毛管孔隙度显著低于其他土层，与其他各层差异显著（$P < 0.05$）。

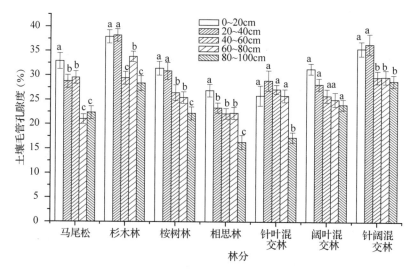

**图 4.9　土壤毛管孔隙度的垂直变化特征**

阔叶混交林 0～100cm 各土层土壤毛管孔隙度由大到小依次为 0～20cm、20～40cm、40～60cm、60～80cm、80～100cm，其规律总体与桉树林地的土壤毛管孔隙度的变化规律相似，各层之间差异不显著。

（4）土壤非毛管孔隙度的垂直变化特征。土壤非毛管孔隙度是由土壤颗粒大、排列疏松而形成，其数量取决于土壤的结构性。本研究所选的7种林分，土壤非毛管孔隙度的垂直变化特征各不相同，如图4.10所示。可能是因为7种林分的结构差异较大，反映在非毛管孔隙度的垂直变化也差异较大。

马尾松在0~40cm土层的非毛管孔隙度明显高于40~100cm土层，0~20cm土层与20~40cm土层的非毛管孔隙度基本维持在同一水平，0~20cm、20~40cm与其他各层差异显著（$P<0.05$）。40~60cm、60~80cm、80~100cm随土层深度增加，非土壤毛管孔隙度逐渐变小，这3层之间差异不显著。

针叶混交林在0~100cm各土层中，随着土层深度的增加，针叶混交林的土壤非毛管孔隙度呈现减小的趋势，0~40cm土层变化明显，0~20cm与其他各层差异显著（$P<0.05$），20~40cm与其他各层差异显著（$P<0.05$）。而40~100cm中土壤非毛管孔隙度的变化较小，基本处在同一数值，40~60cm、60~80cm、80~100cm各土层差异不显著。

在图4.10中可以看出，针阔混交林的土壤非毛管孔隙度，各土层间差值不大，除土壤层次20~40cm与其他各层相比略低外，各个土层土壤非毛管孔隙度大致维持在同一水平，均在20%左右。0~20cm、20~40cm、40~60cm、60~80cm、80~100cm各层之间差异不显著。

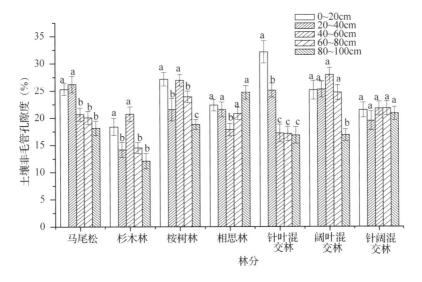

**图4.10  土壤非毛管孔隙度的垂直变化特征**

（5）土壤通气孔隙度的垂直变化特征。土壤通气孔隙度是在一定水势或含水量条件下，单位土壤总容积中空气占的孔隙容积，受土壤自然含水量的影响较大。在本研究的7种林分中，自然含水量在垂直变化上呈现出较为明显的趋势特征。因此，土壤的通气孔隙度的变化特征也很明显，详见图4.11。

马尾松林地土壤随着土层深度的增加，土壤通气度有逐渐减小的规律，各土层排列由大到小依次为0~20cm、20~40cm、40~60cm、60~80cm、80~100cm，表层土壤的通气孔隙度与其他土层相差值较高，可见马尾松林地表层土壤的水分含量较高。土层0~20cm与其他各土层差异显著($P<0.05$)，土层20~40cm与其他各土层差异显著($P<0.05$)，土层40~60cm与其他各土层差异显著($P<0.05$)，土层60~80cm、80~100cm与其他各土层差异显著($P<0.05$)。

杉木林土壤通气孔隙度的垂直变化规律跟马尾松林地表现相同，其值随着土层深度的增加而减小，20~100cm土层比0~20cm土层有显著的减少。0~20cm土层与其他各土层差异显著($P<0.05$)，20~40cm、40~60cm、60~80cm、80~100cm各土层差异不显著。

桉树林其土壤通气孔隙度的垂直变化规律跟杉木林和马尾松林地表现一致。0~20cm土层与其他各土层差异显著($P<0.05$)，土层20~40cm、40~60cm与其他各土层差异显著($P<0.05$)，土层60~80cm、80~100cm与其他各土层差异显著($P<0.05$)。

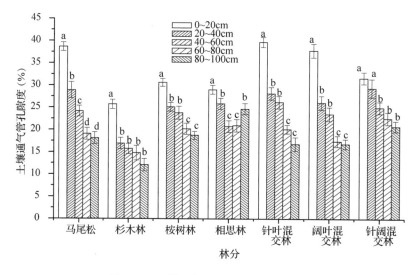

图4.11 土壤通气孔隙度的垂直变化特

针叶混交林、阔叶混交林以及针阔混交林0~100cm各土层土壤通气孔隙度由大到小依次为0~20cm、20~40cm、40~60cm、60~80cm、80~100cm，随着土层深度的增加，这3种林分的土壤通气孔隙度均呈减小趋势，但是针

叶混交林和阔叶混交林减少的幅度更加明显。针叶混交林和阔叶混交林
0~20cm土层与其他各土层差异显著($P<0.05$)，20~40cm、40~60cm土层与
其他各土层差异显著($P<0.05$)，60~80cm、80~100cm土层与其他各土层差
异显著($P<0.05$)，针阔混交林0~20cm、20~40cm土层与其他各土层差异
显著($P<0.05$)。

## 4.3.5 土壤各物理指标的相关性分析

对7种林分表层(0~20cm)土壤物理性质做相关性分析，分析结果见表
4.15：土壤物理性质间存在一定直接或间接的关系。土壤容重和毛管持水量、
总孔隙度、毛管孔隙度以及吸湿水含量极显著相关($P<0.01$)，与土壤通气孔
隙度显著相关($P<0.05$)。土壤毛管持水量与总孔隙度、毛管孔隙度、非毛管
孔隙度、通气孔隙度极显著相关($P<0.01$)，与吸湿水含量显著相关($P<
0.05$)。土壤总孔隙度与毛管孔隙度、非毛管孔隙度、吸湿水含量极显著相关
($P<0.01$)，与通气孔隙度显著相关($P<0.05$)。土壤毛管孔隙度与非毛管孔
隙度极显著相关($P<0.01$)，与通气孔隙度、吸湿水含量显著相关($P<
0.05$)。土壤非毛管孔隙度与吸湿水含量极显著相关($P<0.01$)。

**表4.15 各土壤物理性质间的相关性分析**

| 土壤物理性质 | 自然含水量 | 容重 | 毛管持水量 | 总孔隙度 | 毛管孔隙度 | 非毛管孔隙度 | 通气孔隙度 | 吸湿水 | 质地 |
|---|---|---|---|---|---|---|---|---|---|
| 自然含水量 | 1 | -0.755 | 0.665 | 0.747 | 0.701 | 0.814* | 0.442 | 0.845* | 0.021 |
| 容重 | | 1 | -0.991** | -0.940** | -0.994** | -0.986** | -0.922* | -0.973** | 0.145 |
| 毛管持水量 | | | 1 | 0.993** | 0.998** | 0.959** | 0.963** | 0.946* | -0.203 |
| 总孔隙度 | | | | 1 | 0.995** | 0.984** | 0.926* | 0.970** | -0.153 |
| 毛管孔隙度 | | | | | 1 | 0.962** | 0.945* | 0.956* | -0.234 |
| 非毛管孔隙度 | | | | | | 1 | 0.869* | 0.972** | 0.001 |
| 通气孔隙度 | | | | | | | 1 | 0.831* | -0.204 |
| 吸湿水 | | | | | | | | 1 | -0.114 |
| 质地 | | | | | | | | | 1 |

注：**$p=0.01$；*$\alpha=0.05$。

## 4.3.6 不同林分的聚类分析

运用土壤物理性质进行聚类分析，如图4.12所示。当阈值为5时，可以

将7种林分的土壤物理性质分为4类：第一类为阔叶混交林、针阔混交林和杉木林；第二类为桉树林；第三类为针叶混交林；第四类为马尾松和相思林。

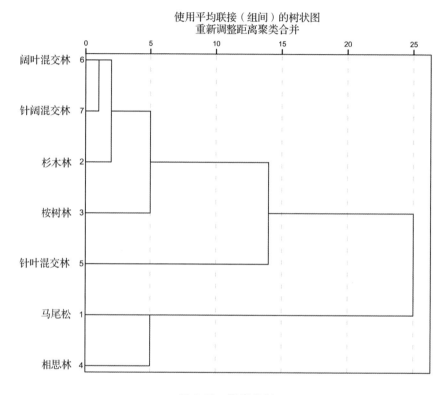

图4.12 聚类分析

# 4.4 小 结

在针叶混交林、阔叶混交林、针阔混交林、桉树林、杉木林、相思林、马尾松林7种林分中，针叶混交林的土壤吸湿水含量最高，而马尾松、相思林的土壤吸湿水含量相对较低，说明混交林模式有利于土壤吸湿水的保持。各土层吸湿水含量变化明显，总体而言，表层土壤吸湿水含量高于深层土壤吸湿水含量。

在7种不同林分中，杉木林土壤自然含水量最高，混交林的变化规律有所差异，针阔混交林土壤自然含水量高于其他混交林，说明针阔混交模式的土壤自然含水量比简单的针叶混交以及阔叶混交模式土壤的自然含水量更加丰富。对比各土层自然含水量，表层土壤高于深层土壤，说明表层土壤的自然水分更加充足，能够为林木的生长提供良好的水分。

在 7 种不同林分中，杉木林土壤的毛管持水量最高，相思林地土壤的毛管持水量含量最低，这可能与相思树的根系的生长以及分布状况有关。各土层毛管持水量在不同林分中的变化规律不尽相同，总体上都是随着土层的加深，毛管持水量有减少的趋势。

在 7 种不同林分中，土壤质地类型有轻壤土、中壤土、重壤土 3 种类型，其中以中壤土为主。而在各个土层中，土壤质地变化无明显规律，均为壤土。

不同林分间土壤容重差异不显著，表层土壤的容重基本维持在同一水平，其值都在 1.1 左右，在该区域各林分土壤表层的容重无显著差异，这可能与该区域独特的地理地势有关，同时也可能是受到植被的影响。在不同土层中，土壤容重均随土层深度增加而增大。

不同林分间土壤总孔隙度差异不明显。在各土层中，随土层深度的增加，土壤总孔隙状况都变差，均随着土层深度的增加而减小，表层土壤的总孔隙度显著高于深层土壤的总孔隙度，表层孔隙度大，有利于土壤氧含量的保持以及流通，说明表层土壤的好氧微生物的活动更为明显。

在不同林分中，深层土壤的非毛管孔隙度均低于表层土壤。而在不同土层，非毛管孔隙度的变化规律不明显。

在 7 种不同林分中，混交林的土壤较纯林松散，利于通气，可以给林木根系的生长提供充足的氧气。各土层土壤通气孔隙度均随着土层深度的增加而减小，深层上壤的土壤通气孔隙度较差。

本研究 7 种林分的土壤物理性质可以大致分为 4 类：第一类为阔叶混交林、针阔混交林和杉木林；第二类为桉树林；第三类为针叶混交林；第四类为马尾松和相思林。总体上来说，针阔混交林、阔叶混交林、杉木林林地的土壤物理性质的综合性较好，马尾松和相思林林地的土壤物理性质的综合性较差。

在本研究中，吸湿水含量在针阔混交林较高，而在桉树林、马尾松、相思林、杉木林等纯林中较低，说明混交林对土壤的吸湿水含量保持作用更为有效。为了改善提升桉树林等纯林土壤吸湿水的含量，可以在林下种植一些耐阴植物，提高林分的混交程度。

随着各林分土层的深入，土壤自然含水量的值会显著降低，桉树林分中差异较为明显。自然含水量的多少与土壤的孔隙性有关，随着土层的深入，自然含水量降低，土壤的孔隙性变差，这与以往的研究结果一致（林代杰等，2010）。同时，在林分的各个土层中，自然含水量的大小存在差别。在 0 ~

20 cm 土层，土壤自然含水量从大到小依次为杉木林 > 针阔混交林 > 阔叶混交林 > 桉树林 > 马尾松林 > 针叶混交林 > 相思林；在 20 ~ 40 cm 土层，土壤自然含水量由高到低依次为杉木林 > 针阔混交林 > 阔叶混交林 > 马尾松 > 桉树林 > 针叶混交林 > 相思林；在 40 ~ 60 cm 土层，土壤自然含水量由高到低依次为杉木林 > 针阔混交林 > 阔叶混交林 > 针叶混交林 > 马尾松 > 桉树林 > 相思林；在 60 ~ 80 cm 土层，土壤自然含水量由高到低依次为杉木林 > 针阔混交林 > 阔叶混交林 > 针叶混交林 > 桉树林 > 马尾松 > 相思林；在 80 ~ 100 cm 土层，土壤自然含水量由高到低依次为杉木林 > 针阔混交林 > 阔叶混交林 > 桉树林 > 马尾松 > 相思林 > 针叶混交林。

　　不同林分各个土层的土壤质地类型有差别，以不同林分 0 ~ 20 cm 土层来说，相思林、阔叶混交林和针阔混交林为轻壤土，马尾松林、桉树林土壤质地为中壤土，而杉木林和针叶混交林则为重壤土。总体而言，研究样地的土壤质地以中壤土为主。

　　各个林分中，土壤容重差异较为明显，在 0 ~ 20 cm 土层，容重从大到小依次为针叶混交林 > 相思林 > 马尾松 > 阔叶混交林 > 杉木林 > 针阔混交林 > 桉树林；在 20 ~ 40 cm 土层，容重从大到小依次为相思林 > 杉木林 > 桉树林 > 阔叶混交林 > 针叶混交林 > 针阔混交林 > 马尾松林；在 40 ~ 60 cm 土层，容重从大到小依次为相思林 > 针叶混交林 > 杉木林 > 针阔混交林 > 桉树林 > 阔叶混交林 > 马尾松；在 60 ~ 80 cm 土层，各林分容重从大到小依次为马尾松 > 相思林 > 杉木林 > 桉树林 > 针阔混交林 > 针叶混交林 > 阔叶混交林；在 80 ~ 100 cm 土层，容重从大到小依次为马尾松 > 相思林 > 针叶混交林 > 杉木林 > 阔叶混交林 > 针阔混交林 > 桉树林。各个土层土壤容重之间无明显规律，总体波动较小，在一定范围内相对稳定。7 种林分中，针叶混交林林地 0 ~ 20 cm 土层的土壤容重较大，其他层的土壤容重相对较少。相思林在各个土层的容重平均值最大，对其林下植物的多样性造成较大影响，因而植物稀少。在不同林分中，相思林林地的土壤容重中等，保水性好而通气性一般；针叶混交林地的土壤疏松，土壤保水性和通气性好；桉树林林地的土壤疏松，土壤保水性一般而通气性好；马尾松林地的土壤容重中等，保水性好而通气性差。

　　对各林分中各种土壤孔隙度进行分析，混交林较好，人工林次之，这可能是由于混交林的植被根系比纯林的根系更加发达所导致的，混交林中土壤氧气充足，根系能更好地进行呼吸作用。各个林分土壤的总孔隙度随着土层深度的增加而减小，表层土壤的总孔隙度显著高于深层土壤的总孔隙度，这可能与植被的密度有关，同时也可能与土壤中的一些动物有关。而非毛管孔隙度在各个林分的土层之间无显著规律可循，这可能与其影响因素的复杂性有关，非毛管孔隙度除受植被影响外，还受石砾含量、石砾大小、土壤厚度（表层距基岩深度）的影响，情况多变，较为复杂(赵小婵等，2015)。

综合而言，混交林相对于人工纯林而言，土壤物理性质较好，可能是根系形成的外生菌根和根系分泌的有机物质能够消除有害物质积累，促进了养分吸收和物理性质的改善，使根系发育良好，扩大了根系在土层的穿插空间，使土壤紧实度变小疏松而富有孔隙，物理性质得到有效的改善。

# 5

## 云浮市林地土壤有机质含量

### 5.1　云城、云安区土壤有机质含量

从森林类型来看，云浮市的原生树林为南亚热带常绿阔叶林，本次采样调查发现云城区的林区大部分森林为人工林，林龄多在 10 年左右，并且主要以针阔混交的形式出现。云城和云安二区大部分林区为马尾松林、杉木林、桉树林等用材林；其中云安区部分地区栽植经济林树种，如木荷、油茶和肉桂等；果树除了柑橘还有荔枝、龙眼、黄皮、番石榴、橄榄、枇杷、杨桃等。但云城区主产冰糖橘和皇帝柑；也保留有少量未被开发利用的荒山、原始森林、水源涵养林和风景林，多以当地树种为主。由于人工林施肥较多而且时间固定，所以采样时避开林龄较小的人工林，尽量寻找林分较复杂、林龄较长的混交林处采样。从土壤类型来看，云城和云安区的土壤类型主要是赤红壤，云城区西边与云安交接处——位于整个云城和云安二区的中部和南部，有红壤；云安区的西部有一部分紫色土；云安区的西南部有一部分石灰土，由于此次调查的目标是森林土壤，所以水稻土即不作为考虑的范畴。从土壤母质来看，云城、云安区主要有 3 种土壤母质类型，其中花岗岩主要分布大绀山西南部至镇安、大云雾山一带，以及东北面的都杨、思劳和东部的安塘镇较多，土层深厚，土色浅黄至灰色，粗砂多且均匀，土壤质地为轻壤至中壤，呈酸性；砂岩主要分布范围广遍及全区各地，其中尤以砂页岩、石英砂岩、含砾砂页岩、粉砂岩为多，土层较厚，浅黄至棕黄色，质地多为中壤土至轻壤，土壤较肥；石灰岩分布地区仅次于砂岩，在六都、高峰、前锋、富林、镇安、白石等 6 个镇均占有相当大面积，形成石灰岩带，石灰岩群峰裸

露或半裸露，成土灰色、灰白或红黄色，土层较厚，土质为中壤至重壤，呈碱性，但红色石灰土大部分已淋溶成为酸性红色石灰土。

### 5.1.1 土壤有机质常规统计学分析

对研究区域内100个样点的养分数据进行常规计算统计分析，结果如表5.1所示，云城区的森林土壤有机质含量变化范围为5.61~46.02 g/kg，云安区的森林土壤有机质含量变化范围为7.22~51.24 g/kg。从土壤养分含量的均值来看，云城区有机质在34个样本中的均值分别为14.83 g/kg；云安区有机质在66个样本中的均值为17.11 g/kg。根据全国第二次土壤普查的土壤养分分级标准，以极高、高、中、低、缺、极缺表示土壤养分丰缺程度，云城和云安二区的土壤有机质均为三级标准，即养分处于中等水平。总体而言，云城区、云安区有机质的变异程度最大为54.38%，大于其他土壤养分如全氮、全磷和全钾的变异程度，其原因可能是有机质取得是0~20 cm的表层土壤，而全量元素取得是0~20 cm、20~40 cm、40~60 cm这3层土壤的平均值，反映的该区域主要土壤类型——赤红壤的全量养分总分布概况，故全量元素变异程度较小；然而有机质是由土壤表层的腐殖质分解而来，而土壤腐殖质有地表枯枝落叶经土壤微生物分解而来，由于地表植被覆盖度、土壤裸露度、土壤水土流失状况不尽相同，导致不同样点的土壤有机质养分变异程度较大，例如云城区部分采样点分布在水库附近的生态林带，土质疏松，地表径流多，植被覆盖率亦不如原始或者次生林，导致该部分地区的土壤养分含量低且易于流失。

**表5.1 土壤有机质含量统计**

| 行政区 | 样本数 | 均值(g/kg) | 标准差 | 变异系数(%) | 最小值(g/kg) | 最大值(g/kg) |
|---|---|---|---|---|---|---|
| 云安区 | 66 | 17.11 | 9.10 | 53.19 | 7.22 | 51.24 |
| 云城区 | 34 | 14.83 | 8.06 | 54.38 | 5.61 | 46.02 |

### 5.1.2 土壤有机质空间预测分布

从土壤养分含量预测范围来看，土壤有机质的实际分布范围为5.610~51.240 g/kg、泛克里格插值法空间预测分布范围为7.135~23.104 g/kg、人工神经网络模型空间预测分布范围为0~75.510 g/kg。有机质的分布总趋势呈中部偏高，往两边递减，主要在云安区石城镇、云城区的南盛镇土壤有机质含量较高，有机质养分含量从东北向西南方向递增，云城和云安二区的边缘乡镇土壤养分含量偏低，如云安区的富林镇和白石镇、云城区的云城街道和思劳镇,如彩图 2 至彩图 3 所示。

### 5.1.3　土壤有机质等级空间分布

　　根据土壤有机质分级标准(表 5.2),云城、云安二区的土壤有机质养分等级主要为三级和四级(彩图 4),云安区西部的石城镇大部分地区可达二级,变异性中等,而云城区变异性则较小。其原因主要是石城镇地处大云雾山区,森林类型主要以松、杉类为主,生长速率较慢,人为干扰较少,枯枝落叶层日积月累加之该地区气候属南热带季风气候区,年降雨量大,年均温较高,养分循环较好,土壤有机质养分含量能够维持在一定的水平。而云城区的土壤人为干扰较大,人工造林开垦造成的森林表层土壤被破坏较严重,导致土壤有机质养分含量较低。

表 5.2　土壤有机质分级标准表

| 项目 | 一级 | 二级 | 三级 | 四级 | 五级 |
|---|---|---|---|---|---|
| 有机质(g/kg) | >40.0 | 30.0~40.0 | 20.0~30.0 | 10.0~20.0 | 6.0~10.0 |

注:资料来源于广东第二次土壤普查报告《广东土壤》。

## 5.2　罗定、新兴地区土壤有机质含量

### 5.2.1　土壤有机质

#### 5.2.1.1　土壤有机质常规统计学分析

　　对研究区域内 232 个样点的养分数据进行常规计算统计分析,如表 5.3 所示,罗定市的森林土壤有机质含量变化范围为 5.80~41.59 g/kg。从土壤养分含量的均值来看,罗定市土壤有机质均值为 17.59 g/kg;变异系数为 46.35%,说明土壤样本有机质含量存在中等变异性。根据全国第二次土壤普查的土壤养分分级标准,以极高、高、中、低、缺、极缺表示土壤养分丰缺程度,罗定市的土壤有机质为四级标准,即养分处于低等水平。新兴县的森林土壤有机质含量变化范围为 3.19~43.61 g/kg。从土壤养分含量的均值来看,新兴县有机质均值为 19.59 g/kg;变异系数为 38.64%,说明土壤样本有机质含量存在中等变异性。根据全国第二次土壤普查的土壤养分分级标准,以极高、高、中、低、缺、极缺表示土壤养分丰缺程度,新兴县的土壤有机质为四级标准,即养分处于低等水平。

表 5.3 罗定市土壤有机质含量统计

| 行政区 | 样本数 | 均值(g/kg) | 标准差 | 变异系数(%) | 最小值(g/kg) | 最大值(g/kg) |
|---|---|---|---|---|---|---|
| 罗定市 | 114 | 17.59 | 8.15 | 46.35 | 5.80 | 41.59 |
| 新兴县 | 118 | 19.59 | 7.57 | 38.64 | 3.19 | 43.61 |

### 5.2.1.2 各乡镇土壤有机质含量分析

对罗定市各乡镇的土壤有机质进行变异分析,结果(表 5.4)显示:乡镇间的土壤有机质有显著差异,各乡镇的土壤有机质含量由大到小分别为:加益镇 > 苔滨镇 > 泗纶镇 > 龙湾镇 > 附城镇 > 连州镇 > 黎少镇 > 太平镇 > 生江镇 > 金鸡镇 > 罗镜镇 > 船步镇 > 罗平镇 > 郎塘镇 > 分界镇 > 围底镇 > 苹塘镇 > 素龙镇。

表 5.4 罗定市各乡镇土壤有机质变异分析

| 城镇 | 有机质(g/kg) |
|---|---|
| 加益镇 | 26.05 ± 9.01 a |
| 苔滨镇 | 23.89 ± 7.13 ab |
| 泗纶镇 | 20.50 ± 2.85 ab |
| 龙湾镇 | 20.06 ± 5.96 ab |
| 附城镇 | 19.75 ± 5.75 ab |
| 连州镇 | 19.33 ± 2.08 ab |
| 黎少镇 | 18.80 ± 4.65 ab |
| 太平镇 | 18.00 ± 5.81 ab |
| 生江镇 | 17.54 ± 6.32 ab |
| 金鸡镇 | 17.33 ± 4.11 ab |
| 罗镜镇 | 15.82 ± 1.09 ab |
| 船步镇 | 15.71 ± 3.97 b |
| 罗平镇 | 15.51 ± 3.05 b |
| 郎塘镇 | 15.16 ± 4.97 b |
| 分界镇 | 13.93 ± 26.24 b |
| 围底镇 | 11.47 ± 1.47 b |
| 苹塘镇 | 10.82 ± 1.15 b |
| 素龙镇 | 7.96 ± 2.65 b |

　　对新兴县各乡镇的土壤有机质进行变异分析,结果(表5.5)显示:乡镇间的土壤有机质有显著差异,各乡镇的土壤有机质含量由高到低分别为:稔村 > 河头 > 簕竹 > 东成 > 岩头林场 > 水台 > 大江 > 天堂 > 太平 > 合河水库 > 六祖 > 车岗 > 新城。

表5.5　　新兴县各乡镇土壤有机质变异分析

| 城镇 | 有机质(g/kg) |
| --- | --- |
| 稔村 | 25.03 ± 9.08 a |
| 河头 | 25.00 ± 5.03 a |
| 里洞 | 23.17 ± 13.78 ab |
| 簕竹 | 22.45 ± 5.91 ab |
| 东成 | 22.38 ± 6.70 ab |
| 岩头林场 | 22.06 ± 6.81 ab |
| 水台 | 21.33 ± 3.48 ab |
| 大江 | 20.24 ± 6.51 ab |
| 天堂 | 19.61 ± 3.86 ab |
| 太平 | 18.34 ± 7.75 b |
| 合河水库 | 15.49 ± 7.82 bc |
| 六祖 | 15.49 ± 7.48 bc |
| 车岗 | 15.01 ± 5.61 bc |
| 新城 | 9.54 ± 4.21 c |

### 5.2.1.3　各林分土壤有机质含量分析

　　对罗定市不同林分类型的土壤有机质含量进行变异分析,结果(表5.6)显示:不同林分类型间的土壤有机质含量有显著差异,不同林分类型的土壤有机质含量由高到低分别是:杂竹林 > 毛竹林 > 八角林 > 肉桂林 > 茶叶林 > 砂糖橘林 > 阔叶林 > 马尾松林 > 相思林 > 湿地松林 > 桉树林 > 龙眼林 > 针阔混交林 > 黄栀子林 > 油茶林 > 针叶混交林 > 荔枝林 > 杉木林。

表5.6　　罗定市各林分土壤有机质变异分析

| 林分 | 有机质(g/kg) |
| --- | --- |
| 杂竹林 | 25.80 ± 2.70 a |
| 毛竹林 | 24.37 ± 15.92 ab |
| 八角林 | 23.33 ± 0.54 ab |
| 肉桂林 | 22.91 ± 9.77 ab |
| 茶叶林 | 20.26 ± 0.04 ab |

（续）

| 林分 | 有机质（g/kg） |
|---|---|
| 砂糖橘林 | 20.39 ± 0.70 ab |
| 阔叶林 | 18.28 ± 5.51 ab |
| 马尾松林 | 18.02 ± 6.27 ab |
| 相思林 | 17.60 ± 2.62 ab |
| 湿地松林 | 17.46 ± 5.36 ab |
| 桉树林 | 17.11 ± 5.34 ab |
| 龙眼林 | 16.57 ± 2.38 ab |
| 针阔混交林 | 16.45 ± 4.36 ab |
| 黄栀子林 | 16.18 ± 7.12 ab |
| 油茶林 | 15.94 ± 5.10 ab |
| 针叶混交林 | 15.33 ± 6.26 ab |
| 荔枝林 | 13.65 ± 0.80 b |
| 杉木林 | 13.21 ± 19.13 b |

对新兴县不同林分类型的土壤有机质含量进行变异分析，结果（表5.7）显示：不同林分类型间的土壤有机质含量有显著差异，不同林分类型的土壤有机质含量由高到低分别是：针叶混交林 > 湿地松林 > 杉木林 > 针阔混交林 > 杂竹林 > 阔叶混交林 > 南洋楹林 > 马尾松林 > 相思林 > 木荷林 > 桉树林 > 荔枝林 > 龙眼林 > 肉桂林。

表5.7  新兴县各林分土壤有机质变异分析

| 林分 | 有机质（g/kg） |
|---|---|
| 针叶混交林 | 23.35 ± 9.88 a |
| 湿地松林 | 22.01 ± 6.88 ab |
| 杉木林 | 21.71 ± 7.73 ab |
| 针阔混交林 | 20.97 ± 8.11 ab |
| 杂竹林 | 20.44 ± 16.71 ab |
| 阔叶混交林 | 20.42 ± 4.28 ab |
| 南洋楹林 | 20.19 ± 10.86 ab |
| 马尾松林 | 19.93 ± 3.72 ab |
| 相思林 | 18.53 ± 5.84 ab |
| 木荷林 | 18.26 ± 4.46 ab |
| 桉树林 | 17.30 ± 7.99 ab |
| 荔枝林 | 16.97 ± 6.54 ab |
| 龙眼林 | 13.41 ± 3.77 b |
| 肉桂林 | 13.39 ± 4.80 b |

### 5.2.2　森林土壤有机碳含量分布特征

#### 5.2.2.1　不同林分类型土壤有机碳含量

在不同的林分类型下，由于不同森林植被的林下凋落物、林下植被、根系活动范围、土壤微生物生活环境、微生物酶活性等一系列差异因素的影响，不同森林类型的土壤有机碳含量各不相同。对罗定、新兴两地区的桉树林、马尾松林、杉木林、相思林、阔叶混交林、针阔混交林、针叶混交林、经济林的土壤有机碳含量进行分析(表5.8)，发现8种林分的土壤有机碳含量除了在0~20cm土层内存在较为显著的差异外，在其余4层和0~100cm土层范围内有机碳含量差异均不明显，8种林分在1m剖面内的土壤有机碳含量介于8.60~10.21 g/kg之间，其中杉木林有机碳含量最高，为10.21±1.13 g/kg，桉树林有机碳含量最低，为8.60±0.86 g/kg。不同林分在1m剖面内土壤有机碳含量不同，这可能与不同林分凋落物种类和数量的不同、根系组织不同、人工干扰程度不同等因素有关。

表5.8　不同林分土壤有机碳含量

| 林分 | 土壤有机碳含量(g/kg) | | | | | |
|---|---|---|---|---|---|---|
| | 0~20cm | 20~40cm | 40~60cm | 60~80cm | 80~100cm | 0~100cm |
| 针叶混交林 | 12.44 ± 1.72bc | 9.39 ± 1.74a | 7.85 ± 1.51ab | 6.89 ± 1.54b | 5.90 ± 1.47ab | 8.64 ± 1.20a |
| 阔叶混交林 | 14.25 ± 3.08abc | 9.62 ± 1.19a | 7.65 ± 0.73ab | 7.18 ± 1.34ab | 5.78 ± 0.99ab | 8.64 ± 0.99a |
| 针阔混交林 | 13.45 ± 3.29abc | 8.83 ± 2.66a | 8.73 ± 1.16ab | 6.42 ± 1.93b | 5.65 ± 2.46ab | 8.84 ± 1.93a |
| 桉树林 | 11.77 ± 1.59c | 9.90 ± 1.06a | 8.15 ± 0.97ab | 7.30 ± 1.19ab | 5.97 ± 1.12ab | 8.60 ± 0.86a |
| 马尾松林 | 15.87 ± 3.23ab | 10.28 ± 1.38a | 6.81 ± 1.71b | 6.35 ± 2.01b | 5.19 ± 1.67b | 8.83 ± 1.38a |
| 相思林 | 16.42 ± 2.36abc | 10.78 ± 1.24a | 8.83 ± 1.77ab | 7.24 ± 1.37b | 7.44 ± 2.02ab | 8.97 ± 0.97a |
| 杉木林 | 14.62 ± 2.65a | 8.87 ± 1.24a | 8.22 ± 1.33ab | 5.84 ± 1.15ab | 6.04 ± 1.52a | 10.21 ± 1.13a |
| 经济林 | 12.45 ± 1.57bc | 10.66 ± 2.67a | 9.22 ± 2.30a | 9.20 ± 2.00a | 7.60 ± 1.97a | 9.86 ± 1.29a |

注：小写字母表示林分之间 P 在0.05水平上的差异显著。

#### 5.2.2.2　不同经营方式土壤有机碳含量

森林土壤有机碳含量受到许多因素的影响，不同经营方式可能会导致森林土壤水分、pH 值、温度、质地等的不同，也会对森林土壤有机碳含量造成一定的影响。按照不同的经营方式，将罗定、新兴的森林类型划分为人工林、天然次生林和经济林 3 种类型进行有机碳含量分析（表 5.9）。结果显示：在 0~100 cm 土层内，人工林、天然次生林、经济林 3 种经营方式的有机碳含量介于 8.76~9.86 g/kg 之间。其中，经济林土壤有机碳含量最高，天然次生林的土壤有机碳含量最低，经济林的约为天然次生林的 1.13 倍，这可能是由于经济林和人工林受到的人工干扰较大，在培育过程中施用了有机肥等原因，导致其土壤有机碳含量较高。人工林、天然次生林和经济林 3 种经营方式不同的林分之间，土壤有机碳含量差异并不明显。且 3 种经营方式的 0~100 cm 土壤有机碳含量差异性也不明显，整体变化规律与土壤有机碳含量相一致，天然次生林土壤有机碳含量最低。这可能是由于天然次生林受到人为干扰较小，并没有像经济林、人工林那样受到施肥管理，因此与二者表现出肥力的不同，进而影响到土壤有机碳含量。而在 0~20 cm 表层土壤，天然次生林的土壤有机碳含量高于经济林，出现这种情况的原因可能是因为天然次生林中，植株生长并没有经过人工的干扰，因此植株的生长密度会略高于经过人工管理的经济林。因此，凋落物的数量也会相应的略高于经济林。

表 5.9　不同经营方式土壤有机碳含量分布特征

| 土层 | 有机碳含量（g/kg） | | |
| --- | --- | --- | --- |
| | 人工林 | 天然次生林 | 经济林 |
| 0~20cm | 14.76 ± 2.87 | 13.38 ± 2.07 | 12.45 ± 1.57 |
| 20~40cm | 10.03 ± 1.74 | 9.28 ± 1.80 | 10.66 ± 2.67 |
| 40~60cm | 7.93 ± 1.54 | 8.07 ± 1.57 | 9.22 ± 2.30 |
| 60~80cm | 6.73 ± 1.27 | 6.82 ± 2.30 | 9.20 ± 2.00 |
| 80~100cm | 6.10 ± 1.30 | 5.86 ± 1.77 | 7.60 ± 1.97 |
| 0~100cm | 9.25 ± 2.06 | 8.76 ± 1.68 | 9.86 ± 1.29 |

#### 5.2.2.3　不同林分森林土壤有机碳含量垂直分布特征

同一地区各种森林的林分类型不同，则林下植被和林下凋落物不同，加之不同森林植被的根系分布状况及活动状况也各不相同等原因，共同造成了不同林分类型的土壤有机碳含量的不同，且由于土层深度的不同，土壤有机碳在土壤剖面的分布情况也不相同。对罗定、新兴两地区 38 个样点的针叶混交林、阔叶混交林、针阔混交林，48 个样点的桉树林、马尾松林、杉木林、相思林以及 111 个样点的经济林的土壤有机碳含量的垂直分布特征进行了分析研究，具体特征见图 5.1。

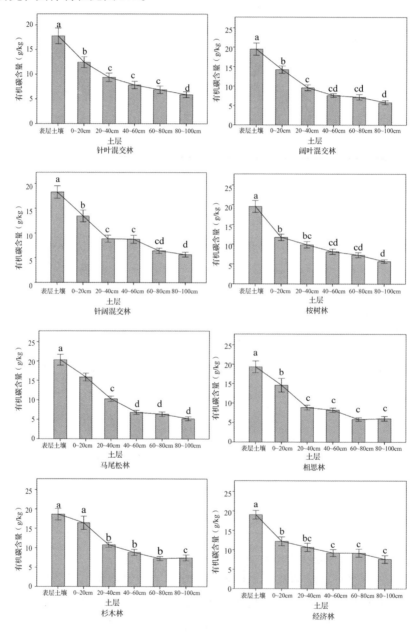

**图 5.1　8 种林分土壤有机碳含量垂直分布特征**

注：小写字母表示土层之间 $P$ 在 0.05 水平上的差异显著

由图 5.1 可知，8 种不同的天然林类型土壤有机碳含量随土层深度的垂直变化规律基本一致，均表现为在表层即 0~20 cm 的土壤有机碳含量最高，8 种林分天然林表层土壤有机碳含量介于 11.77~16.42 g/kg 之间，明显高于深层(20~100cm)土壤的有机碳含量，随着土层深度的增加，土壤有机碳含量依次减少，且除了桉树林和经济林外，其他 6 种林分表层土壤与其他几层土壤之间有机碳含量差异性显著，但每层的减少幅度不同，最下层即 80~100 cm 的有机碳含量最低，介于 5.19~7.60 g/kg 之间。除相思林和杉木林在 60~80 cm 土层土壤有机碳含量略低于 80~100 cm 土层外，其他几种林分均表现为表层土壤有机碳含量最高，随土层深度增加，有机碳含量逐渐降低。而相思林和杉木林在 60~80 cm 土层土壤有机碳含量略低于 80~100 cm 土层，可能是由于人工林受到人为因素干扰较大，部分样点存在水土流失现象，或受到不同环境因子的制约，因而产生了轻微的差异。土壤表层的有机碳含量明显高于其他土层，这可能由于植被凋落物掉落在土壤表层，经过腐烂、微生物分解以及植物根系的分解作用，形成的有机碳首先进入土壤表层(魏强等，2012)，表现出明显的表聚性。但随着土层的增加，变化幅度逐渐减弱，针叶混交林、阔叶混交林、针阔混交林、相思林均表现为表层土壤有机碳含量与其他 4 层差异性均显著，但 40~60 cm 土层与 60~80 cm、80~100 cm 土层之间的有机碳含量差异性并不显著，但 8 种林分表层与底层土壤有机碳含量差异性均显著。这可能是由于植物根系对森林土壤表层的有机碳凝聚起到了至关重要的作用，导致森林土壤具有很强的表聚性(丁访军等，2012)，随着土层的增加，深层土壤有机碳含量受到生物的影响作用较小，因而含量都较低(陈伟等，2013)。通过表层混合样的有机碳含量可以看出，马尾松林及阔叶混交林的土壤有机碳含量最高，针叶混交林的土壤有机碳含量最低，这可能与天然阔叶混交林的枯枝落叶等凋落物层比较厚、根系分泌物较多且凋落物被土壤微生物分解程度比较大相关，致使土壤有机碳积累量较大(侯芸芸等，2012)。而天然针叶混交林的凋落物层一般相对较薄，有机碳积累量较阔叶林少，所以其森林土壤有机碳含量相对略低于天然阔叶混交林和天然针阔混交林。

## 5.2.3 森林土壤有机碳密度分布特征

### 5.2.3.1 不同林分类型土壤有机碳密度

对 8 种不同林分类型的土壤有机碳密度分析，结果显示(表 5.10)：在 0~100 cm 土层内，8 种林分的土壤有机碳密度由大到小变化顺序为：杉木林

(14.26 ± 1.19 kg/m²) > 桉树林(13.03 ± 1.06 kg/m²) > 相思林(12.97 ± 1.16 kg/m²) > 经济林(12.69 ± 1.47 kg/m²) > 马尾松林(12.54 ± 1.42 kg/m²) > 阔叶混交林(12.48 ± 1.12 kg/m²) > 针阔混交林(12.39 ± 1.96 kg/m²) > 针叶混交林(12.19 ± 1.27 kg/m²)，其中杉木林在 1 m 剖面内的有机碳密度最高，针叶混交林最低，为杉木林的 85.4%，这一点与二者的有机碳含量变化规律基本一致。8 种林分的土壤有机碳密度除了在 0 ~ 20 cm 土层内存在较为显著的差异外，在其余 4 层和 0 ~ 100 cm 土层范围内有机碳含量差异均不明显。杉木林有机碳密度高于其他几种林分的原因可能是杉木林种植密度较大，森林郁闭度较高，林下凋落物积累量较大，促进了土壤有机碳的积累。相同土层之间，有机碳密度的不同是可能受到土壤容重、林分类型等因素的影响(梁启鹏等，2010)。

　　桉树、相思树、马尾松以及杉木均属于速生树种，在立地条件相似的情况下，有机碳密度并无太大差异，杉木林与桉树林在 1 m 剖面内有机碳密度存在显著差异，可能是由于它们生长年限的差异，杉木林林龄较长，约 30 年，而桉树林林龄大多在 10 年左右，林龄的差异会导致林下凋落物层厚度的差异、林下植被的盖度的差异、植被根系的差异，从而导致土壤有机碳密度的不同(丁访军等，2012)。

表 5.10　不同林分土壤有机碳密度分布特征

| 林分 | 土壤有机碳密度(kg/m²) | | | | | |
|---|---|---|---|---|---|---|
| | 0 ~ 20cm | 20 ~ 40cm | 40 ~ 60cm | 60 ~ 80cm | 80 ~ 100cm | 0 ~ 100cm |
| 针叶混交林 | 3.36 ± 0.80bcd | 2.60 ± 0.80a | 2.35 ± 0.75a | 2.08 ± 0.89ab | 1.79 ± 0.71a | 12.19 ± 1.27a |
| 阔叶混交林 | 3.97 ± 3.08abcd | 2.74 ± 0.62a | 2.31 ± 0.40a | 2.13 ± 0.62ab | 1.77 ± 0.53a | 12.48 ± 1.12a |
| 针阔混交林 | 3.62 ± 1.28abcd | 2.43 ± 1.14a | 2.55 ± 0.59a | 1.84 ± 0.88ab | 1.71 ± 1.32a | 12.39 ± 1.96a |
| 桉树林 | 3.20 ± 0.75cd | 2.86 ± 0.60a | 2.37 ± 0.51a | 2.21 ± 0.71ab | 1.79 ± 0.67a | 13.03 ± 1.06a |
| 马尾松林 | 4.28 ± 1.65ab | 2.93 ± 0.76a | 1.96 ± 0.92a | 1.9 ± 1.21ab | 1.56 ± 0.90a | 12.54 ± 1.42a |

（续）

| 林分 | 0－20cm | 20－40cm | 40－60cm | 60－80cm | 80－100cm | 0－100cm |
|---|---|---|---|---|---|---|
| 相思林 | 4.16 ± 1.41abc | 2.56 ± 0.61a | 2.51 ± 0.80a | 1.81 ± 0.53b | 1.73 ± 0.79a | 12.97 ± 1.16a |
| 杉木林 | 4.48 ± 1.21a | 2.98 ± 0.53a | 2.49 ± 0.79a | 2.21 ± 0.70ab | 2.09 ± 1.11a | 14.26 ± 1.19a |
| 经济林 | 3.08 ± 0.70d | 2.76 ± 1.13a | 2.32 ± 0.97a | 2.45 ± 0.91a | 2.12 ± 1.08a | 12.69 ± 1.47a |

注：小写字母表示林分之间 $P$ 在 0.05 水平上的差异显著。

### 5.2.3.2　不同经营方式土壤有机碳密度

不同经营方式林地土壤有机碳密度分析显示（表 5.11）：3 种以不同经营方式经营的林分土壤有机碳密度介于 12.25～12.69 kg/m² 之间，其中，经济林土壤有机碳密度最高，为 12.69 ± 1.22 kg/m²；天然次生林的土壤有机碳密度最低，为 12.25 ± 1.40 kg/m²，经济林的土壤有机碳密度约为天然次生林的 1.035 倍。3 种不同经营方式林分土壤有机碳密度变化规律与有机碳含量变化规律相似。

表 5.11　不同经营方式土壤有机碳密度分布特征

| 土层 | 有机碳密度（kg/m²） | | |
|---|---|---|---|
| | 人工林 | 天然次生林 | 经济林 |
| 0～20cm | 4.04 ± 1.46 | 3.65 ± 0.86 | 3.08 ± 0.70 |
| 20～40cm | 2.85 ± 0.88 | 2.59 ± 0.81 | 2.76 ± 1.13 |
| 40～60cm | 2.30 ± 0.81 | 2.40 ± 0.81 | 2.32 ± 0.97 |
| 60～80cm | 2.00 ± 0.70 | 2.01 ± 1.17 | 2.45 ± 0.91 |
| 80～100cm | 1.83 ± 0.71 | 1.77 ± 0.94 | 2.12 ± 1.08 |
| 0～100cm | 12.58 ± 2.94 | 12.25 ± 1.40 | 12.69 ± 1.22 |

### 5.2.3.3　不同林分森林土壤有机碳密度垂直分布特征

土壤有机碳密度是以土体体积为基础，排除土壤深度和面积的影响，成为评价估算和衡量土壤有机碳储量的一个重要因素（杨金艳等，2005）。对罗定、新兴两地区 38 个样点的针叶混交林、阔叶混交林、针阔混交林，48 个样点的桉树林、马尾松林、杉木林、相思林以及 111 个样点的经济林的土壤有机碳密度垂直分布特征进行了分析研究。8 种不同的天然林类型土壤有机碳密度随土层深度的垂直变化规律总体一致，均呈现出整体随土层深度增加有机碳密度下降的趋势，且均表现为在表层即 0~20 cm 的土壤有机碳密度最大。除桉树林和经济林外，其他 6 种天然林林分的表层土壤均与其他几层土壤之间有机碳密度差异性显著，随着土层深度的增加，土壤有机碳密度总体上逐层减少，但每层的减少幅度并不相同。最底层即 80~100 cm 的有机碳密度最低，介于 1.56~2.12 kg/m$^2$ 之间，马尾松林底层土壤有机碳密度最低，为 1.56 ± 0.90 kg/m$^2$，80~100 cm 土层有机碳密度最大的为经济林，为 2.12 ± 1.08 kg/m$^2$。随着土层深度增加，土壤有机碳密度降低，但变化幅度不同。造成这种现象的原因可能是由于土壤有机碳密度在深层土壤中受到根系数量、分布等因素的影响较大，从而导致不同土层间的土壤有机碳密度存在较大差异（钟洪明等，2013）。且随着土层的增加，植被根系减少、土壤通气状况变差、土壤微生物的活动情况减弱、土壤水分和养分输入量减少等原因会造成土壤有机碳密度具有明显的表聚性（丁访军等，2012）。观察 8 种林分土壤表层混合样有机碳密度可以看出，阔叶混交林土壤有机碳密度最高，这可能是由于阔叶混交林的郁闭度较高，枯枝落叶及凋落物层覆盖较为完全，造成土壤微生物的活性降低，促进了土壤有机碳的积累（刘楠等，2009）。因此，天然阔叶混交林的有机碳密度相对高于其他两种天然林林分，这一点与 3 种天然林的有机碳含量变化规律基本一致。

## 5.2.4　森林土壤物理性质对有机碳含量的影响

### 5.2.4.1　土壤容重对土壤有机碳含量的影响

　　土壤容重是反映森林土壤物理性质的重要指标，土壤容重是指单位体积内的干土质量，是表示土壤松紧程度、熟化程度的重要尺度（丁咸庆等，2015）。土壤容重的大小能反映土壤的通气性、通水性以及根系在伸展过程中受到的阻力大小。将 1495 个样本的土壤容重与有机碳含量进行相关性分析，罗定、新兴两地区森林土壤有机碳含量与土壤容重之间的线性相关关系，由分析结果（图 5.2）可知，森林土壤有机碳含量与土壤容重之间呈极显著的负相关性（$P < 0.001$）。即随着土层深度的增加，土壤容重增大，而土壤有机碳含量减少。造成这种结果的原因可能是由于凋落物层的有机碳含量较高，而枯枝落叶落在土壤表层，则表层土壤积累的有机碳含量相对较高，且表层土壤由于土壤微生物及根系对枯枝落叶的分解作用而变得疏松，致使土壤容重

较低,相对应的土层有机碳含量则较高(张景,2013)。杉木的土壤容重最小,有机碳含量应该较高,这基本与本研究中所测定的杉木林土壤有机碳含量随土层深度的垂直变化规律相符。基本可以看出,土壤容重是影响土壤有机碳含量的重要因素之一。

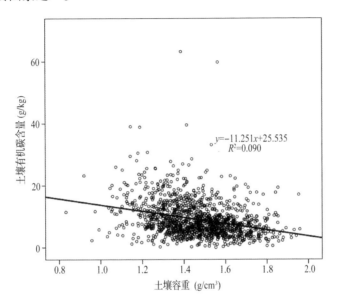

图5.2  森林土壤有机碳含量与土壤容重关系

### 5.2.4.2  土壤自然含水量对土壤有机碳含量的影响

土壤水分是森林土壤的重要组成部分,土壤水分参与土壤中物质的代谢和转化等重要过程,同时也在土壤形成过程中起到了至关重要的作用(魏强等,2012)。将1 495个样本的土壤自然含水量与有机碳含量进行相关性分析,结果(图5.3)显示:罗定、新兴两地区森林土壤有机碳含量与土壤自然含水量之间的线性相关关系,由分析结果可知,森林土壤有机碳含量与土壤自然含水量之间呈极显著的正相关性($P < 0.001$)。即随着土层深度的增加,土壤自然含水量、有机碳含量降低,土壤自然含水量、有机碳含量较高。造成这种结果可能是土壤中的有机碳会对土壤结构造成了一定的改变,增加了土壤的孔隙度,使得土质变得疏松,土壤容重减少,蓄水能力增强,则含水量增大;同时土壤中有机碳含量高会改变土壤的胶体状况,增加土壤对水分的吸附能力,也会进一步增加土壤含水量(单秀枝等,1998;张景,2013)。综合而言,土壤自然含水量对土壤有机碳含量有着重要影响。

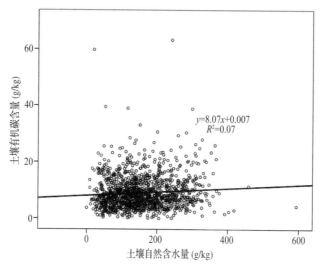

**图5.3 森林土壤有机碳含量与土壤自然含水量关系**

### 5.2.4.3 土壤毛管持水量对土壤有机碳含量的影响

土壤的毛管持水量是土壤依靠毛管力作用所能保持的最大含水量，它的大小反映了土壤的保水能力。土壤的水分状况是土壤肥力状况最为活跃的因素之一，能够影响土壤中微生物的活性、土壤养分的转化以及许多土壤生物学的过程，而土壤毛管持水量是反映林地水源涵养能力的重要指标之一（李萍，2010）。将1 495个样本的土壤自然含水量与有机碳含量进行相关性分析，结果（图5.4）显示了罗定、新兴两地区森林土壤有机碳含量与土壤毛管持水

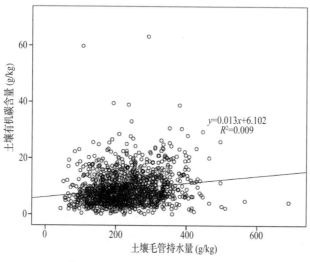

**图5.4 森林土壤有机碳含量与土壤毛管持水量关系**

量之间的线性相关关系，由分析结果可知，森林土壤有机碳含量与土壤毛管持水量之间呈极显著的正相关性（$P < 0.001$）。即土壤毛管持水量的增加，土壤有机碳含量也会相应增加。

#### 5.2.4.4 土壤总孔隙度对土壤有机碳含量的影响

土壤总孔隙度是指土壤中孔隙占土壤总体积的百分率，土壤孔隙的多少会影响着土壤的透气性、透水性、导热性和紧实度等性质。将 1 495 个样本的土壤自然含水量与土壤有机碳含量进行相关性分析，结果（图 5.5）显示罗定新兴两地区森林土壤有机碳含量与土壤总孔隙度之间呈线性相关关系，由分析结果可知，森林土壤有机碳含量与土壤毛管持水量之间呈极显著的正相关性（$P < 0.001$），即土壤总孔隙度的增加，土壤有机碳含量也会相应增加。

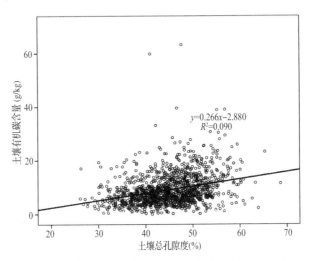

$$y = 0.266x - 2.880$$
$$R^2 = 0.090$$

**图 5.5  森林土壤有机碳含量与土壤总孔隙度关系**

#### 5.2.4.5 土壤毛管孔隙度对土壤有机碳含量的影响

土壤的毛管孔隙度是指土壤毛管孔隙占土壤体积的百分比。毛管孔隙愈小，毛管力愈大，吸水力也愈强；反之，毛管孔隙度越小，土壤持蓄水能力越强（李萍，2010）。将 1 495 个样本的土壤毛管孔隙度与土壤有机碳含量进行相关性分析，结果（图 5.6）显示罗定、新兴两地区森林土壤有机碳含量与土壤毛管孔隙度之间呈线性相关关系，由分析结果可知，森林土壤有机碳含量与土壤自然含水量之间呈极显著的正相关性（$P < 0.001$）。即随着土层深度的增加，土壤毛管孔隙度降低，有机碳含量降低。若土壤毛管孔隙度高，则有机碳含量也较高。在林地表层，土壤毛管孔隙度较高，导致土壤质地疏松，通气性良好，持水力强，影响了土壤微生物和根系的分解速度，进而对土壤

有机碳含量造成影响，这说明土壤的水分会降低土壤有机碳的分解速率，从而造成土壤有机碳的积累（刘姝嫒等，2010）。综合而言，土壤毛管孔隙度对土壤有机碳含量有重要影响。

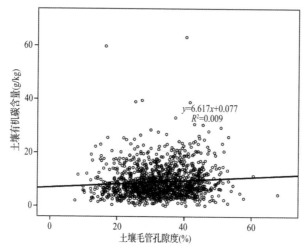

**图 5.6　森林土壤有机碳含量与土壤毛管孔隙度关系**

### 5.2.4.6　土壤通气孔隙度对土壤有机碳含量的影响

土壤通气孔隙度是指一定水势或含水量条件下，单位土壤总容积中空气占的孔隙容积。将 1 495 个样本的土壤毛管孔隙度与有机碳含量进行相关性分析，结果显示：罗定、新兴两地区森林土壤有机碳含量与土壤通气孔隙度之间呈线性相关关系，由分析结果（图 5.7）可知，森林土壤有机碳含量与土壤

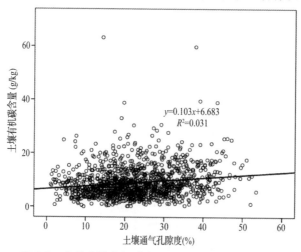

**图 5.7　森林土壤有机碳含量与土壤通气孔隙度关系**

通气孔隙度之间呈极显著的正相关性（$P < 0.001$），即随着土壤通气孔隙度降低，土壤有机碳含量降低。若土壤通气孔隙度高，则土壤有机碳含量也较高。由此可见，土壤通气孔隙度对土壤有机碳含量有重要影响。

### 5.2.5 罗定、新兴地区林地土壤碳储量估算

#### 5.2.5.1 不同林分土壤碳储量估算

根据广东省云浮市罗定、新兴两地区各类型林分面积以及各主要森林类型实测数据计算的土壤有机碳密度，对罗定、新兴地区不同林分类型土壤有机碳储量进行估算，结果（表5.12）显示罗定、新兴两地区的森林土壤总有机碳储量约为$5.59 \times 10^6$ t，阔叶混交林和其他林分的森林土壤面积均占罗定、新兴两地区森林土壤总面积的36%左右，大于其他几种主要林分的总面积之和，罗定、新兴两地区主要森林面积大小顺序为：针阔混交林（82 522.1 hm²）＞经济林（80 116.7 hm²）＞阔叶混交林（19 506 hm²）＞针叶混交林（16 980.4 hm²）＞相思林（12 506.1 hm²）＞杉木林（6 542.2 hm²）＞马尾松林（5 317 hm²）＞桉树林（987.8 hm²）。估算结果表明，罗定、新兴两地区的主要森林类型土壤有机碳储量大小与森林面积分布的大小顺序一致，表现为：针阔混交林（$2.01 \times 10^6$ t）＞其他林分（$1.99 \times 10^6$ t）＞阔叶混交林（$5.05 \times 10^5$ t）＞针叶混交林（$4.13 \times 10^5$ t）＞相思林（$3.20 \times 10^5$ t）＞杉木林（$1.86 \times 10^5$ t）＞马尾松林（$1.34 \times 10^5$ t）＞桉树林（$2.45 \times 10^4$ t）。阔叶混交林和其他林分的森林土壤有机碳储量为罗定、新兴两地森林土壤总有机碳储量的重要组成部分，共占总体的72%左右。在罗定、新兴两地区，针叶混交林、阔叶混交林、针阔混交林3种天然林类型的森林土壤有机碳储量总和略高于桉树林、马尾松林、杉木林、相思林和经济林6种人工林的森林土壤有机碳储量总和。天然林的总碳储量占罗定、新兴森林土壤碳储量的52%，高于人工林所占比例，这可能是由于天然林受到的人工干扰较小，凋落物层较厚，根系结构较为复杂，有机碳积累量较多。由于针叶混交林、阔叶混交林、针阔混交林的林地土壤面积占两地区森林土壤总面积的比重较大。可以说明，森林土壤有机碳储量与森林土壤面积的大小有着极其重要的关系。

表 5.12　不同林分类型土壤有机碳储量

| 林分 | 面积（hm²） | 有机碳储量（t） | | | | | | 占总碳储量百分比（%） |
|---|---|---|---|---|---|---|---|---|
| | | 0~20cm | 20~40cm | 40~60cm | 60~80cm | 80~100cm | 1~100cm | |
| 针叶混交林 | 16980.4 | $1.14 \times 10^5$ | $8.83 \times 10^4$ | $7.98 \times 10^4$ | $7.06 \times 10^4$ | $6.06 \times 10^4$ | $4.13 \times 10^5$ | 7 |
| 阔叶混交林 | 19506 | $1.55 \times 10^5$ | $1.07 \times 10^5$ | $9.02 \times 10^4$ | $8.33 \times 10^4$ | $6.89 \times 10^4$ | $5.05 \times 10^5$ | 9 |
| 针阔混交林 | 82522.1 | $5.98 \times 10^5$ | $4.01 \times 10^5$ | $4.21 \times 10^5$ | $3.04 \times 10^5$ | $2.83 \times 10^5$ | $2.01 \times 10^6$ | 36 |
| 桉树林 | 987.8 | $6.32 \times 10^3$ | $5.65 \times 10^3$ | $4.68 \times 10^3$ | $4.37 \times 10^3$ | $3.53 \times 10^3$ | $2.45 \times 10^4$ | 1 |
| 马尾松林 | 5317 | $4.55 \times 10^4$ | $3.11 \times 10^4$ | $2.08 \times 10^4$ | $2.02 \times 10^4$ | $1.66 \times 10^4$ | $1.34 \times 10^5$ | 2 |
| 杉木林 | 6542.2 | $5.86 \times 10^4$ | $3.90 \times 10^4$ | $3.25 \times 10^4$ | $2.89 \times 10^4$ | $2.74 \times 10^4$ | $1.86 \times 10^5$ | 3 |
| 相思林 | 12506.1 | $1.04 \times 10^5$ | $6.41 \times 10^4$ | $6.28 \times 10^4$ | $4.52 \times 10^4$ | $4.32 \times 10^4$ | $3.20 \times 10^5$ | 6 |
| 经济林 | 80116.7 | $4.89 \times 10^5$ | $4.41 \times 10^5$ | $3.62 \times 10^5$ | $3.78 \times 10^5$ | $3.24 \times 10^5$ | $1.99 \times 10^6$ | 36 |
| 合计 | 224478.3 | $1.57 \times 10^6$ | $1.18 \times 10^6$ | $1.07 \times 10^6$ | $9.34 \times 10^5$ | $8.26 \times 10^5$ | $5.59 \times 10^6$ | |

　　测算这 8 种林分在 1 m 剖面内每层土壤有机碳储量可得，各林分土壤有机碳储量随土层垂直深度的增加，与土层土壤有机碳含量垂直变化规律一致，均表现为表层土壤有机碳储量最高，随土层深度的增加，土壤有机碳储量逐层减少。在 0~20 cm 土层，针阔混交林的土壤有机碳储量最高，为 $5.98 \times 10^5$ t，而桉树林的土壤有机碳储量最低，为 $6.32 \times 10^3$ t，仅占针阔混交林的 1.06%，这可能与两地区针阔混交林的林地土壤面积远大于桉树林的林地土壤面积有关。同时，也可能是由于针阔混交林是天然林，受到的人工干扰较小，且凋落物层较厚，林下植被较为丰富，森林植被郁闭度较高，土壤微生物和植被根系的分解作用较强，从而导致土壤有机碳积累量较多。而桉树作为人工林，受到的人工干扰较大，林下的枯枝落叶会受到定期清理，森林郁闭度不高，凋落物层较薄，有机碳积累量较少，且桉树林总面积较小，从而导致桉树林总碳储量远低于其他几种林分。

### 5.2.5.2　各镇区林地土壤碳储量估算

　　根据罗定、新兴地区采集测定的 1 495 个土壤样品的有机碳数据，利用各镇的平均有机碳密度和林分面积，估算出各镇林地土壤的碳储量。结果（表 5.13）显示罗定市林地土壤总碳储量为 $3.2 \times 10^6$，各镇林地土壤碳储量介于 $9.8 \times 10^4$~ $4.2 \times 10^5$ t 之间，碳储量最大的镇为泗纶镇，在泗纶镇平均有机碳密度处于罗定县中等水平的情况下，产生这种现象的主要原因是泗纶镇有罗定县最大的林地面积。而平均有机碳密度最大的是加益镇，因为加益镇的林地面积虽然较小，仅为 5 595.2 hm²，但加益镇林分中，有机碳密度在各种林分之中最大的经济林林分占了相当大的比例，因此加益镇的平均有机碳密度在罗定镇中处于最高水平。

表 5.13 罗定市各镇碳储量估算

| 城镇 | 平均有机碳密度 (kg/m²) | 林分面积 (hm²) | 林地土壤碳储量 (t) |
|---|---|---|---|
| 朗塘镇 | 2.33 | 4199.5 | 97850 |
| 㙍滨镇 | 3.10 | 12037.7 | 373190 |
| 船步镇 | 2.34 | 7421.6 | 173390 |
| 分界镇 | 2.66 | 7678.0 | 204120 |
| 扶合镇 | 2.70 | 10049.9 | 271750 |
| 附城镇 | 2.73 | 14108.5 | 385060 |
| 加益镇 | 3.90 | 5595.2 | 218160 |
| 金鸡镇 | 2.13 | 4877.1 | 103940 |
| 黎少镇 | 2.26 | 7433.2 | 168170 |
| 连州镇 | 2.73 | 7474.1 | 204080 |
| 罗镜镇 | 2.16 | 9655.5 | 208100 |
| 罗平镇 | 2.43 | 5997.8 | 145630 |
| 苹塘镇 | 1.47 | 4391.1 | 64520 |
| 生江镇 | 2.56 | 2184.9 | 28240 |
| 泗纶镇 | 2.49 | 16780.7 | 417950 |
| 太平镇 | 2.93 | 4748.0 | 139120 |
| 总计 | | | 3203270 |

新兴县林分土壤中碳储量估算值为 $1.9 \times 10^6$ t，各镇林地土壤碳储量在 $1.1 \times 10^5 \sim 3.7 \times 10^5$ t 之间分布，其中碳储量最大的为河头镇，因为其林地面积远远大于新兴县的其他镇。稔村镇是新兴县中林分土壤有机碳密度最高的镇。

由表 5.13 至表 5.14 可知，罗定市的林分土壤碳储量远远高于新兴县，首要原因在于罗定市的林分总面积大于新兴县；其次，在罗定市所有林分中，林分土壤有机碳密度最高的经济林占了较大的比例，因此对罗定市林分总碳储量提高有直接的作用。

表 5.14　新兴县各镇碳储量估算

| 镇名 | 平均有机碳密度（kg/m²） | 林分面积（hm²） | 林地土壤碳储量（t） |
|---|---|---|---|
| 水台镇 | 2.34 | 4541.3 | 106380 |
| 稔村镇 | 3.18 | 5646.5 | 179820 |
| 太平镇 | 2.93 | 9289.2 | 272010 |
| 六祖镇 | 2.88 | 11304.2 | 325000 |
| 大江镇 | 2.98 | 7689.7 | 229300 |
| 天堂镇 | 2.13 | 8669.1 | 184280 |
| 河头镇 | 2.61 | 14294.7 | 373740 |
| 勒竹镇 | 2.28 | 8349.1 | 190500 |
| 总计 | | | 1861020 |

## 5.3　郁南县土壤有机质含量

### 5.3.1　郁南县土壤有机质常规统计学分析

对研究区域内226个样点的养分数据进行常规计算统计分析，如表5.15显示，郁南县的森林土壤有机质含量变化范围为2.73～49.97 g/kg。从土壤养分含量的均值来看，郁南县有机质均值为21.23 g/kg；变异系数为41.20%，说明土壤样本有机质含量存在中等变异性。根据全国第二次土壤普查的土壤养分分级标准，以极高、高、中、低、缺、极缺表示土壤养分丰缺程度，郁南县的土壤有机质为三级标准，即养分处于中等水平。

表 5.15　郁南县土壤有机质含量统计

| 行政区 | 样本数 | 均值(g/kg) | 标准差 | 变异系数（%） | 最小值(g/kg) | 最大值(g/kg) |
|---|---|---|---|---|---|---|
| 郁南县 | 226 | 21.23 | 8.75 | 41.2 | 2.73 | 49.97 |

### 5.3.2　郁南县各乡镇土壤有机质

对郁南县各乡镇的有机质进行变异分析，结果（表5.16）显示：乡镇间的有机质有显著差异，各乡镇的土壤有机质含量由高到低分别为：孤城 > 罗顺 > 大方 > 平台 > 都城 > 高村 > 通门 > 桂圩 > 历洞 > 南江口 > 宝珠 > 千官 > 东坎 > 宋桂 > 东坝 > 建成 > 连滩 > 河口。

表 5.16 郁南县各乡镇土壤有机质变异分析

| 城镇 | 有机质含量 ( g/kg ) |
| --- | --- |
| 孤城 | 32.49 ± 6.10 a |
| 大方 | 30.63 ± 6.82 a |
| 罗顺 | 30.80 ± 4.25 a |
| 平台 | 28.06 ± 4.70 a |
| 高村 | 26.90 ± 15.28 ab |
| 通门 | 25.23 ± 7.68 ab |
| 都城 | 27.28 ± 6.12 ab |
| 桂圩 | 24.70 ± 5.18 ab |
| 历洞 | 23.92 ± 8.57 ab |
| 南江口 | 22.00 ± 3.17 abc |
| 宝珠 | 21.92 ± 7.50 ab |
| 千官 | 20.61 ± 9.17 b |
| 东坎 | 20.29 ± 6.46 bc |
| 宋桂 | 19.35 ± 5.73 bc |
| 连滩 | 17.12 ± 6.02 bc |
| 东坝 | 18.27 ± 3.79 bc |
| 建成 | 18.06 ± 9.97 bc |
| 河口 | 13.34 ± 12.80 c |

## 5.3.3 郁南县专题点土壤有机质含量

### 5.3.3.1 坡度与土壤有机质含量分布分析

郁南专题点坡度与土壤有机质含量分布如图 5.8 所示：$20° \leq$ 坡度 $< 30°$ 的样点土壤有机质的含量范围为 6.32 ~ 34.06 g/kg，$30° \leq$ 坡度 $< 40°$ 的样点土壤有机质的含量范围为 2.93 ~ 34.28 g/kg，$40° \leq$ 坡度 $< 50°$ 的样点土壤有机质的

含量范围为 5. 24～30. 75 g/kg，50°≤坡度<60°的样点土壤有机质的含量范围为 6. 37～33. 31 g/kg，60°≤坡度<70°的样点土壤有机质的含量范围为 8. 62～43. 83 g/kg，70°≤坡度<80°的样点只有一个，土壤有机质的含量为 17. 82 g/kg，80° ≤坡度<90°的样点土壤有机质的含量范围为 10. 65～49. 97 g/kg。

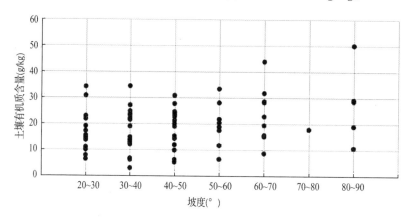

**图5.8　郁南专题点坡度与土壤有机质含量的关系**

### 5.3.3.2　坡向与土壤有机质含量分布分析

郁南专题点坡向与土壤有机质之间的关系（图5.9）显示：坡向为北的样点土壤有机质的含量范围为 9. 81～34. 06 g/kg，坡向为东的样点土壤有机质的含量范围为 6. 67～33. 31 g/kg，坡向为东北的样点土壤有机质的含量范围为 7. 80～28. 54 g/kg，坡向为东南的样点土壤有机质的含量范围为 6. 32～30. 67 g/kg，坡向为东偏北的样点土壤有机质的含量范围为 15. 62～22. 75 g/kg，坡向为东偏南的样点土壤有机质的含量范围为 2. 92～6. 17 g/kg，坡向为南的样点土壤有机质的含量范围为 11. 86～43. 83 g/kg，坡向为南偏西的样点土壤只有一个，有机质的含量为 49. 97 g/kg，坡向为西的样点有机质的含量范围为 5. 24～29. 02 g/kg，坡向为西北的样点土壤有机质的含量范围为 9. 96～34. 28 g/kg，坡向为西南的样点土壤有机质的含量范围为 11. 65～27. 62 g/kg，坡向为西偏北的样点土壤有机质的含量范围为 14. 34～20. 36 g/kg，坡向为西偏南的样点土壤有机质的含量范围为 6. 10～31. 67 g/kg。

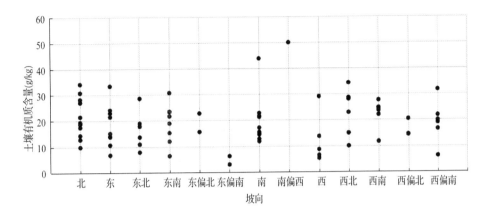

**图 5.9 郁南专题点坡向与土壤有机质含量的关系**

### 5.3.3.3 海拔与土壤有机质含量分布分析

郁南专题点海拔与土壤有机质含量之间的关系(图 5.10)显示:0 m≤海拔<100 m 的样点土壤有机质的含量范围为 2.93～15.14 g/kg,100 m≤海拔<200 m 的样点土壤有机质的含量范围为 5.24～34.28 g/kg,200 m≤海拔<300 m 的样点土壤有机质的含量范围为 10.92～30.75 g/kg,300 m≤海拔<400 m 的样点土壤有机质的含量范围为 14.46～28.16 g/kg,400 m≤海拔<500 m 的样点土壤有机质的含量范围为 15.46～43.83 g/kg,500 m≤海拔<600 m 的样点土壤有机质的含量范围为 13.92～49.97 g/kg,海拔≥600 m 的样点只有一个,土壤有机质的含量为 21.71 g/kg。

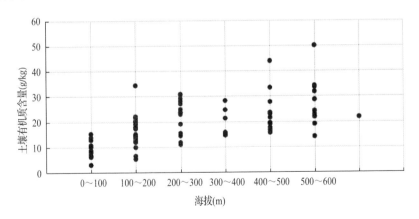

**图 5.10 郁南专题点海拔与土壤有机质含量的关系**

### 5.3.3.4 林分与土壤有机质含量分布分析

郁南专题点林分类型与土壤有机质含量之间的关系(图5.11)显示人工林的样点土壤有机质的含量范围为5.24～49.97 g/kg,平均有机质含量是17.66 g/kg,天然林的样点土壤有机质的含量范围为2.93～43.83 g/kg,平均土壤有机质含量是21.28,杂木林的样点土壤有机质的含量范围为24.73～34.28 g/kg,平均土壤有机质含量是29.51 g/kg,整体表现为人工林的土壤有机质含量＜天然林的土壤有机质含量＜杂木林的土壤有机质含量。

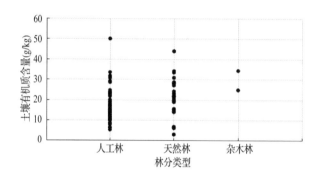

**图5.11 郁南专题点林分类型与有机质的关系**

## 5.4 小 结

对比全国第二次土壤调查的养分分级标准可知,云城和云安二区的土壤有机质养分等级均为三级,即土壤养分处于中等水平,其变异水平属于中等变异。通过对比全国土壤元素背景值可知,云城和云安二区的土壤有机质含量远高于全国平均水平,达到全国平均水平的1倍以上。成土母质、土壤类型、气候条件、土壤颗粒、植被类型、降雨、当地施肥水平都是造成土壤养分变异的重要原因。从土壤养分空间分布情况来看,土壤有机质含量的分布总趋势呈中部偏高,往两边递减,通过人工神经网络模型预测,云城、云安二区大部分地区的土壤有机质养分等级处于三级和四级,变异性中等。

罗定市的森林土壤有机质含量变化范围为5.80～41.59 g/kg。从土壤养分含量的均值来看,罗定市土壤有机质均值为17.59 g/kg;变异系数为46.35%,说明土壤样本有机质含量存在中等变异性。根据全国第二次土壤普查的土壤养分分级标准,以极高、高、中、低、缺、极缺表示土壤养分丰缺程度,罗定市的土壤有机质为四级标准,即养分处于低等水平。新兴县的森林土壤有机质含量变化范围为 3.19~43.61 g/kg。从土壤养分含量的均值来看，新兴县有机质均值为 19.59 g/kg；变异系数为 38.64%，说明土壤样本有机质含量存在中等变异性。根据全国第二次土壤普查的土壤养分分级标准，以极高、高、中、低、缺、极缺表示土壤养分丰缺程度，新兴县的土壤有机质为四级标准，即养分处于低等水平。云浮市罗定、新兴地区桉树林、马尾松林、杉木林、相思林、阔叶混交林、针阔混交林、针叶混交林、经济林共 8 种林分在 1 m 剖面内的土壤平均有机碳含量范围为 8.60~10.21 g/kg，除了在 0~20 cm 土层内存在较为显著的差异外，在其余 4 层和 0~100 cm 土层范围内有机碳含量差异均不明显。在 1 m 剖面内土壤有机碳密度含量范围为 2.12~2.85 kg/m$^2$，分布规律与 8 种林分有机碳含量相似。在人工林、天然次生林、经济林中，林分土壤 1 m 土层有机碳含量从高到低依次为：经济林 （9.86 ± 1.29 g/kg） > 人工林（9.25 ± 2.06 g/kg） > 天然次生林（8.76 ± 1.68 g/kg）。通过对所采集的样品进行土壤有机碳含量和有机碳密度分析，结合罗定、新兴两地区中所研究的 8 种类型林分的面积数据，计算得到罗定、新兴两地的森林土壤总有机碳储量约为 3.59 × 10$^6$ t，阔叶混交林和其他林分的土壤面积均占罗定、新兴两地区森林土壤总面积的 36% 左右。罗定、新兴两地区的主要森林类型土壤有机碳储量表现为：针阔混交林（2.01 × 10$^6$ t） > 经济林（1.99 × 10$^6$ t） > 阔叶混交林（5.05 × 10$^5$ t） > 针叶混交林（4.13 × 10$^5$ t） > 相思林（3.20 × 10$^5$ t） > 杉木林（1.86 × 10$^5$ t） > 马尾松林（1.34 × 10$^5$ t） > 桉树林（2.45 × 10$^4$ t），大小顺序与各森林类型面积大小顺序相一致。

　　郁南县的森林土壤有机质含量变化范围为 2.73~49.97 g/kg。从土壤养分含量的均值来看，郁南县有机质均值为 21.23 g/kg；变异系数为 41.20%，说明土壤样本有机质含量存在中等变异性；郁南县的土壤有机质为三级标准，即养分处于中等水平。郁南专题点森林类型与土壤有机质含量之间的关系：人工林的样点土壤有机质的含量范围为 5.24~49.97 g/kg，平均土壤有机质含量是 17.66 g/kg，天然林的样点土壤有机质的含量范围为 2.93~43.83 g/kg，平均土壤有机质含量是 21.28 g/kg，杂木林的样点土壤有机质的含量范围为 24.73~34.28 g/kg，平均土壤有机质含量是 29.51 g/kg，整体表现为人工林的土壤有机质含量 < 天然林的土壤有机质含量 < 杂木林的土壤有机质含量。

# 6

# 云浮市林地土壤氮、磷、钾含量

## 6.1 云城、云安区土壤氮、磷、钾含量

### 6.1.1 土壤全氮、全磷、全钾常规统计学分析

对研究区域内 100 个样点的养分数据进行常规计算统计分析，土壤全氮含量变化范围为 0.30 ~ 2.20 g/kg；土壤全磷的含量变化范围为 0.15 ~ 0.37 g/kg；土壤全钾含量变化范围为 4.39 ~ 31.13 g/kg。从土壤养分含量的均值来看，云城区土壤全氮、全磷、全钾在 34 个样本中的均值分别为：0.70、0.24、16.43 g/kg；云安区土壤全氮、全磷、全钾在 66 个样本中的均值分别为：0.90、0.26、17.42 g/kg（表6.1）。根据全国第二次土壤普查的土壤养分分级标准，以极高、高、中、低、缺、极缺表示土壤养分丰缺程度，云城区和云安区的土壤全氮分别为五级和四级标准，养分处于缺乏和低水平状态；土壤全磷的养分水平在研究区域符合五级标准，即养分缺乏状态；土壤全钾在全区均为三级标准，养分处于中等水平。总体而言，云城和云安二区土壤养分处于中等偏低水平，有机质和全钾养分水平相对较高，处于中等水平；而全氮和全磷养分则处于较缺乏状态。总体而言，云安区、云安区的土壤养分变异系数由大到小依次为全钾 > 全氮 > 全磷。由于全量元素取得是 0 ~ 60 cm三层土壤的平均值，反映的该区域主要土壤类型——赤红壤的全量养分总分布概况，故全量元素变异程度较小。云安区土壤全量养分的变异系数相比于云城区较小，但差异不大。云城、云安区统计指标中变异性最小的是土壤中的全磷含量，变异系数分别为 22.88% 和 21.88%，其原因可能是由

于土壤养分在山坡度差别不大时自上而下的水土流失的每一个点都可以更均匀地分布，特别是在地势较为平坦会引起更强的土壤 pH 中和效应。

表 6.1 土壤养分含量统计

| 行政区 | 指标 | 样本数 | 均值 | 标准差 | 变异系数（%） | 最小值 | 最大值 |
|---|---|---|---|---|---|---|---|
| 云安区 | 全氮（%） | 66 | 0.09 | 0.04 | 45.32 | 0.03 | 0.22 |
| | 全钾（g/kg） | 66 | 17.42 | 6.6 | 37.86 | 4.39 | 31.13 |
| | 全磷（g/kg） | 66 | 0.26 | 0.06 | 21.81 | 0.15 | 0.37 |
| 云城区 | 全氮（%） | 34 | 0.07 | 0.03 | 43.74 | 0.03 | 0.2 |
| | 全钾（g/kg） | 34 | 16.43 | 6.44 | 39.17 | 4.66 | 28.83 |
| | 全磷（g/kg） | 34 | 0.24 | 0.06 | 22.88 | 0.14 | 0.33 |

## 6.1.2 土壤全氮、全磷、全钾空间预测分布

如彩图 5 至彩图 6 所示，土壤全氮的实际分布范围为 0.250~2.210 g/kg、泛克里格插值法空间预测分布范围为 0.410~1.090 g/kg、人工神经网络模型空间预测分布范围为 0~5.069 g/kg。全氮的养分分布比较均匀，由于土壤全氮主要来自于土壤腐殖质，故土壤全氮的分布趋势与有机质一致，即全氮养分从东北向西南递增，云安区石城镇和都杨镇东部全氮养分含量较高，云安区的白石镇和思劳镇、云城区的前锋镇南部全氮含量偏低。如彩图 7 至彩图 8 所示，土壤全磷的实际分布范围为 0.142~0.271 g/kg、泛克里格插值法空间预测分布范围为 0.201~0.376 g/kg、人工神经网络模型空间预测分布范围为 0~0.521 g/kg。土壤全磷养分分布趋势为西南、东北部偏高，中部低，总体而言，云城区土壤全磷养分含量高于云安区，特别是云城区的腰古镇和思劳镇、云安区的富林镇、白石镇和高村镇土壤全磷含量较高，而在中部的云城区云城街道、河口街道、高峰街道全磷含量偏低。如彩图 9 至彩图 10 所示，土壤全钾的实际分布范围为 4.388~31.133 g/kg、泛克里格插值法空间预测分布范围为 7.867~27.615 g/kg、人工神经网络模型空间预测分布范围为 0~61.623 g/kg。土壤全钾养分分布的总趋势为从东北向西南递增，总体而言，云安区全钾含量高于云城区，特别是云安区的石城镇、六都镇和镇安镇土壤全钾含量较高，而云安区的都杨镇和高村镇、云城区的思劳镇和腰古镇全钾含量偏低。

## 6.2 土壤全氮、全磷、全钾等级空间分布

根据土壤氮磷钾分级标准(表6.2),云安和云城二区土壤全氮的养分变异性中等,养分等级较低主要为四级和五级(彩图11),石城镇养分等级可达三级,而在各乡镇边缘地区和都杨镇的全氮等级可达二级甚至一级。其原因可能是人工林林龄一般在10年以内,而桉树、马尾松和杉木是云城和云安二区的主要经济林树种,其大面积的种植,生长较快,养分消耗速率很大,长期会导致土壤养分的缺失,特别是土壤氮素,若不及时施肥还养,加强土壤全氮肥效,将不利于人工林的可持续发展。土壤全磷的养分等级主要为五级且全磷的养分变异性中等(彩图12),说明云城和云安区的森林土壤磷库含量较小,鉴于全磷养分匮乏,应在施氮肥时,同时补充磷肥。土壤全钾含量最高的等级位于云安区石城镇,可达二级,石城镇的东南部可达一级,但面积不大,云安和云城区西南部森林土壤全钾含量较丰富,三、四等级含量对云安和云城区全钾含量具有一定的代表性,属中等水平(彩图13)。土壤养分是林木生长的基础,肥力直接影响林木生长,为了促进研究区人工林可持续发展,需要通过合理配置树种、建立混交林,保护林地枯枝落叶,适当增施氮、磷及有机肥等途径来提高该区"低氮低磷"型人工林土壤肥力水平(许明祥等,2004)。

**表6.2 土壤全氮、全磷、全钾分级标准**

| 项目 | 一级 | 二级 | 三级 | 四级 | 五级 | 六级 |
| --- | --- | --- | --- | --- | --- | --- |
| 全氮(g/kg) | >2.00 | 1.50~2.00 | 1.00~1.50 | 0.75~1.00 | 0.5~0.75 | <0.5 |
| 全磷(g/kg) | >1.00 | 0.80~1.00 | 0.60~0.80 | 0.40~0.60 | 0.20~0.40 | <0.20 |
| 全钾(g/kg) | >25.0 | 20.0~25.0 | 15.0~20.0 | 10.0~15.0 | 5.0~10.0 | <5.0 |

## 6.3 罗定市土壤氮、磷、钾含量

### 6.3.1 罗定市土壤全氮、全磷、全钾含量描述性统计

对研究区域内114个样点的土壤养分数据进行常规计算、统计分析,结果如表6.3所示,罗定市的森林土壤全氮含量变化范围为0.29~3.01 g/kg。从土壤养分含量的均值来看,罗定市土壤全氮均值为1.09 g/kg,变异系数为

43.39%，说明土壤样本全氮含量存在中等变异性(雷志栋等，1985)。根据全国第二次土壤普查的土壤养分分级标准，以极高、高、中、低、缺、极缺表示土壤养分丰缺程度，罗定市的土壤全氮为三级标准，即养分处于中等水平。罗定市的森林土壤全磷含量变化范围为 0.04~0.60 g/kg。从土壤养分含量的均值来看，罗定市土壤全磷均值为 0.26 g/kg，变异系数为 42.49%，说明土壤样本全磷含量存在中等变异性。罗定市的土壤全磷为五级标准，即养分处于缺乏状态。罗定市的森林土壤全钾含量变化范围为 2.34~27.67 g/kg。从土壤养分含量的均值来看，罗定市全钾均值为 14.85 g/kg，变异系数为 32.77%，说明土壤样本全钾含量存在中等变异性。罗定市的土壤全钾为四级标准，即养分处于中等偏下水平。

表6.3 罗定市土壤全氮、全磷、全钾含量统计

| 指标 | 样本数 | 均值(g/kg) | 标准差 | 变异系数(%) | 最小值(g/kg) | 最大值(g/kg) |
|------|--------|-----------|--------|-------------|--------------|--------------|
| 全氮 | 114 | 1.09 | 0.47 | 43.39 | 0.29 | 3.01 |
| 全磷 | 114 | 0.26 | 0.11 | 42.49 | 0.04 | 0.60 |
| 全钾 | 114 | 14.85 | 4.87 | 32.77 | 2.34 | 27.67 |

## 6.3.2 罗定市各乡镇土壤养分

对罗定市各乡镇的土壤全氮、全磷、全钾进行变异分析，结果(表6.4)显示：乡镇间的全氮、全磷、全钾均有显著差异，罗定市各乡镇的土壤全氮含量由大到小分别是：生江镇 > 黎少镇 > 太平镇 > 分界镇 > 连州镇 > 替滨镇 > 加益镇 > 龙湾镇 > 金鸡镇 > 附城镇 > 郎塘镇 > 素龙镇 > 泗纶镇 > 船步镇 > 苹塘镇 > 罗平镇 > 围底镇 > 罗镜镇；就全磷而言，各乡镇的含量大小排序分别为：加益镇 > 龙湾镇 > 泗纶镇 > 黎少镇 > 围底镇 > 替滨镇 > 金鸡镇 > 连州镇 > 分界镇 > 附城镇 > 苹塘镇 > 船步镇 > 太平镇 > 生江镇 > 罗平镇 > 郎塘镇 > 罗镜镇 > 素龙镇；对全钾来说，各乡镇的含量大小为：连州镇 > 罗镜镇 > 金鸡镇 > 罗平镇 > 生江镇 > 黎少镇 > 郎塘镇 > 附城镇 > 分界镇 > 替滨镇 > 船步镇 > 太平镇 > 加益镇 > 龙湾镇 > 泗纶镇 > 围底镇 > 苹塘镇 > 素龙镇。

表6.4 罗定市各乡镇土壤养分变异分析

| 城镇 | 全氮(g/kg) | 全磷(g/kg) | 全钾(g/kg) |
|------|-----------|-----------|-----------|
| 加益镇 | 1.25 ± 0.23 ab | 0.38 ± 0.21 a | 12.80 ± 3.85 bc |
| 替滨镇 | 1.32 ± 0.54 ab | 0.28 ± 0.06 ab | 17.71 ± 2.89 bc |

（续）

| 城镇 | 全氮（g/kg） | 全磷（g/kg） | 全钾（g/kg） |
|------|-----------|-----------|-----------|
| 泗纶镇 | 0.96 ± 0.29 ab | 0.37 ± 0.07 a | 11.02 ± 3.18 c |
| 龙湾镇 | 1.06 ± 0.34 ab | 0.38 ± 0.10 a | 12.37 ± 2.81 bc |
| 附城镇 | 1.04 ± 0.37 ab | 0.24 ± 0.05 b | 15.02 ± 4.11 b |
| 连州镇 | 1.33 ± 0.45 ab | 0.26 ± 0.07 b | 20.52 ± 4.02 a |
| 黎少镇 | 1.48 ± 1.04 a | 0.31 ± 0.12 ab | 15.66 ± 2.78 abc |
| 太平镇 | 1.47 ± 0.50 a | 0.23 ± 0.10 b | 14.01 ± 4.25 bc |
| 生江镇 | 1.61 ± 0.20 a | 0.23 ± 0.07 ab | 16.63 ± 1.20 abc |
| 金鸡镇 | 1.05 ± 0.32 ab | 0.28 ± 0.12 ab | 17.01 ± 3.57 ab |
| 罗镜镇 | 0.65 ± 0.30 b | 0.18 ± 0.04 bc | 20.05 ± 2.28 a |
| 船步镇 | 0.95 ± 0.37 ab | 0.23 ± 0.13 b | 14.52 ± 3.76 ab |
| 罗平镇 | 0.76 ± 0.26 b | 0.21 ± 0.07 b | 16.68 ± 4.71 ab |
| 郎塘镇 | 1.02 ± 0.62 ab | 0.20 ± 0.07 b | 15.58 ± 4.29 b |
| 分界镇 | 1.35 ± 0.66 ab | 0.25 ± 0.10 b | 14.73 ± 6.08 bc |
| 围底镇 | 0.75 ± 0.12 b | 0.29 ± 0.14 ab | 10.27 ± 7.02 c |
| 苹塘镇 | 0.76 ± 0.30 b | 0.240 ± .10 b | 9.97 ± 7.74 c |
| 素龙镇 | 1.00 ± 0.38 ab | 0.06 ± 0.02 c | 8.11 ± 5.79 c |

### 6.3.3　罗定市各林分类型土壤养分

对罗定市各林分类型的土壤全氮、全磷、全钾进行变异分析，结果（表6.5）显示：不同林分类型间的土壤全氮、全磷、全钾均有显著差异，罗定市各林分类型的土壤全氮含量由大到小分别是：针叶混交林 > 阔叶林 > 针阔混交林 > 杂竹林 > 桉树林 > 杉木林 > 茶叶林 > 油茶林 > 肉桂林 > 砂糖橘林 > 马尾松林 > 相思林 > 黄栀子林 > 八角林 > 毛竹林 > 荔枝林 > 龙眼林 > 湿地松林；就土壤全磷而言，各林分类型的含量大小排序分别为：砂糖橘林 > 毛竹林 > 龙眼林 > 肉桂林 > 黄栀子林 > 杂竹林 > 针阔混交林 > 桉树林 > 茶叶林 > 八角林 > 杉木林 > 针叶混交林 > 马尾松林 > 相思林 > 阔叶林 > 荔枝林 > 湿地松林 > 油茶林；对土壤全钾来说，各林分类型的含量大小为：茶叶林 > 杉木林 > 黄栀子林 > 油茶林 > 肉桂林 > 针阔混交林 > 桉树林 > 针叶混交林 > 龙眼林 > 杂竹林 > 荔枝林 > 阔叶林 > 相思林 > 毛竹林 > 马尾松林 > 八角林 > 砂糖橘林 > 湿地松林。

表 6.5 罗定市各林分类型土壤养分变异分析

| 林分 | 全氮(g/kg) | 全磷(g/kg) | 全钾(g/kg) |
|---|---|---|---|
| 杂竹林 | 1.18 ±0.44 ab | 0.32 ±0.12 bc | 15.10 ±2.12 ab |
| 毛竹林 | 0.82 ±0.01 ab | 0.43 ±0.03 ab | 13.15 ±4.49 ab |
| 八角林 | 0.88 ±0.39 ab | 0.25 ±0.05 bc | 11.60 ±1.60 ab |
| 肉桂林 | 1.10 ±0.44 ab | 0.34 ±0.14 bc | 16.37 ±4.11 ab |
| 茶叶林 | 1.14 ±0.38 ab | 0.25 ±0.11 bc | 18.42 ±8.05 a |
| 砂糖橘林 | 1.05 ±0.31 ab | 0.56 ±0.06 a | 9.53 ±2.53 b |
| 阔叶林 | 1.20 ±0.29 a | 0.22 ±0.07 c | 13.90 ±3.14 ab |
| 马尾松林 | 1.03 ±0.49 ab | 0.23 ±0.08 c | 12.73 ±6.46 ab |
| 相思林 | 1.01 ±0.41 ab | 0.23 ±0.08 c | 13.36 ±4.51 ab |
| 湿地松林 | 0.55 ±0.09 b | 0.20 ±0.13 c | 9.35 ±4.62 b |
| 桉树林 | 1.17 ±0.41 a | 0.30 ±0.14 bc | 15.78 ±4.82 ab |
| 龙眼林 | 0.78 ±0.43 ab | 0.36 ±0.07 b | 15.29 ±6.87 ab |
| 针阔混交林 | 1.19 ±0.46 a | 0.31 ±0.13 bc | 15.96 ±3.76 ab |
| 黄栀子林 | 0.90 ±0.41 ab | 0.32 ±0.02 bc | 17.19 ±0.96 ab |
| 油茶林 | 1.12 ±0.71 ab | 0.17 ±0.03 c | 16.45 ±7.12 ab |
| 针叶混交林 | 1.25 ±0.68 a | 0.24 ±0.07 bc | 15.57 ±3.56 ab |
| 荔枝林 | 0.80 ±0.41 ab | 0.21 ±0.05 c | 14.87 ±6.16 ab |
| 杉木林 | 1.16 ±0.27 a | 0.25 ±0.11 bc | 17.48 ±4.13 a |

## 6.3.4 罗定市土壤全氮含量预测分布

运用 BP 神经网络对土壤全氮含量进行预测及制图,结果见彩图 14。

由彩图 14 可知,罗定市森林土壤养分含量分布存在较大的空间变异,根据全国第二次土壤普查养分分级标准,将罗定市森林土壤全氮、速效磷和速效钾含量均分为 6 级。罗定市森林土壤全氮含量预测值平均为 162.17 mg/kg,变异系数为 110.59%,属于强度变异(雷志栋等,1985)。在罗定森林土壤中全氮含量两极分化严重,其中全氮含量极丰富区域面积占 39.48%,含量丰富区域占比 6.58%,为各分级中最少;极缺乏区域占 31.92%,然而加上缺乏和很缺乏地区,总占比高达 47.00%;根据预测分布图显示,其中以西部、西南以及中部含量较高的区域较为集中,查阅卫星图发现,该 3 个区域分别对应的湘垌水库、罗光水库和金银河水库。对照罗定市森林土壤全氮分布图与 DEM 派生参数分布图发现,土壤全氮含量较高的地方均与泥沙输移比值较小的地方对应，泥沙输移比越小则说明该区域的土壤侵蚀较小，进而说明全氮含量可能受土壤侵蚀的影响较为明显，侵蚀程度越大导致土壤养分流失越严重，全氮含量对应较低；进一步结合地形位置指数来看，泥沙输移比较大值常出现在地形位置指数为 6，即山谷地带，而这种地点的全氮含量则表现为较低，而这可以理解为山谷位置出现土壤侵蚀导致土壤流失的可能性较大，进而导致养分流失，则土壤全氮含量较低。与坡长对比，也能够发现土壤全氮含量与其存在正相关，即在坡长值较大的地带，其表现为土壤全氮含量较大。

### 6.3.5 罗定市土壤速效磷含量预测分布

运用 BP 神经网络对土壤速效磷含量进行预测及制图，结果见彩图 15。

罗定森林土壤速效磷含量分布存在较大的空间变异，根据全国第二次土壤普查养分分级标准，将速效磷含量分为 6 级。罗定市森林土壤速效磷含量预测值最高为 30 mg/kg，而对于整个罗定市森林土壤来说，速效磷平均含量为 2.23 mg/kg，变异系数为 164.13%，属于强度变异。在罗定森林土壤中处于速效磷含量缺乏的区域为 9.73%，很缺乏的区域为 13.93%，极缺乏的区域达 72.13%，三者相加则高达 95.78%；而含量丰富的区域仅占比为 1.19%，该区域主要集中于湘垌水库西北向最近的高山的山脊处。对照预测速效磷含量的输入变量分布图可得，速效磷含量较高的区域多与地形位置指数为 1、2 的地带基本吻合，即山脊和上坡位，而大部分的中坡位土壤速效磷含量处于极缺乏等级；坡长值较小的地带对应的土壤速效磷含量较低，但并非含量高的地方均分布于坡长较长的地区，因此二者之间可能存在复杂的相关性；而对照垂直坡位分布，发现其与土壤速效磷含量的分布纹理基本吻合，且垂直坡位之高的地方对应的含量也较高，因此二者存在明显正相关性，详见彩图 15。

### 6.3.6 罗定市土壤速效钾含量预测分布

运用 BP 神经网络对土壤速效钾含量进行预测及制图，结果见彩图 16。

根据彩图 16 显示，罗定森林土壤速效钾含量分布存在较大的空间变异，根据全国第二次土壤普查养分分级标准，将速效钾含量分为 6 级。罗定市森林土壤速效钾含量预测值最高为 300 mg/kg，而对于整个罗定市森林土壤来说，速效钾含量平均为 63.38 mg/kg，变异系数为 94.27%，属于中等度变异。在罗定森林土壤中处于速效钾含量缺乏的区域为 31.37%，很缺乏的区域为 15.24%，极缺乏的区域达 33.48%，三者相加则高达 80.10%；而含量丰富和极丰富的区域仅占比为 8.04%，约为土壤速效钾含量缺乏及更缺乏区域的 1/10。对照预测速效磷含量的输入变量分布图可得，罗定市森林土壤速效钾含量分布图中含量较高的区域多分布与垂直坡位值较大值的周边，且二者分布纹路基本一致，并未发现土壤速效钾与其他变量由更加明显的一致性。因此可以认为在 4 个输入变量中，垂直坡位对模型预测的影响较深。

## 6.4　新兴县土壤氮、磷、钾含量

### 6.4.1　新兴县土壤全氮、全磷、全钾含量描述性统计

对研究区域内 118 个样点的养分数据进行常规计算、统计分析，结果如表 6.6 所示，新兴县的森林土壤全氮含量变化范围为 0.13 ~ 2.97 g/kg。从土壤养分含量的均值来看，新兴县全氮均值为 1.01 g/kg；变异系数为 50.15%，说明土壤样本全氮含量存在中等变异性。根据全国第二次土壤普查的土壤养分分级标准，以极高、高、中、低、缺、极缺表示土壤养分丰缺程度，新兴县的土壤全氮为三级标准，即养分处于中等水平。新兴县的森林土壤全磷含量变化范围为 0.11 ~ 1.23 g/kg。从土壤养分含量的均值来看，新兴县土壤全磷均值为 0.35 g/kg；变异系数为 50.03%，说明土壤样本全磷含量存在中等变异性。新兴县的土壤全磷为五级标准，即养分处于缺乏状态。新兴县的森林土壤全钾含量变化范围为 1.29 ~ 44.27 g/kg。从土壤养分含量的均值来看，新兴县全钾均值为 18.26 g/kg；变异系数为 51.14%，说明土壤样本全钾含量存在中等变异性。新兴县的土壤全钾为三级标准，即养分处于中等水平。

表 6.6　新兴县土壤氮、磷、钾含量统计

| 指标 | 样本数 | 均值(g/kg) | 标准差 | 变异系数(%) | 最小值(kg) | 最大值(g/kg) |
| --- | --- | --- | --- | --- | --- | --- |
| 全氮 | 118 | 1.01 | 0.51 | 50.15 | 0.13 | 2.97 |
| 全磷 | 118 | 0.35 | 0.18 | 50.03 | 0.11 | 1.23 |
| 全钾 | 118 | 18.26 | 9.34 | 51.14 | 1.29 | 44.27 |

### 6.4.2　新兴县各乡镇土壤养分

对新兴县各乡镇的土壤全氮、全磷、全钾进行变异分析，结果(表 6.7)显示：乡镇间的全氮、全磷、全钾均有显著差异，新兴县各乡镇的土壤全氮含量由大到小分别是：天堂 > 河头 > 水台 > 六祖 > 里洞 > 岩头林场 > 大江 >

太平 > 车岗 > 籊竹 > 合河水库 > 稔村 > 东成 > 新城；就土壤全磷而言，各乡镇的含量大小排序分别为：太平 > 水台 > 新城 > 大江 > 天堂 > 合河水库 > 六祖 > 稔村 > 里洞 > 岩头林场 > 车岗 > 东成 > 籊竹 > 河头；对土壤全钾来说，各乡镇的含量大小为：岩头林场 > 太平 > 里洞 > 稔村 > 六祖 > 天堂 > 东成 > 河头 > 籊竹 > 大江 > 合河水库 > 水台 > 新城 > 车岗。

表 6.7 新兴县各乡镇土壤养分变异分析

| 城镇 | 全氮(g/kg) | 全磷(g/kg) | 全钾(g/kg) |
|------|-----------|-----------|-----------|
| 稔村 | 0.82 ± 0.40 bc | 0.32 ± 0.07 bc | 22.13 ± 8.65 b |
| 河头 | 1.28 ± 0.47 ab | 0.20 ± 0.07 c | 17.68 ± 4.76 bc |
| 里洞 | 1.04 ± 0.36 bc | 0.32 ± 0.12 bc | 28.50 ± 4.71 ab |
| 籊竹 | 0.84 ± 0.18 b | 0.24 ± 0.09 c | 17.22 ± 6.62 bc |
| 东成 | 0.69 ± 0.11 bc | 0.24 ± 0.11 bc | 18.94 ± 14.21 bc |
| 岩头林场 | 0.98 ± 0.16 bc | 0.27 ± 0.14 bc | 30.86 ± 4.04 a |
| 水台 | 1.14 ± 0.69 b | 0.52 ± 0.31 ab | 11.88 ± 4.93 c |
| 大江 | 0.96 ± 0.46 bc | 0.38 ± 0.08 b | 13.84 ± 1.89 c |
| 天堂 | 1.58 ± 0.65 a | 0.36 ± 0.13 bc | 19.50 ± 7.62 bc |
| 太平 | 0.95 ± 0.55 bc | 0.52 ± 0.24 a | 28.64 ± 8.81 a |
| 合河水库 | 0.83 ± 0.74 bc | 0.34 ± 0.09 bc | 12.47 ± 1.16 c |
| 六祖 | 1.13 ± 0.37 b | 0.34 ± 0.13 bc | 20.37 ± 8.11 b |
| 车岗 | 0.91 ± 0.39 bc | 0.26 ± 0.09 bc | 7.51 ± 6.77 c |
| 新城 | 0.62 ± 0.19 c | 0.48 ± 0.13 ab | 11.76 ± 9.25 c |

## 6.4.3 新兴县各林分类型土壤养分

对新兴县各林分类型的土壤全氮、全磷、全钾进行变异分析，结果(表6.8)显示：不同林分类型间的全氮、全磷、全钾均有显著差异，新兴县各林分类型的土壤全氮含量由大到小分别是：阔叶混交林 > 马尾松林 > 针叶混交林 > 杂竹林 > 南洋楹林 > 木荷林 > 湿地松林 > 荔枝林 > 针阔混交林 > 杉木林 > 相思林 > 肉桂林 > 桉树林 > 龙眼林；就土壤全磷而言，各林分类型的含量大小排序分别为：龙眼林 > 荔枝林 > 针阔混交林 > 阔叶混交林 > 肉桂林 > 相思林 > 南洋楹 > 杂竹林 > 针叶混交林 > 马尾松林 > 木荷林 > 杉木林 > 桉树林 > 湿地松林；对土壤全钾来说，各林分类型的含量大小为：南洋楹林 > 木荷林 > 桉树林 > 杉木林 > 肉桂林 > 针阔混交林 > 阔叶混交林 > 马尾松林 > 相思

林 > 湿地松林 > 荔枝林 > 针叶混交林 > 杂竹林 > 龙眼林。

表 6.8 新兴县各林分类型土壤养分变异分析

| 林分 | 全氮（g/kg） | 全磷（g/kg） | 全钾（g/kg） |
|------|------------|------------|------------|
| 针叶混交林 | 1.23 ± 0.72 ab | 0.32 ± 0.14 b | 14.12 ± 7.90 b |
| 湿地松林 | 1.06 ± 0.60 ab | 0.24 ± 0.08 b | 15.81 ± 7.67 ab |
| 杉木林 | 0.90 ± 0.35 b | 0.29 ± 0.08 b | 20.85 ± 9.95 ab |
| 针阔混交林 | 0.97 ± 0.41 ab | 0.37 ± 0.14 b | 18.80 ± 10.40 ab |
| 杂竹林 | 1.20 ± 0.52 ab | 0.32 ± 0.12 b | 12.86 ± 7.05 b |
| 阔叶混交林 | 1.33 ± 0.55 a | 0.37 ± 0.12 b | 18.67 ± 6.03 ab |
| 南洋楹林 | 1.11 ± 0.40 ab | 0.34 ± 0.17 b | 25.00 ± 6.76 a |
| 马尾松林 | 1.25 ± 0.49 ab | 0.30 ± 0.12 b | 17.76 ± 11.92 ab |
| 相思林 | 0.85 ± 0.21 b | 0.34 ± 0.12 b | 17.48 ± 12.05 ab |
| 木荷林 | 1.10 ± 0.65 ab | 0.30 ± 0.13 b | 24.05 ± 7.50 ab |
| 桉树林 | 0.71 ± 0.28 b | 0.27 ± 0.11 b | 20.87 ± 9.47 ab |
| 荔枝林 | 1.03 ± 0.74 ab | 0.48 ± 0.34 ab | 14.25 ± 9.11 b |
| 龙眼林 | 0.58 ± 0.03 b | 0.64 ± 0.19 a | 12.74 ± 8.41 b |
| 肉桂林 | 0.72 ± 0.23 b | 0.34 ± 0.05 b | 18.89 ± 7.77 ab |

## 6.5 郁南县土壤氮、磷、钾含量

### 6.5.1 郁南县土壤全氮、全磷、全钾含量描述性统计

对研究区域内 226 个样点的养分数据进行常规计算、统计分析，结果如表 6.9 所示，郁南县的森林土壤全氮含量变化范围为 0.15～2.49 g/kg。从土壤养分含量的均值来看，郁南县土壤全氮均值为 1.18 g/kg，变异系数为 37.10%，说明土壤样本全氮含量存在中等变异性。根据全国第二次土壤普查的土壤养分分级标准，以极高、高、中、低、缺、极缺表示土壤养分丰缺程度，郁南县的土壤全氮为三级标准，即养分处于中等水平。郁南县的森林土壤全磷含量变化范围为 0.11～0.80 g/kg。从土壤养分含量的均值来看，郁南县土壤全磷均值为 0.30 g/kg；变异系数为 39.26%，说明土壤样本全磷含量存在中等变异性。郁南县的土壤全磷为五级标准，即养分处于缺乏状态。郁南县的森林土壤全钾含量变化范围为 3.67～44.52 g/kg。从土壤养分含量的均

值来看，郁南县土壤全钾均值为 15.14 g/kg，变异系数为 40.38%，说明土壤样本全钾含量存在中等变异性。郁南县的土壤全钾为三级标准，即养分处于中等水平。

表 6.9　郁南县土壤氮磷钾含量统计

| 指标 | 样本数 | 均值(g/kg) | 标准差 | 变异系数(%) | 最小值(g/kg) | 最大值(g/kg) |
|------|--------|-----------|--------|-------------|-------------|-------------|
| 全氮 | 226 | 1.18 | 0.44 | 37.10 | 0.15 | 2.49 |
| 全磷 | 226 | 0.30 | 0.12 | 39.26 | 0.11 | 0.80 |
| 全钾 | 226 | 15.14 | 6.11 | 40.38 | 3.67 | 44.52 |

## 6.5.2　郁南县各乡镇土壤养分

对郁南县各乡镇的土壤全氮、全磷、全钾进行变异分析，结果(表 6.10)显示：乡镇间的全氮、全磷、全钾均有显著差异，郁南县各乡镇的土壤全氮含量由大到小分别是：孤城＞大方＞罗顺＞平台＞高村＞通门＞都城＞桂圩＞历洞＞南江口＞宝珠＞千官＞东坎＞宋桂＞连滩＞东坝＞建成＞河口；就土壤全磷而言，各乡镇的含量大小排序分别为：平台＞大方＞都城＞宝珠＞通门＞桂圩＞南江口＞东坎＞孤城＞千官＞建成＞高村＞历洞＞连滩＞东坝＞罗顺＞宋桂＞河口；对土壤全钾来说，各乡镇的含量大小为：孤城＞通门＞桂圩＞东坎＞历洞＞千官＞大方＞罗顺＞建成＞高村＞南江口＞宝珠＞连滩＞河口＞平台＞东坝＞都城＞宋桂。

表 6.10　郁南县各乡镇土壤养分变异分析

| 城镇 | 全氮(g/kg) | 全磷(g/kg) | 全钾(g/kg) |
|------|-----------|-----------|-----------|
| 孤城 | 1.66 ±0.25 a | 0.31 ±0.13 abc | 25.31 ±0.26 a |
| 大方 | 1.65 ±0.26 a | 0.40 ±0.05 ab | 16.00 ±7.76 ab |
| 罗顺 | 1.56 ±0.22 a | 0.24 ±0.08 bc | 15.63 ±7.56 ab |
| 平台 | 1.52 ±0.18 a | 0.42 ±0.15 a | 13.28 ±7.85 bc |
| 高村 | 1.50 ±0.83 ab | 0.30 ±0.10 bc | 15.44 ±11.49 bc |
| 通门 | 1.42 ±0.35 ab | 0.38 ±0.15 ab | 20.90 ±5.12 a |
| 都城 | 1.42 ±0.30 ab | 0.39 ±0.08 ab | 8.98 ±5.26 bc |
| 桂圩 | 1.39 ±0.27 ab | 0.35 ±0.13 ab | 18.69 ±11.43 ab |
| 历洞 | 1.37 ±0.41 a | 0.30 ±0.11 b | 17.25 ±5.80 ab |
| 南江口 | 1.24 ±0.09 ab | 0.33 ±0.08 ab | 14.79 ±3.69 bc |

（续）

| 城镇 | 全氮(g/kg) | 全磷(g/kg) | 全钾(g/kg) |
|------|-----------|-----------|-----------|
| 宝珠 | 1.20 ± 0.33 ab | 0.39 ± 0.10 ab | 14.70 ± 3.78 b |
| 千官 | 1.13 ± 0.44 ab | 0.31 ± 0.14 b | 16.47 ± 6.41 ab |
| 东坎 | 1.11 ± 0.30 ab | 0.32 ± 0.08 abc | 18.24 ± 8.10 ab |
| 宋桂 | 1.07 ± 0.29 b | 0.20 ± 0.05 c | 8.57 ± 2.97 c |
| 连滩 | 1.07 ± 0.37 b | 0.28 ± 0.02 bc | 14.47 ± 6.25 bc |
| 东坝 | 1.04 ± 0.25 b | 0.26 ± 0.04 bc | 12.47 ± 4.68 bc |
| 建成 | 1.00 ± 0.50 b | 0.30 ± 0.07 b | 15.59 ± 3.72 b |
| 河口 | 0.78 ± 0.76 b | 0.20 ± 0.09 c | 13.70 ± 3.45 bc |

## 6.5.3 郁南县专题点土壤全氮、全磷、全钾含量

### 6.5.3.1 坡度与土壤全氮、全磷、全钾含量分布

郁南专题点坡度与土壤全氮含量之间的关系（图6.1）显示：20°≤坡度<30°的样点土壤全氮的含量范围为0.38~1.76 g/kg，30°≤坡度<40°的样点土壤全氮的含量范围为0.18~1.70 g/kg，40°≤坡度<50°的样点全氮的含量范围为0.30~1.62 g/kg，50°≤坡度<60°的样点土壤全氮的含量范围为0.38~1.76 g/kg，60°≤坡度<70°的样点全氮的含量范围为0.48~2.21 g/kg，70°≤坡度<80°的样点只有一个，土壤全氮的含量为1.02 g/kg，80°≤坡度<90°的样点土壤全氮的含量范围为0.61~2.49 g/kg。

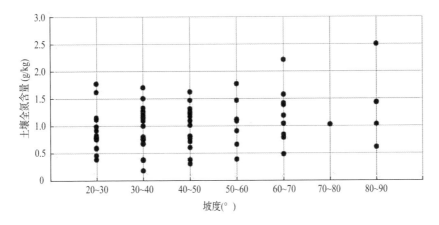

图6.1 郁南专题点坡度与土壤全氮的关系

郁南专题点坡度与土壤全磷含量之间的关系(图 6.2)显示:20°≤坡度 < 30°的样点土壤全磷的含量范围为 0.13 ~ 0.30 g/kg,30°≤坡度 < 40°的样点全磷的含量范围为 0.11 ~ 0.57 g/kg,40°≤坡度 < 50°的样点土壤全磷的含量范围为 0.15 ~ 0.60 g/kg,50°≤坡度 < 60°的样点土壤全磷的含量范围为 0.14 ~ 0.41 g/kg,60°≤坡度 < 70°的样点土壤全磷的含量范围为 0.14 ~ 0.44 g/kg,70°≤坡度 < 80°的样点只有一个,土壤全磷的含量为 0.29 g/kg,80°≤坡度 < 90°的样点土壤全磷的含量范围为 0.27 ~ 0.40 g/kg。

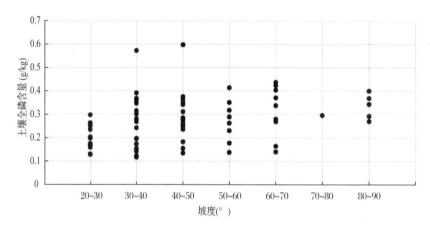

**图 6.2 郁南专题点坡度与土壤全磷的关系**

郁南专题点坡度与土壤全钾含量之间的关系(图 6.3)显示:20°≤坡度 < 30°的样点土壤全钾的含量范围为 11.14 ~ 22.24 g/kg,30°≤坡度 < 40°的样点土壤全钾的含量范围为 6.87 ~ 21.78 g/kg,40°≤坡度 < 50°的样点土壤全钾的

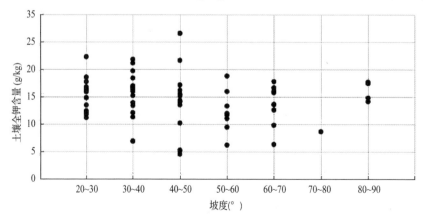

**图 6.3 郁南专题点坡度与土壤全钾的关系**

含量范围为 4.54 ~ 26.55 g/kg, 50°≤坡度 <60°的样点土壤全钾的含量范围为
6.19 ~ 18.76 g/kg, 60°≤坡度 <70°的样点土壤全钾的含量范围为 6.32 ~
17.77 g/kg, 70°≤坡度 <80°的样点只有一个，土壤全钾的含量为 8.65 g/kg,
80°≤坡度 <90°的样点土壤全钾的含量范围为 14.15 ~ 17.68 g/kg。

### 6.5.3.2　坡向与土壤全氮、全磷、全钾含量分布分析

郁南专题点坡向与土壤全氮含量之间的关系（图 6.4）显示：坡向为北的
样点土壤全氮的含量范围为 0.60 ~ 1.76 g/kg, 坡向为东的样点土壤全氮的含
量范围为 0.38 ~ 1.76 g/kg, 坡向为东北的样点土壤全氮的含量范围为 0.45 ~
1.41 g/kg, 坡向为东南的样点土壤全氮的含量范围为 0.38 ~ 1.61 g/kg, 坡向
为东偏北的样点土壤全氮的含量范围为 0.83 ~ 1.31 g/kg, 坡向为东偏南的样
点土壤全氮的含量范围为 0.18 ~ 0.38 g/kg, 坡向为南的样点土壤全氮的含量
范围为 0.67 ~ 2.21 g/kg, 坡向为南偏西的样点只有一个，土壤全氮的含量为
2.49 g/kg, 坡向为西的样点土壤全氮的含量范围为 0.30 ~ 1.43 g/kg, 坡向为
西北的样点土壤全氮的含量范围为 0.58 ~ 1.70 g/kg, 坡向为西南的样点土壤
全氮的含量范围为 0.66 ~ 1.46 g/kg, 坡向为西偏北的样点土壤全氮的含量范
围为 0.77 ~ 1.11 g/kg, 坡向为西偏南的样点土壤全氮的含量范围为 0.37 ~
1.57 g/kg。

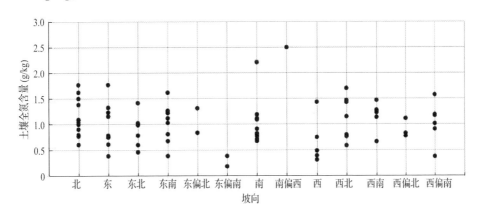

**图 6.4　郁南专题点坡向与土壤全氮的关系**

郁南专题点坡向与土壤全磷含量之间的关系（图 6.5）显示：坡向为北的样
点土壤全磷的含量范围为 0.13 ~ 0.42 g/kg, 坡向为东的样点土壤全磷的含量范
围为 0.11 ~ 0.57 g/kg, 坡向为东北的样点土壤全磷的含量范围为 0.13 ~
0.34 g/kg, 坡向为东南的样点土壤全磷的含量范围为 0.14 ~ 0.37 g/kg, 坡向为
东偏北的样点土壤全磷的含量范围为 0.26 ~ 0.27 g/kg, 坡向为东偏南的样点土

壤全磷的含量范围为 0.12 ~ 0.15 g/kg，坡向为南的样点土壤全磷的含量范围为
0.15 ~ 0.40 g/kg，坡向为南偏西的样点只有一个，土壤全磷的含量为 0.29 g/kg，
坡向为西的样点土壤全磷的含量范围为 0.14 ~ 0.40 g/kg，坡向为西北的样点土
壤全磷的含量范围为 0.13 ~ 0.41 g/kg，坡向为西南的样点土壤全磷的含量范围
为 0.14 ~ 0.35 g/kg，坡向为西偏北的样点土壤全磷的含量范围为 0.20 ~
0.23 g/kg，坡向为西偏南的样点土壤全磷的含量范围为 0.12 ~ 0.60 g/kg。

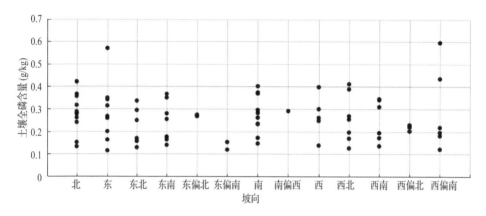

**图 6.5　郁南专题点坡向与土壤全磷的关系**

郁南专题点坡向与土壤全钾含量之间的关系（图 6.6）显示：坡向为北的
样点土壤全钾的含量范围为 5.11 ~ 21.59 g/kg，坡向为东的样点土壤全钾的含
量范围为 13.56 ~ 21.78 g/kg，坡向为东北的样点土壤全钾的含量范围为
8.65 ~ 22.24 g/kg，坡向为东南的样点土壤全钾的含量范围为 6.90 ~
18.37 g/kg，坡向为东偏北的样点土壤全钾的含量范围为 15.46 ~ 16.04 g/kg，

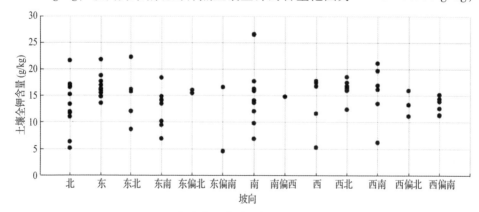

**图 6.6　郁南专题点坡向与土壤全钾的关系**

坡向为东偏南的样点土壤全钾的含量范围为 4.54~16.60 g/kg，坡向为南的样点土壤全钾的含量范围为 6.87~26.55 g/kg，坡向为南偏西的样点只有一个，土壤全钾的含量为 14.80 g/kg，坡向为西的样点土壤全钾的含量范围为5.26~17.77 g/kg，坡向为西北的样点土壤全钾的含量范围为 12.40~18.54 g/kg，坡向为西南的样点土壤全钾的含量范围为 6.19~21.10 g/kg，坡向为西偏北的样点土壤全钾的含量范围为 11.14~15.96 g/kg，坡向为西偏南的样点土壤全钾的含量范围为 11.27~15.16 g/kg。

#### 6.5.3.3  海拔与土壤全氮磷钾含量分布分析

郁南专题点海拔与土壤全氮含量之间的关系（图 6.7）显示：0 m≤海拔 <100 m 的样点土壤全氮的含量范围为 0.18~0.79 g/kg，100 m≤海拔 <200 m 的样点土壤全氮的含量范围为 0.30~1.70 g/kg，200 m≤海拔 <300 m 的样点土壤全氮的含量范围为 0.59~1.62 g/kg，300 m≤海拔 <400 m 的样点土壤全氮的含量范围为 0.79~1.38 g/kg，400 m≤海拔 <500 m 的样点土壤全氮的含量范围为 0.82~2.21 g/kg，500 m≤海拔 <600 m 的样点土壤全氮的含量范围为 0.75~2.49 g/kg，海拔≥600 m 的样点只有一个，土壤全氮的含量为 1.12 g/kg。

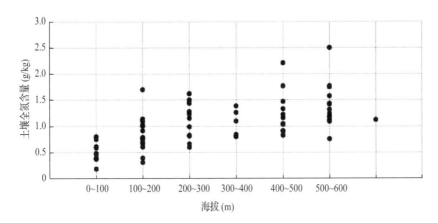

**图 6.7  郁南专题点海拔与土壤全氮的关系**

郁南专题点海拔与土壤全磷含量之间的关系（图 6.8）显示：0 m≤海拔 <100 m 的样点土壤全磷的含量范围为 0.11~0.37 g/kg，100 m≤海拔 <200 m 的样点土壤全磷的含量范围为 0.13~0.39 g/kg，200 m≤海拔 <300 m 的样点土壤全磷的含量范围为 0.14~0.40 g/kg，300 m≤海拔 <400 m 的样点土壤全磷的含量范围为 0.20~0.37 g/kg，400 m≤海拔 <500 m 的样点土壤全磷的含量范

围为0.22~0.57 g/kg，500 m≤海拔＜600 m 的样点土壤全磷的含量范围为0.20
~0.60 g/kg，海拔≥600 m 的样点只有一个，土壤全磷的含量为0.18 g/kg。

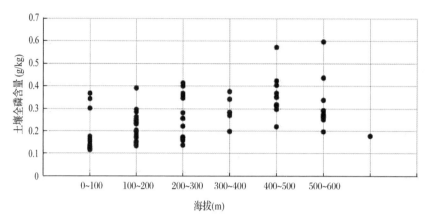

**图6.8　郁南专题点海拔与土壤全磷的关系**

郁南专题点海拔与土壤全钾含量之间的关系(图6.9)显示：0 m≤海拔＜
100 m 的样点土壤全钾的含量范围为4.54~17.77 g/kg，100 m≤海拔＜200 m
的样点土壤全钾的含量范围为5.11~22.24 g/kg，200 m≤海拔＜300 m 的样
点土壤全钾的含量范围为6.19~21.59 g/kg，300 m≤海拔＜400 m 的样点土
壤全钾的含量范围为6.32~26.55 g/kg，400 m≤海拔＜500 m 的样点土壤全
钾的含量范围为9.80~21.78 g/kg，500 m≤海拔＜600 m 的样点土壤全钾的
含量范围为11.73~17.47 g/kg，海拔≥600 m 的样点只有一个，土壤全钾的
含量为9.44 g/kg。

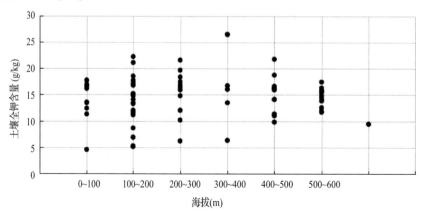

**图6.9　郁南专题点海拔与土壤全钾的关系**

#### 6.5.3.4 不同经营方式土壤全氮磷钾含量分布分析

根据经营方式的不同将郁南县森林主要分为三大类，分别是人工林、天然林和杂木林。郁南专题点森林类型与土壤全氮含量之间的关系（图6.10）显示：人工林的样点土壤全氮的含量范围为0.30~2.49 g/kg，平均全氮含量是0.94 g/kg，天然林的样点土壤全氮的含量范围为0.18 ~ 2.21 g/kg，平均土壤全氮含量是1.13 g/kg，杂木林的样点土壤全氮的含量范围为1.27~1.70 g/kg，平均土壤全氮含量是1.48 g/kg，土壤全氮含量整体表现为人工林＜天然林＜杂木林。

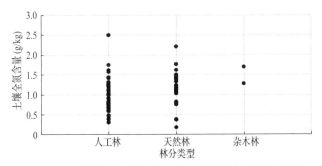

**图6.10　郁南专题点森林类型与土壤全氮含量的关系**

郁南专题点森林类型与土壤全磷含量之间的关系（图6.11）显示：人工林的样点土壤全磷的含量范围为0.13 ~ 0.44 g/kg，平均土壤全磷含量是0.24 g/kg，天然林的样点土壤全磷的含量范围为0.11~0.60 g/kg，平均土壤全磷含量是0.29 g/kg，杂木林的样点土壤全磷的含量范围为0.35 ~ 0.39 g/kg，平均土壤全磷含量是0.37 g/kg，土壤全磷含量整体表现为人工林＜天然林＜杂木林。

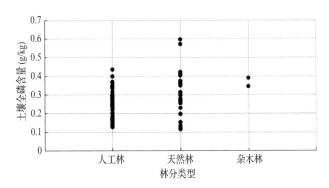

**图6.11　郁南专题点森林类型与土壤全磷含量的关系**

郁南专题点森林类型与土壤全钾含量之间的关系(图6.12)显示:人工林的样点土壤全钾的含量范围为 5.26 ～ 26.48 g/kg,平均土壤全钾含量是 14.22 g/kg,天然林的样点土壤全钾的含量范围为 4.54～26.55 g/kg,平均土壤全钾含量是 15.09 g/kg,杂木林的样点土壤全钾的含量范围为 16.80 ～ 16.93 g/kg,平均土壤全钾含量是 16.87 g/kg,土壤全钾含量整体表现为人工林＜天然林＜杂木林。

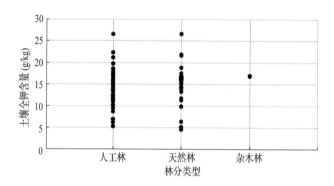

图6.12　郁南专题点森林类型与土壤全钾含量的关系

## 6.6　小　结

对比全国第二次土壤调查的养分分级标准可知,云城区和云安区的土壤全氮养分等级分别为五级和四级养分,处于缺乏和低水平状态;全磷的养分属五级,处于缺乏状态;全钾养分等级在全区均为三级,养分处于中等水平。云城和云安区土壤有机质和全钾养分水平相对较高,而全氮和全磷养分处于缺乏状态。通过全国土壤元素背景值对比可知,土壤全氮、全磷远低于全国的平均值;全钾含量与全国背景值相近。成土母质、土壤类型、气候条件、土壤颗粒、植被类型、降雨、当地施肥水平都是造成土壤养分变异的重要原因。从土壤养分空间分布情况来看,土壤全氮养分分布总趋势从东北向西南递增;土壤全磷养分分布趋势为西南、东北部偏高,而中部低;土壤全钾养分分布的总趋势为从东北向西南递增,通过人工神经网络模型预测,云城、云安区大部分地区土壤全氮的养分等级处于四级和五级,较匮乏,变异性中等;土壤全磷的养分等级处于五级养分匮乏,变异性中等;云安和云城二区西南部森林土壤全钾含量较丰富。

罗定市的森林土壤全氮含量变化范围为 0.29 ～ 3.01 g/kg。从土壤养分含量的均值来看，罗定市土壤全氮均值为 1.09 g/kg，变异系数为 43.39% ，说明土壤样本全氮含量存在中等变异性。根据全国第二次土壤普查的土壤养分分级标准，以极高、高、中、低、缺、极缺表示土壤养分丰缺程度，罗定市的土壤全氮为三级标准，即养分处于中等水平。罗定市的森林土壤全磷含量变化范围为 0.04 ~ 0.60 g/kg。从土壤养分含量的均值来看，罗定市土壤全磷均值为 0.26 g/kg；变异系数为 42.49% ，说明土壤样本全磷含量存在中等变异性。罗定市的土壤全磷为五级标准，即养分处于缺乏状态。罗定市的森林土壤全钾含量变化范围为 2.34 ~ 27.67 g/kg。从土壤养分含量的均值来看，罗定市土壤全钾均值为 14.85 g/kg，变异系数为 32.77% ，说明土壤样本全钾含量存在中等变异性。罗定市的土壤全钾为四级标准，即养分处于中等偏下水平。罗定市土壤全氮、速效磷和速效钾变幅分别为 6.72 ~ 508.32 mg/kg，0.11 ~ 15.72 mg/kg 和 9.15 ~ 187.62 mg/kg；土壤样本的全氮和速效钾含量存在中等变异性，速效磷含量呈现强度变异；对 3 种土壤养分含量进行正态性检验，结果表明经过自然对数变换后 3 者均符合正态分布。对样本土壤养分与 DEM 派生的地形和水文参数进行线性相关性检验，结果表明土壤速效磷和速效钾含量均与地形位置指数存在极显著正相关，速效磷还与坡度、泥沙输移比存在显著正相关，与土壤地形因子呈现显著负相关，而全氮仅与垂直坡位之间呈现极显著正相关，但均表现为弱度相关；除上述描述之外，研究区域内 3 种土壤养分与其他地形和水文参数之间并未表现显著线性相关性。应用 3 种土壤养分对应的最佳预测模型进行养分分布预测及制图，土壤全氮含量在整个研究区域内变异系数为 110.59% ，属强度变异；根据全国第二次土壤普查养分分级标准来看，含量极丰富区域面积占 39.48% ，丰富区域占 6.58% ；缺乏和更缺乏地区占 47.00% 。土壤速效磷含量在整个研究区域内变异系数为 164.13% ，属于强度变异；含量缺乏和更缺乏的区域高达 95.78% ，而含量丰富的区域仅占比为 1.19% ，未见极丰富区域。土壤速效钾含量在整个研究区域内变异系数为 94.27% ，属于中等度变异；含量缺乏和更缺乏的区域高达 80.10% ，是含量丰富和极丰富区域的 10 倍。对照参数分布图和养分分布图，较为明显的现象是土壤全氮含量高的地方与泥沙输移比值较小的地方对应，进一步结合地形位置指数来看，山谷位置泥沙输移比较大，对应的土壤全氮含量较低；泥沙输移比大表示该地带收侵蚀的影响较大（杨亚利等，2013），导致养分流失的机率随之增加；坡长越长全氮含量越高，导致这种现象的原因是坡长越长表明地势平缓，有利于植物残体的积累（盛庆凯，2013）。土壤速效磷含量较高的现象多出现在山脊和上坡位，而大部分的中坡位处于极缺乏状态；垂直坡位与土壤速效磷分布图纹理相似，呈正相关，即距最近水位越近，则速效磷含量越低；垂直坡位值大的地带的速效钾含量也较高。

新兴县的森林土壤全氮含量变化范围为 0.13 ~ 2.97 g/kg。从土壤养分含量的均值来看，新兴县土壤全氮均值为 1.01 g/kg，变异系数为 50.15%，说明土壤样本全氮含量存在中等变异性。根据全国第二次土壤普查的土壤养分分级标准，以极高、高、中、低、缺、极缺表示土壤养分丰缺程度，新兴县的土壤全氮为三级标准，即养分处于中等水平。新兴县的森林土壤全磷含量变化范围为 0.11 ~ 1.23 g/kg。从土壤养分含量的均值来看，新兴县土壤全磷均值为 0.35 g/kg；变异系数为 50.03%，说明土壤样本全磷含量存在中等变异性。新兴县的土壤全磷为五级标准，即养分处于缺乏状态。新兴县的森林土壤全钾含量变化范围为 1.29 ~ 44.27 g/kg。从土壤养分含量的均值来看，新兴县全钾均值为 18.26 g/kg；变异系数为 51.14%，说明土壤样本全钾含量存在中等变异性。新兴县的土壤全钾为三级标准，即养分处于中等水平。

郁南县的森林土壤全氮含量变化范围为 0.15 ~ 2.49 g/kg。从土壤养分含量的均值来看，郁南县土壤全氮均值为 1.18 g/kg，变异系数为 37.10%，说明土壤样本全氮含量存在中等变异性。根据全国第二次土壤普查的土壤养分分级标准，以极高、高、中、低、缺、极缺表示土壤养分丰缺程度，郁南县的土壤全氮为三级标准，即养分处于中等水平。郁南县的森林土壤全磷含量变化范围为 0.11 ~ 0.80 g/kg。从土壤养分含量的均值来看，郁南县土壤全磷均值为 0.30 g/kg；变异系数为 39.26%，说明土壤样本全磷含量存在中等变异性。郁南县的土壤全磷为五级标准，即养分处于缺乏状态。郁南县的森林土壤全钾含量变化范围为 3.67 ~ 44.52 g/kg。从土壤养分含量的均值来看，郁南县全钾均值为 15.14 g/kg；变异系数为 40.38%，说明土壤样本全钾含量存在中等变异性。郁南县的土壤全钾为三级标准，即养分处于中等水平。

# 7

# 云浮市林地土壤中量元素
# （钙、镁、硫）含量

## 7.1 云城区土壤中量元素含量

### 7.1.1 森林土壤中量元素含量

均值可以表示土壤中微量元素的中心趋向，最大值与最小值的差值，可以直接反映土壤中中量元素之间的变化范围。云城区土壤中量元素交换钙、交换镁、全硫含量平均值分别为 202.141、16.004、170.648 mg/kg，变化范围分别为 21.469 ~ 895.286 mg/kg、8.614 ~ 30.807 mg/kg、60.787 ~ 318.483 mg/kg，差值分别为 873.817、22.193、257.696 mg/kg。

### 7.1.2 森林土壤样品数据的变异程度

云城区森林土壤中微量元素数值大小能判定森林土壤元素含量的变异状态。当变异系数小于 10%，属于弱变异性；当变异系数介于 10% ~ 100% 之间时，属于中等变异；当变异系数大于 100% 时，属于强变异性。云城区森林土壤交换钙、交换镁、全硫含量的变异系数分别为：98.19%、39.76%、38.70%，均属于中等变异，其中土壤交换钙的变异程度最大，全硫的变异程度最低，详见表 7.1。

表 7.1　云城区森林土壤中微量元素描述性统计

| 土壤养分 | 最大值（mg/kg） | 最小值（mg/kg） | 平均值（mg/kg） | 标准差 | 偏度 | 变异系数（%） |
|---|---|---|---|---|---|---|
| 交换钙 | 895.286 | 21.469 | 202.141 | 198.482 | 1.895 | 98.19 |
| 交换镁 | 30.807 | 8.614 | 16.004 | 6.363 | 0.878 | 39.76 |
| 全硫 | 318.483 | 60.787 | 170.648 | 66.041 | 0.471 | 38.7 |

## 7.2　云安区土壤中量元素含量

云安区土壤中量元素交换钙、交换镁、全硫含量平均值分别为 273.689、18.373、197.098 mg/kg，变化范围分别为 17.333～1169.033 mg/kg、8.320～51.580 mg/kg、62.667～354.600 mg/kg，差值分别为 1151.700、43.260、为 291.933 mg/kg。就土壤中量元素变异系数而言，云安区森林土壤交换镁、全硫含量的变异系数分别为 54.95%、33.43%，均为中等变异，交换钙的变异系数为 106.34%，为强变异。就土壤中量元素含量与全国土壤（A 层）背景值比较（表 7.2），云安区的土壤交换钙、交换镁的含量均远低于全国的背景值。

表 7.2　云安区森林土壤中微量元素描述性统计

| 土壤元素 | 最大值（mg/kg） | 最小值（mg/kg） | 平均值（mg/kg） | 标准差 | 偏度 | 变异系数（%） |
|---|---|---|---|---|---|---|
| 交换钙 | 1169.033 | 17.333 | 273.689 | 291.041 | 1.750 | 106.34 |
| 交换镁 | 51.580 | 8.320 | 18.373 | 10.096 | 1.803 | 54.95 |
| 全硫 | 354.600 | 62.667 | 197.098 | 65.890 | 0.195 | 33.43 |

从土壤养分的变化范围与变异系数来看，云城和云安区，不同土壤元素差值与变异系数都存在不同变化，其中中量元素交换钙变化最为明显，差值为 1151.700、873.817 mg/kg，且与其他土壤元素相比，交换钙的变异系数最大，分别为 106.34%、98.19%。这说明土壤中交换钙的空间差异显著，分布不均，这主要是因为不同森林植物所需的养分不同。桉树是研究区中主要的用材林之一，它生长较快，消耗土壤养分的速率很快。而松、杉类生长速率较慢，土壤养分循环较好，受人为干扰小的情况下，养分水平维持较好。加之交换钙的变化受成土母质类型与土壤类型的影响，通过比对原始数据得知，交换钙的值较大的分布区的土壤类型为红壤、赤红壤与水稻土，该区域的土

壤容重较高，综合分析有可能是土壤容重阻碍了森林植被对土壤养分的吸收与根系的下扎，造成交换钙的吸收量大大降低。

　　土壤背景值是自然界中未受人类污染影响的土壤化学元素与化合物的含量值。土壤是一个复杂的开放体系，它一直处于不断地发展和演变中。随着人类现代化进程的不断加快，工业、纺织业、建筑业等行业不断发展，人们在奔向信息化时代的同时，也将这些污染投放到土壤中。想要在自然环境中找到绝对没有受污染的土壤十分困难，因此土壤背景值成为了环境保护的基础数据，它是研究污染物在土壤中变迁与土壤质量评价的重要依据。广东省云浮市云城和云安二区的土壤交换钙、交换镁的含量均远低于全国的背景值(表7.3)，从自然原因分析，可能是因为属于亚热带季风气候，温暖多雨，雨量充沛，丘陵是主要的地貌，土壤类型多为赤红壤与红壤，为酸性土壤。在湿润条件下，酸性土壤发生强烈的淋溶作用，从而导致土壤的钙镁含量较低；暴雨季节，雨水从丘陵顶部自上而下流动，水分聚集在丘陵的河谷地区，土壤含水量增加，土壤中交换钙镁减少；从人为因素分析，可能是研究区内用材林与经济林树木的生长中，松、杉、桉、砂糖橘、荔枝、龙眼等植物对土壤养分的需求量和吸收量较大，造成研究区的钙镁含量较低。

表7.3　森林土壤交换钙镁与全国土壤(A层)背景值比较

| 研究区 | 交换钙(%) | 交换镁(%) |
|---|---|---|
| 云城区 | 0.0002 | 0.00002 |
| 云安区 | 0.0002 | 0.00002 |
| 全国 | 0.71 | 0.63 |

## 7.3　土壤中量元素空间预测分布

### 7.3.1　森林土壤交换钙的空间预测分布

　　运用BP人工神经网络模型对研究区的土壤中量元素空间分布进行预测，得到土壤3个中量的空间分布图，直观地展示出土壤元素的空间分布特征。需说明的是因没有去掉非森林地区，所以图中所示的是云城区与云安区整个地区的土壤中量元素的分布，但本书只针对森林分布地区的土壤养分情况进行分析。交换钙是吸附于土壤胶体表面的钙离子，是主要的代换性盐基之一，是植物可利用的钙(吴启堂，2011)。它在土壤中的含量主要受成土母质、淋溶强度、在土壤形成过程中的优先吸持作用的影响，但是植物类型以及耕作方式也会对它的含量产生较大影响（范玉兰 等，2014）。由彩图 17 可知，云城区与云安区的土壤交换钙在整个研究区的含量范围为 1.88～1 858.40 mg/kg。总体呈现由西向东先增加再递减再逐渐增加的趋势，高值区含量范围为 644.52～1 858.40 mg/kg，主要呈块状分布在研究区东部与南部，西北地区也有零星分布；低值区含量范围为 1.88～358.90 mg/kg，呈一条不规则的带状由北向南从中部穿插整个研究区，东部的高值区包含着低值区。通过卫星图的检索发现，南端的高含量分布区在云安区富林镇南浦村、庙山村、河邦村、云利村、云舍村、马塘村、寨塘村、高一村、高二村，东部的高含量分布在云安区都杨镇珠川村、金沙村，腰古镇旺村附近，中部一小块为高峰镇大台村。东部、南部与北部的高值区中穿插的低值区为丘陵，中部的块状高值区、南部与北部的高值区主要是分布在接近村庄的地方以及农用耕地附近，可能是受附近耕作、施肥以及人类活动的影响。低值区分布在西北、东南、中部，其中中部有很大一部分是云城区的云城街道、高峰街道住宅区与商业中心，而南部的低值区为南盛镇，该镇柑橘栽植面积广，是广东省水果行业的品牌产业，柑橘的养分需求很大，为了更好地保证柑橘的产量，不少学者提出柑橘土壤中交换钙的最适范围为 1 000～2 000 mg/kg，低于 1 000 mg/kg 则表示土壤缺乏交换钙（庄伊美，1994；李国良等，2015）。从预测分布图中可以看出，南盛镇土壤交换钙的含量最大值为 358.90 mg/kg，低于 1 000 mg/kg，说明果农在钙肥的使用意识较弱，加上柑橘对钙元素的大量吸收，土壤中交换钙的含量从而下降，同时温暖多雨的气候，使土壤的淋溶作用强烈，钙元素流失更多。因此为了提高柑橘的产量，南盛镇果农还需增加钙肥的施用。研究区北部土壤交换钙低值区，可能是东冲矿场的因素，造成大面积的开挖，致使土壤大面积被雨水冲刷，造成土壤交换钙的流失。

### 7.3.2 森林土壤交换镁空间预测分布

土壤交换镁是指被土壤胶体吸附，并且能为植物利用的镁（吴启堂，2011）。土壤交换镁的在土壤中主要受风化条件以及成土母质等影响，同时与土地利用方式相关。森林植物中缺镁是一个重大的危机，不仅会抑制植物的生长，还能造成森林植物的死亡。由彩图 18 可知，研究区云城区与云安区的土壤交换镁含量范围为 0.16～96.34 mg/kg。总体呈现出自西向东逐渐降低再升高的分布趋势，高值区的含量范围为 49.44～96.34 mg/kg，零星分布在南部与西部；低值区的含量范围为 0.16～15.95 mg/kg，呈条带状自北向南从中部贯穿整个研究区。其余地区的含量范围大部分为 15.95 ~ 28.87 mg/kg。通过卫星图对比发现，土壤交换镁含量较高分布在富林镇大云雾山、高村镇大绀山，两个地方的海拔都在 1 000 m 以上，植被类型丰富，枯枝落叶归还较多，因此土壤交换镁的含量较高。低值区为南盛镇、石城镇、六都镇，南盛镇有"中国砂糖橘第一镇"的美誉，石城镇也有柑橘的种植，研究表明柑橘对镁元素的需求很大，在柑橘种植中，土壤交换镁的含量需达到 150 ~ 300 mg/kg 才达到最适标准（庄伊美，1994；鲁剑巍等，2002）。可能是研究区果农忽视了镁肥的施用，加之低值区为红壤，在酸性土壤环境下，镁元素易流失（范玉兰等，2014），因而南盛镇、石城镇交换镁含量较低；六都镇大量开采石材，土地裸露的情况较多，该地区的土壤交换镁受雨水冲刷较严重，因此交换镁含量较低，其中六都镇西部与前锋镇东部有面积相对较大的最低值分布，这两个地区土壤交换镁含量低的原因是都有大面积的新造林，在土壤大面积的裸露与酸性土壤环境的共同作用下，土壤交换镁流失严重。

## 7.3.3　森林土壤全硫空间预测分布

土壤中的硫对植物生长有着重要的作用，如果缺硫，会造成植株矮小、嫩叶黄化等问题，它是继氮、磷、钾之后的排名第 4 位的营养元素。影响土壤全硫含量的因素有很多，包括大气的干湿沉降、植物枯枝落叶、空气中二氧化硫的沉降等。由彩图 19 可知，云城区与云安区的土壤全硫在整个研究区的含量为 1.68 ~ 947.51 mg/kg，总体呈由西向东逐渐降低再升高的趋势，大部分的高值区集中在西部，含量范围为 220.84 ~ 307.35 mg/kg；低值区主要与高值区穿插分布在西部，南部也有零星分布，含量范围为 1.68 ~ 59.36 mg/kg。研究区有一半的土壤区域全硫介于 59.36 ~ 192.00 mg/kg 之间。通过卫星图的检索发现全硫最高值主要分布在云城区前锋镇深冲坑、水对坑，云安区石城镇、镇安镇、白石镇、高村镇、六都镇西部。大气无机硫（$SO_2$）干湿沉降是土壤中硫输入的主要途径之一（王凡等，2007）。云浮拥有"硫都"之称，是广东省最大的商品硫酸生产基地，而生产过程中产生的尾气二氧化硫，是造成空气污染的主要物质之一（陈荣卿，2010）。六都镇是广东省火炬计划硫化工特色产业基地，有着多家硫化工厂，石城镇、白石镇以及镇安镇都分布着化工厂，如林化工生产、林兴林化工厂等；高村镇的工业以钢铁生产为主。综合这几个镇的工业发展情况，土壤中硫元素较其他地方偏高的主要原因可能是这些工厂排放出的二氧化硫，经过干湿沉降之后进入到土壤中。南部与东部分布着的少量高值区，为都杨镇、思劳镇、腰古镇、前锋镇，地图上显示这些地方的高值区都为居民的聚居区。这些地方离城市中心较远,垃圾的处理方式多为填埋或焚烧的办法。垃圾填埋与焚烧会散发出含硫气体,在通过干湿沉降与降雨之后,他们会随着地下水渗透与土壤缓慢扩散,从而造成硫元素含量升高(吕国强,2004;纪华,2011)。因此东部与南部的少量高值区主要原因可归咎于村民对垃圾处理环保意识的薄弱。低值区在地图上显示大部分为无人管理的林地或杂木林、荒地,人为增加硫含量,即施用硫肥的几率很小,虽然也受大气中的二氧化硫的影响,但是植物的种类以及植物覆盖率较小,吸收硫元素也相对较少,再加上处在酸性土壤中,且研究区雨量充沛,淋溶强烈,因此硫元素大量的流失,造成这些地区土壤中硫含量较低。

# 7.4 小 结

土壤中量元素交换钙、交换镁、全硫在云城和云安二区的含量范围分别为 $1.88 \sim 1\ 858.40$ mg/kg、$0.16 \sim 96.34$ mg/kg、$1.68 \sim 917.51$ mg/kg,交换钙总体呈自西向东逐渐增加再降低再增加的趋势,交换镁与全硫总体呈自西向东逐渐递减再增加的趋势,交换钙与交换镁的低值区呈一条不规则的带状由北向南从中部插整个研究区。土壤中交换钙在富林镇、腰古镇、都杨镇的含量较高;交换镁在富林镇、高村镇含量较高;全硫在石城镇、白石镇、镇安镇、高村镇、前锋镇、都杨镇、腰古镇含量较高。

土壤中量元素中交换钙、交换镁受自然因素影响较大,全硫同时受自然因素与人为干扰双重因素影响。其中交换钙与交换镁受自然因素影响,在南方土壤在酸性以及雨量充沛的条件下,淋溶强烈,钙、镁元素大量的流失;土壤除了全硫受到自然因素淋溶的影响外,还受到人为干扰,包括垃圾填埋、焚烧,工业中排放的废气等影响。

# 8

# 云浮市林地土壤重金属含量

## 8.1 云城、云安区土壤重金属含量

### 8.1.1 土壤重金属元素含量

均值可以表示土壤中重金属元素的中心趋向，最大值与最小值的差值，可以直接反映出土壤中重金属元素含量的变化范围。云安区重金属元素总镉、总铅、总锌含量平均值别为 0.037、40.943、40.568 mg/kg，变化范围分别为 0.018~0.092 mg/kg、14.019~193.679 mg/kg、12.550~105.286 mg/kg，差值分别为 0.074、179.660、92.736 mg/kg。云城区重金属元素总镉、总铅、总锌含量平均值分别为 0.035、36.490、41.706 mg/kg；变化范围分别为 0.021~0.074 mg/kg、10.641~114.143 mg/kg、12.027~97.594 mg/kg，差值分别为 0.053、103.502、85.567 mg/kg（表8.1）。根据云城区与云安区中3种重金属元素值的变化范围，参照土壤环境质量标准（GB 15618—1995）中的一级标准的土壤养分限制值，总镉、总锌含量均未超标，而总铅含量超过标准中限制值（国家环境保护局科技标准司，1995）。

### 8.1.2 土壤重金属元素变异系数

云安区森林土壤总镉、总铅、总锌含量的变异系数分别为：44.91%、78.15%、48.08%，均属于中等变异。云城区森林土壤总镉、总铅、总锌含量的变异系数分别为：33.04%、57.90%、50.57%，均属于中等变异，其中总镉的变异程度最低（表8.1）。

表8.1 森林土壤重金属元素描述性统计

| 研究区 | 土壤元素 | 最大值（mg/kg） | 最小值（mg/kg） | 平均值（mg/kg） | 标准差 | 偏度 | 变异系数（%） |
|---|---|---|---|---|---|---|---|
| 云安区 | 总镉 | 0.092 | 0.018 | 0.037 | 0.016 | 1.267 | 44.91 |
| | 总铅 | 193.679 | 14.019 | 40.943 | 31.999 | 3.536 | 78.15 |
| | 总锌 | 105.286 | 12.550 | 40.568 | 19.507 | 1.160 | 48.08 |
| 云城区 | 总镉 | 0.074 | 0.021 | 0.035 | 0.012 | 1.426 | 33.04 |
| | 总铅 | 114.143 | 10.641 | 36.490 | 21.127 | 1.798 | 57.90 |
| | 总锌 | 97.594 | 12.027 | 41.706 | 21.092 | 0.961 | 50.57 |

## 8.1.3 土壤重金属元素含量及变异系数变化原因

从土壤养分的变化范围与变异系数来看，在云城区与云安区中不同土壤元素差值与变异系数都存在不同变化规律。土壤重金属元素中总铅的变化最为明显，云城区、云安区的差值分别为103.502、179.660 mg/kg，参照土壤环境质量标准，3种重金属元素，云城区与云安区总镉、总锌的均值在一级标准的限制值范围内，云城区与云安区总铅的均值含量超过了一级标准的限制值范围。从主要来源分析，镉主要受冶炼、电镀、染料等工业，肥料杂质影响；锌主要受冶炼、镀锌、人造纤维、纺织工业、含锌农药、磷肥的影响；铅主要受冶炼、颜料等工业、农药、汽车排气的影响。综合比较3种元素含量以及影响因素，可得总铅可能受汽车尾气影响，导致了土壤中的铅含量较高。

## 8.1.4 土壤重金属元素含量与全国土壤（A层）背景值比较

将土壤重金属元素含量与全国土壤（A层）背景值进行比较，得土壤重金属元素中总镉、总锌均低于全国背景值，说明研究区的森林植物除对中量元素有吸收作用外，对重金属元素也有吸收作用。对于土壤重金属的吸收，在不同植物、不同土壤条件下植物的吸收速率不同。李腾懿等（2015）对不同树种林下土壤重金属含量进行研究，结果表明不同树种的分泌物组成与含量均存在一定的差异，从而导致植物对重金属的吸收速率不同。张海珠等（2013）对马尾松植物体内重金属进行测定，发现重金属在植物体内的富集数是镉元素大于铅元素，即马尾松对镉的吸收速率大于铅元素。综上所述，研究区森林植被丰富，在酸性土壤的作用下，森林植物吸收重金属元素的速率更快，这有可能是土壤中3种微量元素皆小于全国土壤背景值的原因之一（表8.2）。3种元素中，镉元素与背景值的差距最大，可能是因为镉元素在土壤中的移动性更大，更易被植物吸收；研究区内松、杉是主要的用材林树种，对重金属都有吸收作用，其中松树对于镉元素的吸收速率最大，其次为铅元素，所以土壤中镉元素含量较低。铅元素与其他两种元素一样，都受到工业因素的影响，同时还受到汽车尾气的影响，因此总铅的平均值高于全国背景值，一方面可能是植物对它的吸收率较低，另一方面是汽车尾气的影响，造成土壤中总铅的含量较高。

表 8.2　森林土壤重金属与全国土壤（A 层）背景值比较

| 区域 | 总镉<br>（mg/kg） | 总铅<br>（mg/kg） | 总锌<br>（mg/kg） |
|---|---|---|---|
| 云城区 | 0.035 | 36.490 | 41.706 |
| 云安区 | 0.037 | 40.943 | 40.568 |
| 全国 | 11.2 | 26.0 | 74.2 |

注：以上数据均为算术平均值。

## 8.1.5　土壤重金属元素空间预测分布

### 8.1.5.1　森林土壤总镉空间预测分布

镉元素是一种人体非必需元素，在自然界中常以化合物的形态存在，土壤中的镉元素主要来源于冶炼、电镀、染料、肥料杂质等方面。由彩图 20 可知，云城区与云安区的总镉在整个研究区的含量在 0.001～0.135 mg/kg 之间。总体呈自西向东逐渐递减的分布趋势，高值区主要分布在西部，含量范围为 0.059～0.135 mg/kg。低值区呈块状分布，主要零星分布在研究区南部、西部以及东部，含量范围为 0.001～0.005 mg/kg。整个研究区总镉的含量范围为 0.001～0.135 mg/kg，小于土壤环境标准中一级标准的限制值 0.2 mg/kg，因此总镉的含量处在土壤环境标准中一级标准的范围内。通过卫星图检索得知总镉含量最高值分布在高村镇、镇安镇、白石镇、石城镇、前锋镇，在这部分区域内，白石镇有松脂加工业、白石丝棉厂、林兴林化厂等企业；石城镇除了化工，还有风机生产；高村镇的工业生产还涉及石油专用管材及易切不锈钢；前锋镇有石厂、水泥厂；土壤微量元素重金属的来源以工业废水尤为突出，他们通过地下水的渗透在土壤中缓慢迁移扩散（吕国强，2011）。因此研究区土壤镉的含量较高的主要原因可能是工业影响。低值区面积较大的区域分布在大绀山与大云雾山，这两座山的植被类型丰富、森林覆盖率高，且受人为干扰小，植被将土壤中的镉元素吸收，因此土壤中镉元素的含量偏低。

研究区主要栽植树种为松树、杉木，他们对土壤中镉都有吸收作用。李腾懿等（2015）对不同树种下土壤重金属进行研究，结果表明不同树种的分泌物组成与含量均存在一定的差异，从而导致植物对重金属的吸收速率不同。张海珠等（2013）对马尾松中的重金属进行测定，发现重金属在在植物体内的富集数，镉元素大于铅元素，即马尾松对镉的吸收速率大于铅元素。因此整个研究区的土壤总镉含量均较低。

### 8.1.5.2 森林土壤总铅空间预测分布

铅是一种无机污染物，主要通过颜料、农药、汽车排气等方式进入土壤。由彩图 21 可知，云城区与云安区的总铅含量范围为 0.85～343.32 mg/kg，总体呈自西向东逐渐递减的分布趋势，总体来说研究区西部土壤的铅含量较高，总铅高值区在西部零星分布，面积较大的两块区域分布在研究区南部，含量范围为 186.98～343.32 mg/kg。其余大部分区域土壤的总铅含量范围为 0.85～66.37 mg/kg。研究区大部分区域总铅含量在 35 mg/kg 以上，在土壤环境质量标准的二级标准范围内。通过卫星图检索得知土壤总铅含量较高的区域主要分布在高村镇、镇安镇、石城镇，尤其是石城镇，分布着两块面积较大的高值区。一方面汽车尾气是土壤铅的主要来源，土壤铅含量与交通以及人类活动密切相关（郑袁明等，2002）。石城镇的石材厂的交易量较大，汽车尾气排放量偏高；另一方面石城镇高值区附近有国道 G324 线，且靠近大云雾山旅游区，人类活动频繁，这也是导致土壤中铅含量偏高的因素。从预测分布图中可以看出，大绀山与大云雾山土壤中的铅含量都有高值区的分布，这与陈同斌等（1997）对香港表层土壤重金属含量进行研究，得出大气传播致使海拔800 m 的人类活动很少的山上土壤铅含量也可能受到人类活动排放铅影响的结论一致，在较高海拔的地区，人类活动与大气传播也将对土壤铅元素含量产生影响。综合而言，在高村镇、镇安镇、石城镇的土壤含铅量主要受到汽车尾气与人类活动的影响。

### 8.1.5.3 森林土壤总锌空间预测分布

锌是地壳中含量丰富的元素之一，也是现代工业中电池制造不可缺少的金属元素。由彩图 22 可知，云城区与云安区的土壤总锌在整个研究区含量范围为 0.32～149.91 mg/kg。总体上呈自西向东逐渐递减的分布趋势，高值区主要分布在研究区西部，含量范围为 48.51～149.91 mg/kg。研究区南部也有两块含量范围为 65.77～149.91 mg/kg 的高值区。低值区主要在研究区中部零星穿插分布，含量范围为 0.32～13.27 mg/kg。整个研究区大部分的土壤总铅含量范围为 32.69～48.51 mg/kg。整个研究区的土壤总锌含量大都处在土壤环境质量标准的一级标准范围内，极小的一块区域在二级标准的范围中，总体来说，研究区的土壤总锌含量未超标。通过卫星图检索发现，总锌的含量较高主要分布在研究区西部与中部，南部也有一小块区域。与铅元素相同，土壤中锌元素的含量也受人类活动与汽车废气的影响，同时还受到轮胎和机械部件磨损污染物、含锌燃料(润滑油)的泄露、大量粉尘以及工程施工，旅游开发中人类旅游带来的废弃物等影响(陈玉真 等，2012)。高值分布在石城镇、镇安镇、高村镇、六都镇、云城街道、高峰街道、南盛镇、前锋镇。其中云城街道与高峰街道的土壤含锌量较高是因为交通与人类活动频繁，且城市产生的固体废弃物经过降雨渗透到土壤中；石城镇、镇安镇、高村镇、六都镇、前锋镇除了工业生产产生大量的污染物，汽车排出的大量废气，还因为区域内有杜鹃花生态观赏园、大绀山、大云雾山等风景旅游区，人类活动频繁，带来大量的废弃物，增加了土壤中锌的含量；南盛镇大面积栽种柑橘、龙眼、荔枝，喷施较多的农药从而导致区域内土壤总锌含量较高。

## 8.2  罗定市土壤重金属

### 8.2.1  土壤重金属指标的描述性统计

罗定市各重金属指标描述性统计如表 8.3 所示，Cu 含量的平均值为 14.14 mg/kg，含量范围为 1.43 ~ 46.48 mg/kg，Zn 的平均值为 23.53 mg/kg，变异范围为 4.18 ~ 112.66 mg/kg，Pb 的平均值为 12.88 mg/kg，变异范围为 1.82 ~ 116.28 mg/kg，Cr 的平均值为 12.76 mg/kg，变异范围为 0.001 ~ 0.112 mg/kg，Ni 的平均值为 8.69 mg/kg，变异范围为 1.15 ~ 47.36 mg/kg。由此可知，该区域五种重金属元素变异系数均较大，均为中等程度变异，变异系数由大到小依次为：Pb > Zn > Ni > Cr > Cu，其中 Pb 接近强变异水平（ >100%），表明 5 种重金属元素受外界环境干扰较大。

表 8.3  重金属元素的描述性统计

| 重金属元素 | 最小值（mg/kg） | 最大值（mg/kg） | 平均数（mg/kg） | 标准差 | 变异系数（%） |
|---|---|---|---|---|---|
| Cu | 1.43 | 46.48 | 14.14 | 8.18 | 57.85 |
| Zn | 4.18 | 112.66 | 23.53 | 17.85 | 75.84 |
| Pb | 1.82 | 116.28 | 12.88 | 12.76 | 99.06 |
| Cr | 0.001 | 0.112 | 0.022 | 0.016 | 73.36 |
| Ni | 1.15 | 47.36 | 8.69 | 6.51 | 74.90 |

## 8.2.2 不同林分土壤重金属含量比较分析

从表8.4中可以看出，8种林分的5种重金属元素含量均未超过广东省土壤背景值，整体处于洁净水平。Cu含量最高的林分为针阔混交林，达18.20 mg/kg，显著高于相思林(9.56 mg/kg)，是相思林的1.9倍。8种林分Cu含量由大到小依次为：针阔混交林＞针叶混交林＞马尾松林＞杉木林＞经济林＞阔叶混交林＞桉树林＞相思林。Zn含量8种林分间无显著性差异，含量由高到低依次为：经济林＞针阔混交林＞杉木林＞马尾松林＞针阔混交林＞阔叶混交林＞相思林，其中Zn含量最高的经济林是相思林的1.52倍。Pb含量最高的林分为针叶混交林，高达19.92 mg/kg，显著高于针阔混交林、相思林、阔叶混交林、经济林和马尾松林，桉树林与马尾松林与其他林分之间无显著差异；含量最高的针阔混交林是含量最低的针叶混交林的2.09倍。Cd含量在8种林分之间均无显著差异。Ni含量最高的林分为经济林和针阔混交林，含量分别达10.12 mg/kg和10.00 mg/kg，显著高于阔叶林，是含量最低的阔叶林的1.64倍。8种林分Ni的含量由高到低依次为：经济林＞针阔混交林＞马尾松林＞桉树林＞杉木林＞针阔混交林＞相思林＞阔叶林。

表8.4 不同林分类型土壤重金属含量(mg/kg)

| 林分 | Cu | Zn | Pb | Cr | Ni |
|---|---|---|---|---|---|
| 针阔混交林 | 18.20 ± 2.16a | 23.2 ± 2.15a | 9.53 ± 0.93b | 0.020 ± 0.002a | 10.00 ± 1.28a |
| 针叶混交林 | 15.32 ± 1.84a | 26.27 ± 4.00a | 19.92 ± 4.68a | 0.020 ± 0.003a | 7.08 ± 0.70ab |
| 阔叶混交林 | 12.87 ± 1.09bc | 22.66 ± 2.20a | 11.00 ± 0.90b | 0.027 ± 0.004a | 6.15 ± 0.59b |
| 杉木 | 14.45 ± 1.72ab | 26.09 ± 4.93a | 13.38 ± 2.97ab | 0.023 ± 0.003a | 9.40 ± 1.40ab |
| 相思林 | 9.56 ± 0.88c | 17.81 ± 1.76a | 10.44 ± 1.05b | 0.021 ± 0.003a | 7.01 ± 1.08ab |
| 桉树 | 12.58 ± 1.08bc | 19.09 ± 2.59a | 14.58 ± 2.70ab | 0.023 ± 0.003a | 9.40 ± 1.59ab |
| 马尾松 | 14.95 ± 1.05ab | 24.41 ± 2.44a | 12.43 ± 1.19b | 0.021 ± 0.003a | 9.48 ± 0.90ab |
| 经济林 | 14.42 ± 1.13ab | 27.20 ± 3.64a | 11.86 ± 0.96b | 0.022 ± 0.003a | 10.13 ± 1.20a |
| 平均值 | 14.14 ± 0.51 | 23.53 ± 1.11a | 12.88 ± 0.80 | 0.022 ± 0.001a | 8.69 ± 0.41 |
| 广东省背景值 | 17.65 | 49.71 | 35.87 | 0.094 | 17.80 |

注：数据为平均值 ± 标准误差；多重比较采用 Duncan 法，同列数据后标注相同字母表示差异不显著($P > 0.05$)。

## 8.2.3　不同林分土壤重金属含量相关性

### 8.2.3.1　土壤重金属指标相关性分析

为探讨罗定市5种重金属元素的来源和迁移，分析了五种重金属指标之间的相关性。由表8.5可知，除了Ni和Pb元素之间没有显著的相关性，Ni与Cd呈显著正相关关系，其余两两重金属元素均存在极显著的正相关关系。其中，Cu和Ni的相关系数达到0.534，表明Cu和Ni呈现复合污染的可能性大，或污染来源相同。

**表8.5　重金属元素间的相关关系**

|  | Cu | Zn | Pb | Cd | Ni |
|---|---|---|---|---|---|
| Cu | 1 | 0.439** | 0.215** | 0.190** | 0.534** |
| Zn |  | 1 | 0.269** | 0.206** | 0.352** |
| Pb |  |  | 1 | 0.235** | 0.054 |
| Cd |  |  |  | 1 | 0.128* |
| Ni |  |  |  |  | 1 |

### 8.2.3.2　土壤重金属指标与物理指标相关性分析

如表8.6所示，重金属Cu与土壤容重呈极显著负相关关系，与毛管持水量、总孔隙度、黏粒含量呈极显著正相关性，说明当土壤结构松散，土壤孔隙越大，毛管孔隙越大，黏粒含量越趋向于重黏土时，Cu含量越容易在土壤中富集。重金属Ni与土壤容重呈极显著负相关关系，与自然含水量、毛管持水量、总孔隙度、毛管孔隙度、土壤通气孔隙度均呈极显著正相关，其中与总孔隙度的相关系数最大，为0.314，与粘粒含量呈显著正相关。说明当土壤储水性能良好时，Ni含量容易在土壤中富集。重金属Zn、Pb、Cd与各土壤物理指标均无显著相关性。

**表8.6　重金属指标与物理指标的相关关系**

|  | Cu | Zn | Pb | Cd | Ni |
|---|---|---|---|---|---|
| 土壤容重 | -0.198** | 0.002 | -0.022 | -0.100 | -0.315** |
| 自然含水量 | 0.113 | 0.097 | 0.103 | 0.068 | 0.179** |
| 毛管持水量 | 0.213** | 0.051 | 0.052 | 0.092 | 0.288** |
| 总孔隙度 | 0.198** | -0.003 | 0.023 | 0.099 | 0.314** |

（续）

| | Cu | Zn | Pb | Cd | Ni |
|---|---|---|---|---|---|
| 毛管孔隙度 | 0.173** | 0.064 | 0.069 | 0.060 | 0.203** |
| 非毛管孔隙度 | 0.011 | −0.078 | −0.056 | 0.036 | 0.099 |
| 土壤通气空隙度 | 0.110 | −0.097 | −0.083 | 0.048 | 0.183** |
| 土粒含量 | 0.190** | 0.065 | −0.016 | 0.019 | 0.125* |

#### 8.2.3.3 土壤重金属指标与化学指标相关性分析

土壤重金属指标与化学指标的相关性分析见表 8.7，除 Cd 外，pH(水)对重金属含量均有显著影响，其中 Zn、Cu、Ni 表现为极显著正相关性，其中 Zn 的相关系数最高，为 0.495；pH(氯化钾)对 5 种重金属元素都有显著正相关性，其中 Zn 的相关系数最大，为 0.535。说明土壤的酸碱度对重金属元素的吸附和富集有重要影响。有机质与 Cd 存在显著正相关性，相关系数为 0.137，与 Ni 存在极显著正相关性，相关系数为 0.163。速效磷与五种重金属元素之间无显著相关关系。除 Pb 外，速效钾对 Cd、Cu、Ni 存在极显著正相关性，与 Zn 存在显著正相关，这表明速效钾对森林土壤重金属具有很强的吸附性，是该区域森林土壤重金属的重要载体。碱解氮与 Ni 存在极显著正相关性，相关系数为 0.187。

表 8.7 重金属指标与化学指标的相关关系

| | Cu | Zn | Pb | Cd | Ni |
|---|---|---|---|---|---|
| pH 水 | 0.282** | 0.495** | 0.157* | 0.072 | 0.239** |
| pH 氯化钾 | 0.371** | 0.535** | 0.129* | 0.137* | 0.307** |
| 有机质 | 0.023 | −0.006 | −0.114 | 0.129* | 0.163** |
| 速效磷 | −0.012 | 0.039 | 0.012 | 0.093 | −0.057 |
| 速效钾 | 0.218** | 0.145* | 0.024 | 0.224** | 0.196** |
| 碱解氮 | 0.099 | 0.023 | −0.073 | 0.052 | 0.187** |

### 8.2.4 森林土壤重金属污染评价

#### 8.2.4.1 不同林分土壤重金属污染评价

本研究分别以国家一级土壤环境质量标准和广东省土壤环境背景值作为参照，土壤重金属污染状况评价结果如表 8.8 所示；以国家一级土壤环境质量标准为参照值，5 种重金属元素单项污染指数均为清洁水平，综合污染等级均为安全等级($P \leqslant 0.7$)。综合污染指数由大到小依次为：针叶混交林 > 针阔混交林 > 马尾松林 > 杉木林 = 桉树林 = 经济林 > 阔叶混交林 > 相思林。以广东省土壤环境背景值作为参照值，Cu 为预警水平，其中针阔混交林单项污染指数为轻微污染水平（$1.0 < P_i \leqslant 1.5$），除相思林外，其余林分均为预警水平（$0.6 < P_i \leqslant 1.0$）。其余 4 种重金属元素单项污染指数均为清洁水平。表明该区域 Cu 含量偏高，需引起重视。综合污染等级中针阔混交林、针叶混交林为警戒级（$P \geqslant 0.7$），其余林分均为安全等级。8 种林分综合污染等级由大到小依次为：针阔混交林 > 针叶混交林 > 马尾松林 > 杉木林 = 经济林 > 桉树林 = 阔叶混交林 > 相思林。

表8.8 土壤重金属单项污染指数和内梅罗综合污染指数

| 林分 | 参照标准 | 单项污染指数 | | | | | 综合污染指数 | 综合污染等级 |
|---|---|---|---|---|---|---|---|---|
| | | Cu | Zn | Pb | Cd | Ni | | |
| 针阔混交林 | 全国 | 0.52 | 0.23 | 0.27 | 0.099 | 0.25 | 0.42 | 安全 |
| | 广东 | 1.03 | 0.47 | 0.27 | 0.22 | 0.56 | 0.81 | 警戒级 |
| 针叶混交林 | 全国 | 0.44 | 0.26 | 0.57 | 0.097 | 0.18 | 0.46 | 安全 |
| | 广东 | 0.87 | 0.53 | 0.56 | 0.216 | 0.4 | 0.71 | 警戒级 |
| 阔叶混交林 | 全国 | 0.37 | 0.23 | 0.31 | 0.135 | 0.15 | 0.31 | 安全 |
| | 广东 | 0.73 | 0.46 | 0.31 | 0.301 | 0.35 | 0.6 | 安全 |
| 杉木林 | 全国 | 0.41 | 0.26 | 0.38 | 0.114 | 0.24 | 0.35 | 安全 |
| | 广东 | 0.82 | 0.52 | 0.37 | 0.253 | 0.53 | 0.68 | 安全 |
| 相思林 | 全国 | 0.27 | 0.18 | 0.3 | 0.106 | 0.18 | 0.26 | 安全 |
| | 广东 | 0.54 | 0.36 | 0.29 | 0.235 | 0.39 | 0.46 | 安全 |
| 桉树林 | 全国 | 0.36 | 0.19 | 0.42 | 0.114 | 0.24 | 0.35 | 安全 |
| | 广东 | 0.71 | 0.38 | 0.41 | 0.253 | 0.53 | 0.6 | 安全 |
| 马尾松林 | 全国 | 0.43 | 0.24 | 0.36 | 0.107 | 0.24 | 0.36 | 安全 |
| | 广东 | 0.85 | 0.49 | 0.35 | 0.238 | 0.53 | 0.69 | 安全 |
| 经济林 | 全国 | 0.41 | 0.27 | 0.34 | 0.109 | 0.25 | 0.35 | 安全 |
| | 广东 | 0.82 | 0.55 | 0.33 | 0.241 | 0.57 | 0.68 | 安全 |
| 平均值 | 全国 | 0.4 | 0.23 | 0.37 | 0.11 | 0.21 | 0.34 | 安全 |
| | 广东 | 0.8 | 0.47 | 0.36 | 0.24 | 0.48 | 0.65 | 安全 |
| 单项污染等级 | 全国 | 清洁 | 清洁 | 清洁 | 清洁 | 清洁 | | |
| | 广东 | 预警 | 清洁 | 清洁 | 清洁 | 清洁 | | |

### 8.2.4.2 土壤重金属潜在生态污染评价

土壤重金属潜在生态污染评价结果详见表8.9，分别以全国土壤环境背景值为参比值和广东省土壤环境背景值作为参比值，5 种森林土壤重金属潜在生态危害因子($RI$)均小于 150，属于轻微生态危害程度；8 种林分潜在生态危害指数均小于 40，属于轻微生态危害程度。这表明罗定市森林土壤较为洁净，极少受到交通运输、矿石开采、工厂排污等人为活动干扰。8 种林分潜在生态危害指数由大到小排序依次为(以广东省土壤环境质量为参比值)：针阔混交林 > 经济林 > 杉木林 > 阔叶林 > 马尾松林 > 桉树林 > 针叶林 > 相思林。

表 8.9　土壤重金属潜在生态危害指数

| 林分 | 参照标准 | 潜在生态危害因子 $E_r^i$ | | | | | 潜在生态危害指数 $RI$ |
|---|---|---|---|---|---|---|---|
| | | Cu | Zn | Pb | Cd | Ni | |
| 针阔混交林 | 全国 | 2.60 | 0.23 | 1.36 | 2.98 | 1.25 | 8.42 |
| | 广东 | 5.16 | 0.47 | 1.33 | 6.33 | 2.81 | 16.09 |
| 针叶混交林 | 全国 | 2.19 | 0.26 | 2.85 | 2.92 | 0.88 | 9.10 |
| | 广东 | 4.34 | 0.53 | 2.78 | 6.20 | 1.99 | 15.84 |
| 阔叶混交林 | 全国 | 1.84 | 0.23 | 1.57 | 4.06 | 0.77 | 8.47 |
| | 广东 | 3.65 | 0.46 | 1.53 | 8.64 | 1.73 | 16.00 |
| 杉木林 | 全国 | 2.06 | 0.26 | 1.91 | 3.42 | 1.18 | 8.83 |
| | 广东 | 4.09 | 0.52 | 1.86 | 7.28 | 2.64 | 16.40 |
| 相思林 | 全国 | 1.37 | 0.18 | 1.49 | 3.18 | 0.88 | 7.09 |
| | 广东 | 2.71 | 0.36 | 1.46 | 6.76 | 1.97 | 13.25 |
| 桉树林 | 全国 | 1.80 | 0.19 | 2.08 | 3.41 | 1.18 | 8.66 |
| | 广东 | 3.56 | 0.38 | 2.03 | 7.27 | 2.64 | 15.89 |
| 马尾松林 | 全国 | 2.14 | 0.24 | 1.78 | 3.22 | 1.19 | 8.56 |
| | 广东 | 4.23 | 0.49 | 1.73 | 6.85 | 2.66 | 15.97 |
| 经济林 | 全国 | 2.06 | 0.27 | 1.69 | 3.26 | 1.27 | 8.55 |
| | 广东 | 4.08 | 0.55 | 1.65 | 6.94 | 2.85 | 16.07 |

## 8.2.5　森林土壤各重金属的空间分布特征

总体而言，5 种土壤重金属元素的空间分布上均呈现西南、东北高，南北低的趋势，5 种重金属元素在罗定市大部分区域含量较低，处于清洁水平。土壤 Cu 含量的预测值在 2.68~45.53 mg/kg 范围内，空间分布特征如彩图 23，Cu 含量在 2.67~17.65 mg/kg 范围内分布最广，龙湾镇和苹塘镇与金鸡镇的交界处出现极高值，含量在 21.91~45.53 mg/kg 之间，是广东省背景值的 1.5~2.5 倍，泗纶镇、罗平镇、分界镇南部等部分区域也超过广东省背景值（17.60 mg/kg），这几个区域应当引起重视。通过卫星影像图可知，龙湾镇紧靠省道荔朱线，同时该镇铸造业历史悠久，交通尾气 排放、铸造业等工业生产可能是造成该镇区 Cu 含量偏高的主要因素。

土壤 Zn 含量的预测值在 5.04~99.66 mg/kg 范围内，空间分布特征如彩图 24 所示，Zn 含量在 5.04~24.70 mg/kg 范围内分布最广，呈西南—东北方向偏高，南北及中部地区偏低，整体处于清洁水平。在华石镇、苹塘镇东北部以及素龙镇和船步镇局部地区出现值，超过广东省背景值 49.71，应引起注意。

土壤 Pb 含量的预测值在 1.91~78.48 mg/kg 范围内，空间分布特征如彩图 25 所示，Pb 含量在 1.91~15.73 mg/kg 范围内分布最广，总体上分布较均匀，处于清洁水平。在分界镇西南部出现极高值，超过广东省背景值 35.87，该镇蕴含多达 700 万 t 的铜铅锌矿可能是造成该镇 Pb 含量偏高的主要因素。

土壤 Cd 含量的预测值在 0.002~0.095 mg/kg 范围内，空间分布特征如彩图 26 所示，Cd 含量分布比较均匀，总体处于低水平。黎少镇、素龙镇西部部分区域出现极高值，逼近广东省背景值 0.09，且图中 Cd 深色的高值区面积较小，说明 Cd 为在该区域污染物迁移能力有限，具有成为点源污染的风险，可能是受到该镇区工业废弃物排放的影响较大。

土壤 Ni 含量的预测值在 1.52~28.37 mg/kg 范围内，空间分布特征如彩图 27 所示，研究区西部、东北角 Ni 含量偏高，南北部含量较低，处于清洁水平。泗纶镇、林滨镇和黎少镇西部区域出现 Ni 元素面源污染，超过广东省背景值 17.80，可能该区域矿业及农业活动，因当引起重视。

## 8.2.6　森林土壤重金属污染评价等级的空间分布特征

分别以广东省背景值和全国土壤环境质量标准作为参比值得土壤重金属内梅罗综合评价图，如彩图 28 至彩图 29 所示。以广东省背景值作为参比值可以更细致地反映该地区综合污染指数分级，以彩图 28 为例，罗定市综合污染指数整体上呈西南、东北高，南北部低；西部—中部—东部综合污染指数高低区呈带状渐次分布，大部分地区 $P < 0.7$，属于安全水平，未受到重金属污染。分界镇南部、龙湾镇、苹塘镇和金鸡镇的交界处、泗纶镇和林滨镇交界处等部分镇区出现轻微污染（$1 < P < 2$）。其中，经查证分界镇南部为该行政区下辖金田村附近，该村水源较缺，多种植经济作物，且有丰富的矿产资源，蕴含大量铁矿石、铜矿石，对经济林的人为干预和丰富的矿产资源可能是造

成该地区综合污染指数较高，处于轻度污染的原因；龙湾镇铸铁业历史悠久，苹塘镇被列为工业卫星镇，并且拥有丰富的石灰石、大理石资源，因此工业生产、矿产开采可能是这些镇区处于轻度污染的原因，应引起足够重视。

## 8.3　新兴县土壤重金属

### 8.3.1　新兴县各镇区林地土壤重金属分布特征

#### 8.3.1.1　新兴县各镇区林地土壤重金属 Cu 含量的分布特征

新兴县各镇区林地土壤重金属 Cu 含量的分析（表8.10）显示：在0～10 cm 混合样中，12 个城镇 Cu 的含量从高到低依次是：天堂镇＞水台镇＞大江镇＞太平镇＞新城镇＞箖竹镇＞六祖镇＞东成镇＞稔村镇＞里洞镇＞河头镇＞车岗镇，其中天堂镇的 Cu 含量最高，显著高于其他城镇，已经超过广东省土壤背景值；在 0～20 cm 土层中，14 个城镇 Cu 的含量从高到低依次是：天堂镇＞大江镇＞箖竹镇＞水台镇＞太平镇＞新城镇＞六祖镇＞东成镇＞稔村镇＞河头镇＞里洞镇＞车岗镇，其中天堂镇 Cu 含量显著高于其余城镇；在 20～40 cm 土层中，最高到最低依次是天堂镇＞大江镇＞太平镇＞水台镇＞箖竹镇＞新城镇＞六祖镇＞河头镇＞里洞镇＞车岗镇＞稔村镇＞东成镇，其中天堂镇的 Cu 含量显著高于其余城镇；在 40～60 cm 土层中，天堂镇＞大江镇＞水台镇＞太平镇＞箖竹镇＞新城镇＞六祖镇＞河头镇＞里洞镇＞稔村镇＞车岗镇＞东成镇，其中天堂镇的 Cu 含量显著高于其余城镇；在 60～80 cm 土层中，天堂镇＞大江镇＞太平镇＞水台镇＞箖竹镇＞新城镇＞六祖镇＞河头镇＞里洞镇＞车岗镇＞稔村镇＞东成镇，其中天堂镇的 Cu 含量显著高于其余城镇；在 80～100 cm 土层中，天堂镇＞大江镇＞太平镇＞水台镇＞箖竹镇＞新城镇＞六祖镇＞河头镇＞里洞镇＞车岗镇＞稔村镇＞东成镇，其中最高是天堂镇。

表8.10　林地土壤重金属 Cu 含量分布特征（mg/kg）

| 城镇 | 0～10cm 混合样 | 土层 | | | | |
|------|------|------|------|------|------|------|
| | | 0～20cm | 20～40cm | 40～60cm | 60～80cm | 80～100cm |
| 车岗镇 | 6.31 ± 1.56b | 5.81 ± 1.73b | 5.08 ± 1.38b | 4.90 ± 1.37b | 4.92 ± 1.39b | 4.89 ± 1.27b |
| 新城镇 | 12.09 ± 2.69b | 9.38 ± 1.27b | 8.88 ± 1.44b | 8.03 ± 0.94b | 7.39 ± 0.97b | 6.48 ± 0.78b |

（续）

| 城镇 | 0～10cm 混合样 | 土层 | | | | |
|------|------|------|------|------|------|------|
| | | 0～20cm | 20～40cm | 40～60cm | 60～80cm | 80～100cm |
| 水台镇 | 15.70 ± 2.00b | 11.08 ± 1.46b | 10.77 ± 1.53b | 10.60 ± 1.24b | 10.00 ± 1.23b | 8.95 ± 1.14b |
| 稔村镇 | 7.29 ± 0.84b | 5.13 ± 0.45b | 4.88 ± 0.39b | 5.08 ± 0.45b | 4.39 ± 0.37b | 4.08 ± 0.39b |
| 太平镇 | 13.99 ± 3.63b | 13.21 ± 3.72b | 11.26 ± 3.06b | 10.08 ± 2.53b | 10.08 ± 2.56b | 8.91 ± 2.20b |
| 六祖镇 | 10.26 ± 2.88b | 9.17 ± 2.53b | 7.55 ± 2.18b | 7.23 ± 2.11b | 6.90 ± 1.96b | 6.63 ± 1.80b |
| 大江镇 | 14.55 ± 0.83b | 13.37 ± 0.62b | 12.00 ± 0.62b | 11.35 ± 0.60b | 11.08 ± 0.51b | 10.71 ± 0.34b |
| 天堂镇 | 45.83 ± 21.68a | 43.89 ± 22.66a | 35.12 ± 18.36a | 35.14 ± 16.71a | 32.88 ± 17.23a | 31.13 ± 15.61a |
| 河头镇 | 6.67 ± 1.12b | 6.41 ± 1.20b | 5.91 ± 1.09b | 5.56 ± 1.13b | 5.62 ± 1.19b | 4.94 ± 0.90b |
| 簕竹镇 | 11.14 ± 3.42b | 11.31 ± 3.67b | 9.63 ± 2.72b | 8.99 ± 2.59b | 8.87 ± 2.88b | 7.04 ± 1.52b |
| 东成镇 | 7.60 ± 1.29b | 7.56 ± 1.77b | 4.17 ± 0.45b | 4.06 ± 0.39b | 3.95 ± 0.40b | 3.60 ± 0.41b |
| 里洞镇 | 6.83 ± 1.29b | 6.14 ± 1.34b | 5.77 ± 1.27b | 5.47 ± 1.21b | 5.42 ± 1.23b | 5.34 ± 1.22b |
| 广东省背景值 | | 17.65 | | | | |

注：表内数据为多次重复平均值，±后数值为标准误差；多重比较采用 Duncan 法，同列数据相同字母表示差异不显著（$P < 0.05$），下同。

### 8.3.1.2　新兴县各镇区林地土壤重金属 Zn 含量的分布特征

从表 8.11 可以看出，新兴县各镇区林地各个土层的 Zn 含量均未超过广东省背景值，里洞镇、太平镇、天堂镇的土壤 Zn 含量较高，簕竹镇和河头镇的土壤 Zn 含量较低。其中里洞镇的 Zn 含量普遍显著大于其他城镇，如在 0～10 cm 混合样中，是最低的簕竹镇 Zn 含量的 3.14 倍；在 0～20 cm 土层中，是最低的河头镇的 3.27 倍；在 20～40 cm 土层中，是最低的簕竹镇 Zn 含量的 3.10 倍；在 40～60 cm 土层中，是最低的簕竹镇 Zn 含量的 3.08 倍；在 60～

80 cm 土层中，均未超过广东省背景值，是最低的箖竹镇 Zn 含量的 3.28 倍；在 80~100 cm 土层中，是最低的箖竹镇 Zn 含量的 3.12 倍，可得里洞镇各个土层的 Zn 含量均超过对应土层最低含量值的 3 倍以上。

表 8.11　林地土壤重金属 Zn 含量分布特征（mg/kg）

| 城镇 | 0~10cm 混合样 | 土层 | | | | |
| --- | --- | --- | --- | --- | --- | --- |
| | | 0~20cm | 20~40cm | 40~60cm | 60~80cm | 80~100cm |
| 车岗镇 | 20.80 ± 3.41bc | 17.17 ± 1.92cde | 13.3 ± 1.31d | 13.86 ± 1.96cd | 13.45 ± 1.77bc | 11.72 ± 1.40cde |
| 新城镇 | 22.45 ± 4.16bc | 20.07 ± 3.47cde | 15.59 ± 2.26cd | 15.97 ± 3.76cd | 15.38 ± 3.46bc | 11.66 ± 1.29cde |
| 水台镇 | 16.90 ± 2.01bc | 11.70 ± 2.18de | 10.79 ± 1.44d | 10.27 ± 1.58d | 9.33 ± 1.06c | 8.75 ± 1.21de |
| 稔村镇 | 20.98 ± 2.46bc | 20.86 ± 3.05cde | 15.05 ± 1.76cd | 13.85 ± 1.59cd | 12.58 ± 1.56c | 11.36 ± 0.94cde |
| 太平镇 | 37.00 ± 5.55a | 35.01 ± 6.98a | 24.40 ± 4.26ab | 23.82 ± 3.78ab | 21.28 ± 3.35ab | 19.43 ± 2.84ab |
| 六祖镇 | 19.82 ± 1.83bc | 20.45 ± 2.55cde | 15.06 ± 1.07cd | 13.81 ± 1.19cd | 13.98 ± 1.17bc | 11.69 ± 1.17cde |
| 大江镇 | 17.59 ± 1.54bc | 15.89 ± 1.69cde | 14.73 ± 1.72cd | 13.65 ± 1.33cd | 12.67 ± 1.39c | 10.68 ± 0.97cde |
| 天堂镇 | 29.51 ± 8.17ab | 23.81 ± 5.22bc | 22.45 ± 5.83abc | 21.67 ± 5.31abc | 20.57 ± 4.72b | 15.83 ± 3.08bc |
| 河头镇 | 13.7 ± 2.09c | 10.71 ± 1.43e | 9.54 ± 1.27d | 9.07 ± 1.19d | 9.14 ± 1.30c | 8.37 ± .01de |
| 箖竹镇 | 12.70 ± 1.21c | 11.68 ± 1.02de | 8.94 ± 0.66d | 8.78 ± 0.38d | 8.53 ± 0.29c | 7.18 ± 0.30e |
| 东成镇 | 22.24 ± 1.18bc | 22.90 ± 2.26bcd | 17.51 ± 1.36bcd | 15.48 ± 0.48bcd | 15.30 ± 0.63bc | 13.55 ± 0.84cd |
| 里洞镇 | 39.83 ± 3.04a | 32.76 ± 5.02ab | 27.68 ± 3.43a | 27.06 ± 3.47a | 27.99 ± 3.65a | 22.42 ± 3.26a |
| 广东省背景值 | | | 49.71 | | | |

### 8.3.1.3   新兴县各镇区林地土壤重金属 Pb 含量的分布特征

从表 8.12 可得，天堂镇在各个土层中 Pb 含量均已超过广东省背景值，且显著大于其他城镇。在 0~10 cm 土壤混合样中，12 个城镇土壤 Pb 含量从高到低依次是：天堂镇 > 太平镇 > 六祖镇 > 河头镇 > 新城镇 > 里洞镇 > 稔村镇 > 水台镇 > 车岗镇 > 大江镇 > 东成镇 > 簕竹镇，天堂镇在 0~10 cm 土层中 Pb 含量达广东省背景值的 6.86 倍，且是最低的簕竹镇 Pb 含量的 23.7 倍，在最底层 80~100 cm 也已超过广东省背景值，簕竹镇、东成镇和大江镇的 Pb 含量则相对较低。

表 8.12   林地土壤重金属 Pb 含量分布特征表（mg/kg）

| 城镇 | 0~10cm 混合样 | 土层 | | | | |
| --- | --- | --- | --- | --- | --- | --- |
| | | 0~20cm | 20~40cm | 40~60cm | 60~80cm | 80~100cm |
| 车岗镇 | 13.51 ± 2.90b | 10.12 ± 2.55b | 8.90 ± 2.43b | 7.14 ± 1.73b | 7.73 ± 2.07b | 7.17 ± 2.12b |
| 新城镇 | 23.57 ± 3.02b | 22.41 ± 2.89b | 19.45 ± 3.26b | 14.34 ± 2.01b | 15.13 ± 2.24b | 13.74 ± 2.20b |
| 水台镇 | 13.99 ± 1.16b | 10.69 ± 0.53b | 9.80 ± 0.55b | 9.03 ± 0.72b | 8.49 ± 0.72b | 8.00 ± 0.59b |
| 稔村镇 | 21.71 ± 3.13b | 20.96 ± 3.04b | 13.85 ± 1.80b | 13.17 ± 1.85b | 11.07 ± 1.68b | 9.38 ± 1.45b |
| 太平镇 | 29.52 ± 3.49b | 23.63 ± 2.68b | 16.72 ± 2.44b | 19.14 ± 2.34b | 16.89 ± 1.53b | 12.94 ± 1.04b |
| 六祖镇 | 26.94 ± 3.93b | 20.00 ± 3.11b | 18.56 ± 3.17b | 16.73 ± 2.92b | 15.46 ± 3.20b | 12.87 ± 1.83b |
| 大江镇 | 13.06 ± 1.30b | 11.55 ± 0.93b | 10.28 ± 1.15b | 9.39 ± 1.44b | 9.48 ± 1.43b | 8.61 ± 1.12b |
| 天堂镇 | 245.89 ± 145.47a | 116.63 ± 73.61a | 98.01 ± 66.14a | 93.94 ± 64.08a | 92.68 ± 61.65a | 76.71 ± 48.56a |
| 河头镇 | 26.52 ± 7.52b | 22.64 ± 4.58b | 17.19 ± 3.16b | 17.95 ± 3.88b | 15.73 ± 3.16b | 14.68 ± 3.29b |
| 簕竹镇 | 10.36 ± 1.21b | 8.09 ± 1.01b | 6.25 ± 0.71b | 5.67 ± 0.60b | 5.69 ± 0.80b | 4.56 ± 0.58b |
| 东成镇 | 12.34 ± 2.56b | 15.08 ± 2.52b | 8.40 ± 1.56b | 8.19 ± 2.39b | 6.72 ± 1.85b | 6.32 ± 1.85b |
| 里洞镇 | 23.39 ± 3.77b | 23.28 ± 3.70b | 17.11 ± 4.79b | 14.8 ± 4.10b | 13.53 ± 3.71b | 12.99 ± 3.70b |
| 广东省背景值 | | 35.87 | | | | |

#### 8.3.1.4　新兴县各镇区林地土壤重金属 Cd 含量的分布特征

天堂镇的土壤 Cd 含量水平显著大于其他城镇(表 8.13),在 0 ~ 10 cm 混合样中,12 个城镇土壤 Cd 的含量从高到低依次是:天堂镇 > 大江镇 > 里洞镇 > 稔村镇 > 簕竹镇 > 水台镇 > 河头镇 > 六祖镇 > 太平镇 > 车岗镇 > 东成镇 > 新城镇,天堂镇土壤 Cd 含量最高;在 0 ~ 20 cm 土层,Cd 的含量从高到低依次是:天堂镇 > 太平镇 > 东成镇 > 大江镇 > 稔村镇 > 里洞镇 > 河头镇 > 簕竹镇 > 六祖镇 > 水台镇 > 车岗镇 > 新城镇;在 20 ~ 40 cm 土层中,最高到最低依次是天堂镇 > 太平镇 > 稔村镇 > 大江镇 > 里洞镇 > 河头镇 > 六祖镇 > 水台镇 > 东成镇 > 车岗镇 > 簕竹镇 > 新城镇,Cd 含量最高的是天堂镇;在 60 ~ 80 cm 土层中,最高到最低依次是天堂镇 > 大江镇 > 里洞镇 > 稔村镇 > 簕竹镇 > 水台镇 > 河头镇 > 六祖镇 > 太平镇 > 车岗镇 > 东成镇 > 新城镇;在 80 ~ 100 cm 土层中,最高到最低依次是天堂镇 > 太平镇 > 大江镇 > 稔村镇 > 六祖镇 > 车岗镇 > 河头镇 > 水台镇 > 里洞镇 > 东成镇 > 新城镇 > 簕竹镇。

表 8.13　林地土壤重金属 Cd 含量分布特征(mg/kg)

| 城镇 | 0 ~ 10cm 混合样 | 土层 | | | | |
|---|---|---|---|---|---|---|
| | | 0 ~ 20cm | 20 ~ 40cm | 40 ~ 60cm | 60 ~ 80cm | 80 ~ 100cm |
| 车岗镇 | 0.019 ± 0.010b | 0.011 ± 0.005b | 0.009 ± 0.005b | 0.007 ± 0.003b | 0.008 ± 0.005b | 0.009 ± 0.005b |
| 新城镇 | 0.006 ± 0.001b | 0.005 ± 0.001b | 0.005 ± 0.001b | 0.005 ± 0.001b | 0.005 ± 0.001b | 0.005 ± 0.001b |
| 水台镇 | 0.027 ± 0.003b | 0.015 ± 0.002b | 0.012 ± 0.003b | 0.010 ± 0.002b | 0.010 ± 0.002b | 0.009 ± 0.001b |
| 稔村镇 | 0.032 ± 0.003b | 0.025 ± 0.003b | 0.028 ± 0.009b | 0.023 ± 0.007b | 0.016 ± 0.002b | 0.012 ± 0.001b |
| 太平镇 | 0.044 ± 0.011b | 0.035 ± 0.006b | 0.031 ± 0.006b | 0.033 ± 0.007b | 0.030 ± 0.005b | 0.029 ± 0.005b |
| 六祖镇 | 0.022 ± 0.003b | 0.016 ± 0.001b | 0.014 ± 0.002b | 0.013 ± 0.002b | 0.012 ± 0.002b | 0.010 ± 0.002b |
| 大江镇 | 0.056 ± 0.019b | 0.029 ± 0.007b | 0.026 ± 0.005b | 0.019 ± 0.002b | 0.022 ± 0.004b | 0.018 ± 0.002b |
| 天堂镇 | 0.252 ± 0.051a | 0.142 ± 0.037a | 0.079 ± 0.015a | 0.095 ± 0.033a | 0.092 ± 0.027a | 0.069 ± 0.016a |
| 河头镇 | 0.024 ± 0.006b | 0.022 ± 0.006b | 0.017 ± 0.006b | 0.016 ± 0.006b | 0.011 ± 0.003b | 0.009 ± 0.004b |

（续）

| 城镇 | 0~10cm 混合样 | 土层 | | | | |
|---|---|---|---|---|---|---|
| | | 0~20cm | 20~40cm | 40~60cm | 60~80cm | 80~100cm |
| 箖竹镇 | 0.030 ± 0.011b | 0.016 ± 0.002b | 0.009 ± 0.001b | 0.009 ± 0.002b | 0.006 ± 0.001b | 0.004 ± 0.001b |
| 东成镇 | 0.015 ± 0.004b | 0.031 ± 0.015b | 0.011 ± 0.003b | 0.008 ± 0.002b | 0.007 ± 0.002b | 0.006 ± 0.002b |
| 里洞镇 | 0.033 ± 0.008b | 0.023 ± 0.003b | 0.019 ± 0.003b | 0.016 ± 0.004b | 0.012 ± 0.004b | 0.008 ± 0.003b |
| 广东省背景值 | | 0.09 | | | | |

### 8.3.1.5　新兴县各镇区林地土壤重金属 Ni 含量的分布特征

在 0~10 cm 土壤混合样中，Ni 的含量由大到小顺序是（表 8.14）：太平镇>新城镇>天堂镇>大江镇>水台镇>稔村镇>六祖镇>东成镇>箖竹镇>车岗镇>里洞镇>河头镇；在 0~20 cm 土层中，Ni 的含量由大到小顺序是：太平镇>新城镇>天堂镇>大江镇>水台镇>箖竹镇>六祖镇>里洞镇>稔村镇>东成镇>车岗镇>河头镇；在 20~40 cm 土层中，Ni 的含量由大到小顺序是：太平镇>新城镇>大江镇>天堂镇>水台镇>箖竹镇>稔村镇>六祖镇>东成镇>里洞镇>车岗镇>河头镇；在 40~60 cm 土层中，Ni 的含量由大到小顺序是：新城镇>太平镇>大江镇>天堂镇>水台镇>箖竹镇>六祖镇>里洞镇>东成镇>车岗镇>稔村镇>河头镇；在 60~80 cm 土层中，Ni 的含量由大到小顺序是：新城镇>太平镇>大江镇>天堂镇>水台镇>箖竹镇>里洞镇>六祖镇>东成镇>稔村镇>车岗镇>河头镇；在 80~100 cm 土层中，最高到最低依次是新城镇>太平镇>大江镇>天堂镇>水台镇>箖竹镇>里洞镇>六祖镇>东成镇>车岗镇>稔村镇>河头镇。且太平镇、新城镇的 Ni 显著大于其他城镇，但差异不显著。

表8.14　林地土壤重金属 Ni 含量分布特征（mg/kg）

| 城镇 | 0~10cm 混合样 | 土层 | | | | |
|---|---|---|---|---|---|---|
| | | 0~20cm | 20~40cm | 40~60cm | 60~80cm | 80~100cm |
| 车岗镇 | 5.31 ± 1.36cde | 4.03 ± 0.79d | 3.68 ± 0.72cd | 3.40 ± 0.77c | 3.17 ± 0.79d | 2.86 ± 0.66c |
| 新城镇 | 11.62 ± 2.54ab | 10.88 ± 2.00ab | 9.60 ± 2.30ab | 8.56 ± 1.49a | 8.68 ± 2.15a | 6.97 ± 1.56a |

（续）

| 城镇 | 0~10cm 混合样 | 土层 | | | | |
|---|---|---|---|---|---|---|
| | | 0~20cm | 20~40cm | 40~60cm | 60~80cm | 80~100cm |
| 水台镇 | 7.27 ± 0.65bcde | 6.56 ± 0.81bcd | 5.73 ± 0.42bcd | 5.60 ± 0.42abc | 5.22 ± 0.38abcd | 4.54 ± 0.32abc |
| 稔村镇 | 6.80 ± 1.35bcde | 4.70 ± 0.63cd | 4.21 ± 0.76cd | 3.37 ± 0.76c | 3.33 ± 0.61cd | 2.83 ± 0.51c |
| 太平镇 | 12.80 ± 3.49a | 12.92 ± 3.96a | 10.61 ± 3.22a | 8.42 ± 2.48a | 8.35 ± 2.41a | 6.94 ± 1.91a |
| 六祖镇 | 6.21 ± 1.23bcde | 5.77 ± 1.55cd | 4.04 ± 0.90cd | 4.22 ± 1.06bc | 3.68 ± 0.79bcd | 3.44 ± 0.85c |
| 大江镇 | 10.27 ± 0.54abcd | 8.26 ± 0.73abcd | 7.98 ± 0.49abc | 7.64 ± 0.49ab | 7.15 ± 0.50ab | 6.90 ± 0.49a |
| 天堂镇 | 10.58 ± 2.40abc | 9.38 ± 1.42abc | 7.74 ± 1.14abc | 7.57 ± 1.27ab | 6.93 ± 1.09abc | 6.51 ± 0.98ab |
| 河头镇 | 3.48 ± 0.50e | 3.19 ± 0.56d | 2.46 ± 0.25d | 2.51 ± 0.26 | 2.29 ± 0.27d | 2.08 ± 0.27c |
| 箬竹镇 | 5.52 ± 0.48cde | 6.14 ± 0.63bcd | 4.71 ± 0.55cd | 4.70 ± 0.51bc | 4.31 ± 0.47bcd | 3.92 ± 0.44bc |
| 东成镇 | 5.74 ± 1.56cde | 4.33 ± 1.39cd | 3.92 ± 1.36cd | 3.91 ± 1.25c | 3.61 ± 1.29bcd | 3.00 ± 0.93c |
| 里洞镇 | 4.61 ± 1.63de | 5.40 ± 1.88cd | 3.69 ± 1.33cd | 4.02 ± 1.42bc | 3.89 ± 1.38bcd | 3.60 ± 1.46c |
| 广东省背景值 | | | 17.8 | | | |

## 8.3.2 新兴县不同林分类型土壤重金属含量

### 8.3.2.1 新兴县不同林分类型土壤重金属 Cu 含量

从表 8.15 可以看出，在 0~10 cm 土壤混合样中，Cu 的含量从高到低依次是：荔枝林>阔叶混交林>马尾松林>针叶阔叶混交林>针叶混交林>杉木林>南洋楹林>肉桂林>相思林>桉树林>杂竹林>木荷林>龙眼林>湿地松林；在 0~20 cm 土层中，Cu 的含量从高到低依次是：荔枝林>阔叶混交林>马尾松林>针叶阔叶混交林>肉桂林>针叶混交林>杉木林>相思林>

木荷林 > 南洋楹林 > 龙眼林 > 桉树林 > 湿地松林 > 杂竹林；在 20~40 cm 土层中，Cu 的含量从高到低依次是：荔枝林 > 阔叶混交林 > 针叶阔叶混交林 > 马尾松林 > 肉桂林 > 针叶混交林 > 龙眼林 > 杉木林 > 南洋楹林 > 桉树林 > 相思林 > 木荷林 > 湿地松林 > 杂竹林；在 40~60 cm 土层中，Cu 的含量从高到低依次是：荔枝林 > 阔叶混交林 > 马尾松林 > 针叶阔叶混交林 > 肉桂林 > 针叶混交林 > 杉木林 > 相思林 > 木荷林 > 龙眼林 > 桉树林 > 南洋楹林 > 杂竹林 > 湿地松林；在 60~80 cm 土层中，Cu 的含量从高到低依次是：荔枝林 > 阔叶混交林 > 针叶阔叶混交林 > 肉桂林 > 马尾松林 > 针叶混交林 > 相思林 > 杉木林 > 桉树林 > 龙眼林 > 木荷林 > 南洋楹林 > 杂竹林 > 湿地松林；在 80~100 cm 土层中，Cu 的含量从高到低依次是：荔枝林 > 针叶阔叶混交林 > 阔叶混交林 > 马尾松林 > 肉桂林 > 龙眼林 > 杉木林 > 针叶混交林 > 相思林 > 桉树林 > 木荷林 > 南洋楹林 > 杂竹林 > 湿地松林。可得在各个土层中，荔枝林的 Cu 重金属含量最高，且均超过了广东省背景值。

表 8.15　不同林分类型土壤重金属 Cu 含量(mg/kg)

| 林分 | 0~10cm 混合样 | 土层 | | | | |
| --- | --- | --- | --- | --- | --- | --- |
| | | 0~20cm | 20~40cm | 40~60cm | 60~80cm | 80~100cm |
| 湿地松林 | 6.34 ± 1.09 | 7.49 ± 1.48 | 6.05 ± 1.38 | 5.62 ± 1.25 | 5.47 ± 1.25 | 5.18 ± 1.23 |
| 相思林 | 10.02 ± 1.82 | 8.58 ± 1.74 | 7.21 ± 1.48 | 7.80 ± 1.57 | 7.56 ± 1.56 | 6.57 ± 1.31 |
| 龙眼林 | 8.27 ± 1.79 | 7.76 ± 2.17 | 8.79 ± 2.48 | 7.03 ± 1.86 | 6.76 ± 1.84 | 7.11 ± 1.90 |
| 杂竹林 | 9.72 ± 2.66 | 6.66 ± 1.80 | 5.89 ± 1.50 | 6.18 ± 1.76 | 5.74 ± 1.47 | 5.42 ± 1.44 |
| 桉树林 | 9.87 ± 1.76 | 7.52 ± 1.19 | 7.28 ± 1.26 | 6.98 ± 1.25 | 6.78 ± 1.19 | 6.56 ± 1.14 |
| 针阔混交林 | 14.08 ± 2.30 | 13.74 ± 2.25 | 11.77 ± 2.10 | 11.09 ± 1.70 | 10.95 ± 1.74 | 10.02 ± 1.52 |
| 荔枝林 | 33.63 ± 21.97 | 33.45 ± 23.20 | 28.01 ± 18.99 | 26.02 ± 17.32 | 26.51 ± 17.84 | 24.04 ± 16.15 |

（续）

| 林分 | 0~10cm 混合样 | 土层 | | | | |
|------|------|------|------|------|------|------|
| | | 0~20cm | 20~40cm | 40~60cm | 60~80cm | 80~100cm |
| 马尾松林 | 16.43 ± 9.01 | 13.89 ± 7.36 | 10.58 ± 4.36 | 11.28 ± 5.54 | 8.90 ± 3.72 | 9.32 ± 4.41 |
| 杉木林 | 10.90 ± 2.48 | 8.87 ± 2.02 | 7.64 ± 1.71 | 7.90 ± 1.77 | 7.33 ± 1.61 | 6.92 ± 1.53 |
| 阔叶混交林 | 17.38 ± 3.93 | 15.35 ± 3.99 | 12.77 ± 2.74 | 12.51 ± 2.59 | 11.82 ± 2.99 | 9.58 ± 1.64 |
| 木荷林 | 8.37 ± 4.38 | 8.16 ± 4.97 | 6.89 ± 3.50 | 7.15 ± 4.35 | 5.83 ± 3.17 | 5.92 ± 3.62 |
| 南洋楹林 | 10.70 ± 3.44 | 8.04 ± 2.73 | 7.49 ± 3.28 | 6.24 ± 2.25 | 5.83 ± 2.19 | 5.44 ± 1.47 |
| 肉桂林 | 10.47 ± 3.86 | 11.11 ± 2.25 | 9.75 ± 3.21 | 9.35 ± 2.97 | 9.40 ± 2.94 | 8.34 ± 2.44 |
| 针叶混交林 | 12.65 ± 2.84 | 10.41 ± 2.41 | 9.02 ± 2.10 | 8.14 ± 1.82 | 7.72 ± 1.71 | 6.90 ± 1.36 |

#### 8.3.2.2 新兴县不同林分类型土壤重金属 Zn 含量

在各个土层中，14 种林分类型的 Zn 含量均未超过广东省背景值，且不同林分间相同土层的 Zn 含量也无显著差异（表 8.16），Zn 含量均随土层的深度增加而下降。南洋楹林、杉木林和针叶阔叶混交林土壤中 Zn 的重金属含量偏高；在 20~40 cm 中，针叶阔叶混交林是最低的马尾松林 Zn 含量的 1.79 倍；在 80~100 cm 中，杉木林是最低的马尾松林 Zn 含量的 1.54 倍，而如相思林、木荷林和马尾松林的 Zn 含量水平则偏低。

表 8.16 不同林分类型土壤重金属 Zn 含量（mg/kg）

| 林分 | 0~10cm 混合样 | 土层 | | | | |
|------|------|------|------|------|------|------|
| | | 0~20cm | 20~40cm | 40~60cm | 60~80cm | 80~100cm |
| 湿地松 | 22.10 ± 3.99 | 17.78 ± 3.09 | 15.24 ± 2.43 | 13.53 ± 2.02 | 12.39 ± 1.78 | 10.80 ± 1.56 |
| 相思林 | 15.37 ± 2.22 | 14.60 ± 2.04 | 12.28 ± 1.57 | 12.48 ± 1.79 | 11.24 ± 1.14 | 10.55 ± 1.17 |

（续）

| 林分 | 0～10cm 混合样 | 土层 | | | | |
|---|---|---|---|---|---|---|
| | | 0～20cm | 20～40cm | 40～60cm | 60～80cm | 80～100cm |
| 龙眼林 | 25.27 ± 8.16 | 18.16 ± 5.76 | 14.75 ± 3.09 | 15.62 ± 5.42 | 15.67 ± 3.61 | 13.37 ± 4.09 |
| 杂竹 | 28.33 ± 8.21 | 19.45 ± 4.16 | 14.45 ± 4.76 | 16.06 ± 5.25 | 16.18 ± 6.14 | 11.78 ± 2.65 |
| 桉树 | 18.84 ± 2.44 | 17.28 ± 2.67 | 14.10 ± 1.76 | 13.17 ± 1.71 | 12.45 ± 2.04 | 11.79 ± 1.63 |
| 针阔混交林 | 26.92 ± 6.20 | 25.11 ± 6.14 | 20.34 ± 5.46 | 17.49 ± 4.77 | 17.59 ± 4.4 | 11.46 ± 1.73 |
| 荔枝林 | 19.45 ± 1.69 | 19.21 ± 2.64 | 14.09 ± 1.33 | 14.14 ± 1.59 | 15.54 ± 1.65 | 13.32 ± 1.63 |
| 马尾松 | 16.83 ± 2.9 | 13.56 ± 1.37 | 11.39 ± 1.00 | 11.00 ± 0.93 | 10.54 ± 1.15 | 9.43 ± 0.99 |
| 杉木 | 24.09 ± 4.21 | 23.4 ± 5.13 | 18.75 ± 3.69 | 17.70 ± 3.51 | 16.00 ± 3.07 | 14.56 ± 3.02 |
| 阔叶混交林 | 28.10 ± 7.16 | 19.75 ± 4.27 | 15.53 ± 3.34 | 16.21 ± 3.55 | 15.16 ± 3.39 | 14.50 ± 2.85 |
| 木荷林 | 16.06 ± 3.46 | 19.43 ± 5.86 | 12.26 ± 0.43 | 11.85 ± 1.02 | 10.48 ± 0.72 | 10.27 ± 1.01 |
| 南洋楹林 | 33.05 ± 6.02 | 26.67 ± 5.19 | 20.29 ± 2.36 | 21.89 ± 6.61 | 20.60 ± 6.05 | 12.66 ± 0.91 |
| 肉桂林 | 16.62 ± 1.11 | 17.60 ± 2.13 | 15.44 ± 1.05 | 13.47 ± 1.23 | 12.67 ± 1.30 | 10.77 ± 1.02 |
| 针叶混交林 | 17.84 ± 4.14 | 18.66 ± 4.78 | 16.24 ± 4.03 | 14.63 ± 3.64 | 13.48 ± 2.64 | 11.59 ± 2.69 |

### 8.3.2.3 新兴县不同林分类型土壤重金属 Pb 含量

在 0～10cm 土壤混合样中，Pb 的含量由大到小依次是（表 8.17）：荔枝林＞针叶阔叶混交林＞杉木林＞湿地松林＞杂竹林＞龙眼林＞桉树林＞肉桂林＞南洋楹林＞针叶混交林＞马尾松林＞阔叶混交林＞相思林＞木荷林；在

0~20 cm 土层中 Pb 的含量由大到小依次是：荔枝林 > 针叶阔叶混交林 > 南洋楹林 > 龙眼林 > 杉木林 > 桉树林 > 针叶混交林 > 湿地松林 > 马尾松林 > 阔叶混交林 > 相思林 > 杂竹林 > 肉桂林 > 木荷林；在 20~40 cm 土层中，最高到最低依次是：荔枝林 > 针叶阔叶混交林 > 龙眼林 > 南洋楹林 > 杉木林 > 针叶混交林 > 桉树林 > 阔叶混交林 > 肉桂林 > 相思林 > 杂竹林 > 马尾松林 > 湿地松林 > 木荷林；在 40~60 cm 土层中 Pb 的含量由大到小依次是：荔枝林 > 针叶阔叶混交林 > 龙眼林 > 杉木林 > 针叶混交林 > 桉树林 > 相思林 > 湿地松林 > 杂竹林 > 阔叶混交林 > 肉桂林 > 马尾松林 > 南洋楹林 > 木荷林；在 60~80 cm 土层中 Pb 的含量由大到小依次是：荔枝林 > 针叶阔叶混交林 > 龙眼林 > 杉木林 > 针叶混交林 > 肉桂林 > 桉树林 > 杂竹林 > 相思林 > 南洋楹林 > 湿地松林 > 阔叶混交林 > 马尾松林 > 木荷林；在 80~100 cm 土层中 Pb 的含量由大到小依次是：荔枝林 > 针叶阔叶混交林 > 龙眼林 > 杉木林 > 针叶混交林 > 肉桂林 > 桉树林 > 杂竹林 > 湿地松林 > 阔叶混交林 > 相思林 > 马尾松林 > 南洋楹林 > 木荷林。其中荔枝林的土壤 Pb 含量普遍较高，均已超过广东省背景值。Pb 含量较低的有木荷林、马尾松林和湿地松林等。14 种不同林分的土壤 Pb 质量分数基本随土层深度的增加而下降。

表8.17　不同林分类型土壤重金属 Pb 含量(mg/kg)

| 林分 | 0~10cm 混合样 | 土层 | | | | |
| --- | --- | --- | --- | --- | --- | --- |
| | | 0~20cm | 20~40cm | 40~60cm | 60~80cm | 80~100cm |
| 湿地松 | 22.73 ± 9.93 | 16.78 ± 4.49 | 11.64 ± 3.20 | 12.12 ± 3.68 | 10.43 ± 2.84 | 9.87 ± 2.86 |
| 相思林 | 16.80 ± 2.85 | 14.79 ± 2.75 | 12.17 ± 2.27 | 12.41 ± 2.42 | 11.45 ± 2.10 | 9.31 ± 1.54 |
| 龙眼林 | 22.05 ± 7.47 | 21.82 ± 7.43 | 20.66 ± 6.60 | 16.13 ± 4.80 | 17.16 ± 5.69 | 16.51 ± 5.31 |
| 杂竹林 | 22.51 ± 3.18 | 14.20 ± 4.35 | 12.12 ± 4.13 | 12.08 ± 4.16 | 12.19 ± 3.49 | 11.18 ± 3.48 |
| 桉树林 | 21.36 ± 4.18 | 20.36 ± 4.13 | 15.55 ± 2.89 | 14.49 ± 3.32 | 12.40 ± 2.68 | 11.62 ± 2.76 |
| 针阔混交林 | 126.75 ± 108.29 | 34.34 ± 20.29 | 23.82 ± 11.50 | 22.32 ± 10.84 | 24.07 ± 12.94 | 21.96 ± 12.50 |

（续）

| 林分 | 0～10cm 混合样 | 土层 | | | | |
|---|---|---|---|---|---|---|
| | | 0～20cm | 20～40cm | 40～60cm | 60～80cm | 80～100cm |
| 荔枝林 | 130.58 ± 111.77 | 91.58 ± 73.83 | 81.32 ± 67.15 | 78.62 ± 65.03 | 76.41 ± 62.31 | 60.69 ± 48.87 |
| 马尾松 | 19.74 ± 3.98 | 15.55 ± 1.64 | 11.73 ± 1.08 | 11.11 ± 0.90 | 9.98 ± 1.32 | 8.97 ± 1.11 |
| 杉木 | 24.19 ± 2.92 | 20.89 ± 4.17 | 16.91 ± 3.51 | 16.10 ± 3.60 | 14.61 ± 3.16 | 12.47 ± 3.33 |
| 阔叶混交林 | 19.67 ± 4.30 | 15.32 ± 2.94 | 12.54 ± 2.69 | 11.94 ± 1.84 | 10.27 ± 1.89 | 9.33 ± 1.36 |
| 木荷林 | 11.86 ± 3.29 | 11.40 ± 4.49 | 7.01 ± 2.12 | 6.16 ± 2.47 | 6.22 ± 3.07 | 5.01 ± 2.25 |
| 南洋楹林 | 20.67 ± 3.49 | 23.59 ± 6.91 | 16.94 ± 6.05 | 9.91 ± 2.67 | 10.71 ± 4.32 | 7.50 ± 1.93 |
| 肉桂林 | 21.24 ± 7.93 | 13.97 ± 0.40 | 12.49 ± 1.01 | 11.92 ± 1.46 | 12.95 ± 1.64 | 11.90 ± 1.62 |
| 针叶混交林 | 20.49 ± 3.87 | 19.17 ± 3.31 | 16.13 ± 3.45 | 14.58 ± 2.98 | 13.44 ± 2.48 | 12.10 ± 2.32 |

#### 8.3.2.4 新兴县不同林分类型土壤重金属 Cd 含量

从表8.18可以看出：在0～10 cm土壤混合样中，Cd的含量从高到低依次是：木荷林＞荔枝林＞马尾松林＞杉木林＞针叶阔叶混交林＞桉树林＞龙眼林＞阔叶混交林＞针叶混交林＞杂竹林＞湿地松林＞相思林＞肉桂林＞南洋楹林，其中木荷林的Cd含量最高且超过广东省背景值；在0～20 cm土层中，Cd的含量从高到低依次是：荔枝林＞针叶阔叶混交林＞杉木林＞木荷林＞阔叶混交林＞湿地松林＞杂竹林＞针叶混交林＞龙眼林＞桉树林＞南洋楹林＞马尾松林＞肉桂林＞相思林；在20～40 cm土层中，最高到最低依次是：木荷林＞荔枝林＞杉木林＞针叶阔叶混交林＞相思林＞马尾松林＞杂竹林＞龙眼林＞肉桂林＞阔叶混交林＞南洋楹林＞针叶混交林＞桉树林＞湿地松林；在40～60 cm土层中，Cd的含量从高到低依次是：荔枝林＞杉木林＞针叶阔叶混交林＞马尾松林＞木荷林＞相思林＞杂竹林＞针叶混交林＞阔叶混交林＞龙眼林＞肉桂林＞南洋楹林＞桉树林＞湿地松林；在60～80 cm土层中，Cd 的含量从高到低依次是：荔枝林＞马尾松林＞针叶阔叶混交林＞杉木林＞木荷林＞阔叶混交林＞龙眼林＞杂竹林＞桉树林＞肉桂林＞南洋楹林＞针叶混交林＞相思林＞湿地松林；在 80～100 cm 土层中，Cd 的含量从高到低依次是：荔枝林＞木荷林＞针叶阔叶混交林＞杉木林＞阔叶混交林＞龙眼林＞马尾松林＞肉桂林＞湿地松林＞桉树林＞杂竹林＞相思林＞南洋楹林＞针叶混交林。其中荔枝林、木荷林的土壤 Cd 含量普遍较高，南洋楹林、肉桂林、桉树林等则较低。

表 8.18　不同林分类型土壤重金属 Cd 含量（mg/kg）

| 林分 | 0～10cm 混合样 | 土层 | | | | |
|---|---|---|---|---|---|---|
| | | 0～20cm | 20～40cm | 40～60cm | 60～80cm | 80～100cm |
| 湿地松林 | 0.034 ± 0.017 | 0.029 ± 0.010 | 0.014 ± 0.003 | 0.013 ± 0.003 | 0.007 ± 0.003 | 0.015 ± 0.010 |
| 相思林 | 0.022 ± 0.006 | 0.018 ± 0.005 | 0.025 ± 0.010 | 0.020 ± 0.008 | 0.014 ± 0.004 | 0.011 ± 0.003 |
| 龙眼林 | 0.044 ± 0.029 | 0.022 ± 0.015 | 0.021 ± 0.014 | 0.015 ± 0.009 | 0.018 ± 0.013 | 0.018 ± 0.014 |
| 杂竹林 | 0.035 ± 0.015 | 0.025 ± 0.008 | 0.022 ± 0.008 | 0.019 ± 0.008 | 0.016 ± 0.008 | 0.011 ± 0.006 |
| 桉树林 | 0.045 ± 0.019 | 0.022 ± 0.005 | 0.018 ± 0.004 | 0.014 ± 0.004 | 0.016 ± 0.004 | 0.013 ± 0.003 |
| 针阔混交林 | 0.056 ± 0.025 | 0.056 ± 0.032 | 0.026 ± 0.011 | 0.027 ± 0.013 | 0.028 ± 0.014 | 0.020 ± 0.012 |
| 荔枝林 | 0.082 ± 0.054 | 0.060 ± 0.033 | 0.034 ± 0.018 | 0.049 ± 0.036 | 0.036 ± 0.024 | 0.028 ± 0.017 |
| 马尾松林 | 0.077 ± 0.054 | 0.020 ± 0.005 | 0.024 ± 0.009 | 0.023 ± 0.010 | 0.032 ± 0.021 | 0.016 ± 0.006 |
| 杉木林 | 0.062 ± 0.023 | 0.041 ± 0.018 | 0.028 ± 0.008 | 0.030 ± 0.010 | 0.025 ± 0.010 | 0.020 ± 0.007 |
| 阔叶混交林 | 0.039 ± 0.015 | 0.033 ± 0.013 | 0.018 ± 0.006 | 0.017 ± 0.004 | 0.019 ± 0.008 | 0.018 ± 0.008 |

（续）

| 林分 | 0~10cm 混合样 | 土层 | | | | |
|---|---|---|---|---|---|---|
| | | 0~20cm | 20~40cm | 40~60cm | 60~80cm | 80~100cm |
| 木荷林 | 0.096 ± 0.068 | 0.036 ± 0.022 | 0.037 ± 0.024 | 0.021 ± 0.010 | 0.022 ± 0.010 | 0.027 ± 0.018 |
| 南洋楹林 | 0.022 ± 0.005 | 0.020 ± 0.006 | 0.018 ± 0.005 | 0.015 ± 0.004 | 0.014 ± 0.004 | 0.011 ± 0.003 |
| 肉桂林 | 0.033 ± 0.005 | 0.020 ± 0.003 | 0.019 ± 0.003 | 0.015 ± 0.006 | 0.014 ± 0.006 | 0.015 ± 0.007 |
| 针叶混交林 | 0.036 ± 0.013 | 0.023 ± 0.006 | 0.018 ± 0.005 | 0.017 ± 0.005 | 0.012 ± 0.004 | 0.010 ± 0.004 |

### 8.3.2.5　新兴县不同林分类型土壤重金属 Ni 含量

在不同林分类型土壤剖面分布明显不同（表8.19），除了 0~20 cm 土层中阔叶混交林的 Ni 含量最高为 10.67 mg/kg，其余土层均为龙眼林的 Ni 含量最高，分别为 14.48、9.96、8.30、9.65、7.70 mg/kg，显著大于其他城镇；木荷林的 Ni 的含量均是最低，分别为 3.99、3.52、3.74、2.47、2.91、2.39 mg/kg，此外针叶混交林、针叶阔叶混交林和阔叶林各个土层 Ni 含量均偏高，肉桂林、马尾松林和相思林则普遍较低，均未超过广东省背景值。

表8.19　不同林分类型土壤重金属 Ni 含量（mg/kg）

| 林分 | 0~10cm 混合样 | 土层 | | | | |
|---|---|---|---|---|---|---|
| | | 0~20cm | 20~40cm | 40~60cm | 60~80cm | 80~100cm |
| 湿地松林 | 5.74 ± 1.14b | 5.35 ± 1.31ab | 4.95 ± 1.40ab | 4.39 ± 1.16ab | 4.20 ± 1.14ab | 3.64 ± 1.00ab |
| 相思林 | 5.68 ± 0.93b | 5.24 ± 0.88ab | 4.78 ± 0.85ab | 4.78 ± 0.77ab | 4.57 ± 0.80ab | 4.32 ± 0.76ab |
| 龙眼林 | 14.48 ± 6.71a | 10.36 ± 5.75ab | 9.96 ± 5.78a | 8.30 ± 4.30a | 9.65 ± 6.02a | 7.70 ± 4.65a |
| 杂竹林 | 6.27 ± 2.34b | 5.48 ± 1.60ab | 3.99 ± 1.26ab | 4.82 ± 2.08ab | 4.00 ± 1.32ab | 3.28 ± 1.00ab |

（续）

| 林分 | 0~10cm 混合样 | 土层 | | | | |
|---|---|---|---|---|---|---|
| | | 0~20cm | 20~40cm | 40~60cm | 60~80cm | 80~100cm |
| 桉树林 | 6.13 ± 0.92b | 5.34 ± 1.05ab | 4.30 ± 0.79ab | 4.06 ± 0.71ab | 3.71 ± 0.62ab | 3.40 ± 0.57ab |
| 针阔混交林 | 9.65 ± 1.64ab | 9.13 ± 2.00ab | 7.57 ± 1.58ab | 6.45 ± 1.03ab | 6.26 ± 1.07ab | 5.48 ± 0.90ab |
| 荔枝林 | 6.42 ± 1.62b | 5.93 ± 1.38ab | 5.49 ± 1.38ab | 5.54 ± 1.49ab | 5.38 ± 1.37ab | 4.71 ± 1.23ab |
| 马尾松林 | 5.60 ± 1.18b | 4.49 ± 0.89ab | 4.32 ± 0.93ab | 4.23 ± 0.92ab | 3.59 ± 0.79ab | 3.31 ± 0.73ab |
| 杉木林 | 7.66 ± 1.89ab | 6.82 ± 1.77ab | 5.18 ± 1.19ab | 5.07 ± 1.20ab | 4.63 ± 1.07ab | 4.47 ± 1.06ab |
| 阔叶混交林 | 11.10 ± 2.51ab | 10.67 ± 1.89a | 7.04 ± 1.29ab | 6.76 ± 1.05ab | 6.07 ± 1.02ab | 5.88 ± 1.09ab |
| 木荷林 | 3.99 ± 0.68b | 3.52 ± 0.28b | 3.74 ± 0.10b | 2.47 ± 0.76b | 2.91 ± 0.58b | 2.39 ± 0.80b |
| 南洋楹林 | 10.25 ± 3.58ab | 7.19 ± 3.01ab | 7.51 ± 3.60ab | 5.57 ± 2.33ab | 5.83 ± 2.53ab | 4.13 ± 1.20ab |
| 肉桂林 | 5.54 ± 2.11b | 6.77 ± 1.87ab | 4.47 ± 1.54ab | 4.91 ± 2.12ab | 4.85 ± 2.08ab | 4.73 ± 2.15ab |
| 针叶混交林 | 9.29 ± 2.10ab | 8.72 ± 2.44ab | 7.72 ± 2.17ab | 7.15 ± 1.72ab | 6.51 ± 1.64ab | 5.30 ± 1.09ab |

## 8.3.3　新兴县不同经营类型的林地土壤重金属含量

### 8.3.3.1　新兴县不同经营类型的林地土壤重金属 Cu 含量

表 8.20 显示：在 0~10 cm 土壤混合样中，不同经营类型的林地土壤重金属 Cu 含量从高到低依次是：经济林 > 天然林 > 人工林，其中经济林的 Cu 含量显著高于其余两种林分；在土层 0~20 cm 中，Cu 含量从高到低依次是：经济林 > 天然林 > 人工林，其中经济林的 Cu 含量显著高于其余两种森林类型；在土层 20~40 cm 中，Cu 含量从高到低依次是：经济林 > 天然林 > 人工林，其中经济林的 Cu 含量显著高于其余两种森林类型；在土层 40~60 cm 中，Cu 含量从高到低依次是：经济林 > 天然林 > 人工林，其中经济林的 Cu 含量显著

高于其余两种森林类型;在土层 60～80cm 中,Cu 含量从高到低依次是:经济林＞天然林＞人工林,其中经济林的 Cu 含量显著高于其余两种森林类型;在土层 80～100 cm 中,Cu 含量从高到低依次是:经济林＞天然林＞人工林,其中经济林的 Cu 含量显著高于其余两种森林类型。

表 8.20　不同经营类型的林地土壤重金属 Cu 含量(mg/kg)

| 林地利用类型 | 0～10cm混合样 | 土层 | | | | |
|---|---|---|---|---|---|---|
| | | 0～20cm | 20～40cm | 40～60cm | 60～80cm | 80～100cm |
| 人工林 | 10.62 ± 0.51b | 8.90 ± 1.24b | 7.59 ± 0.84b | 7.68 ± 0.98b | 7.00 ± 0.75b | 6.70 ± 0.80b |
| 天然林 | 14.68 ± 1.73ab | 13.19 ± 1.68ab | 11.21 ± 1.32ab | 10.60 ± 1.19ab | 10.19 ± 1.27ab | 8.88 ± 0.88ab |
| 经济林 | 24.53 ± 13.81a | 24.45 ± 14.53a | 20.99 ± 11.88a | 19.33 ± 10.85a | 19.60 ± 11.18a | 17.92 ± 10.11a |

### 8.3.3.2　新兴县不同经营类型的林地土壤重金属 Zn 含量

在 0～10 cm 土壤混合样中,不同经营类型的林地土壤重金属 Zn 含量从高到低依次是(表 8.21):天然林＞人工林＞经济林;在土层 0～20 cm 中,Zn含量从高到低依次是:天然林＞经济林＞人工林;在土层 20～40 cm 中,Zn含量从高到低依次是:天然林＞人工林＞经济林;在土层 40～60 cm 中,Zn含量从高到低依次是:天然林＞人工林＞经济林;在土层 60～80 cm 中,Zn含量从高到低依次是:天然林＞经济林＞人工林;在土层 80～100 cm 中,Zn含量从高到低依次是:天然林＞经济林＞人工林;不同土层中天然林 Zn 的含量最高,分别为 24.38、21.32、17.48、16.16、15.49、12.48 mg/kg,均未超过广东省背景值。

表 8.21　不同经营类型的林地土壤重金属 Zn 含量(mg/kg)

| 林地利用类型 | 0～10cm混合样 | 土层 | | | | |
|---|---|---|---|---|---|---|
| | | 0～20cm | 20～40cm | 40～60cm | 60～80cm | 80～100cm |
| 人工林 | 20.74 ± 1.44 | 18.33 ± 1.35 | 14.72 ± 0.96 | 14.31 ± 1.02 | 13.30 ± 0.97 | 11.60 ± 0.74 |
| 天然林 | 24.38 ± 3.44 | 21.32 ± 2.95 | 17.48 ± 2.52 | 16.16 ± 2.28 | 15.49 ± 2.04 | 12.48 ± 1.38 |
| 经济林 | 20.01 ± 1.81 | 18.71 ± 1.89 | 14.47 ± 0.98 | 14.29 ± 1.32 | 15.02 ± 1.22 | 12.85 ± 1.23 |

### 8.3.3.3 新兴县不同经营类型的林地土壤重金属 Pb 含量

经济林不同土层中的 Pb 含量均为 3 种森林类型中最高，且均超过广东省背景值（表 8.22），分别为 89.73、63.95、57.04、54.40、53.40、43.26 mg/kg，显著大于另外两种林地利用类型的 Pb 含量；人工林的 Pb 含量则最低，分别为 20.59、17.75、13.64、12.77、11.62、10.15 mg/kg，3 种不同经营类型的林地 Pb 含量均是随着土层的深度增加而下降。

**表 8.22 不同经营类型的林地土壤重金属 Pb 含量**（mg/kg）

| 林地利用类型 | 0~10cm 混合样 | 土层 | | | | |
| --- | --- | --- | --- | --- | --- | --- |
| | | 0~20cm | 20~40cm | 40~60cm | 60~80cm | 80~100cm |
| 人工林 | 20.59 ± 1.69 | 17.75 ± 1.45 | 13.64 ± 1.13 | 12.77 ± 1.15 | 11.62 ± 1.00 | 10.15 ± 0.97 |
| 天然林 | 58.18 ± 38.68 | 23.35 ± 7.31 | 17.72 ± 4.29 | 16.50 ± 3.99 | 16.22 ± 4.71 | 14.73 ± 4.52 |
| 经济林 | 89.73 ± 9.81 | 63.95 ± 6.16 | 57.04 ± 1.93 | 54.40 ± 0.64 | 53.4 ± 38.93 | 43.26 ± 0.50 |

### 8.3.3.4 新兴县不同经营类型的林地土壤重金属 Cd 含量

在 0~10 cm 土壤混合样中，Cd 含量由大到小分别是（表 8.23）：经济林 > 人工林 > 天然林；在土层 0~20 cm 中，Cd 含量由大到小分别是：经济林 > 天然林 > 人工林，经济林的 Cd 含量最高；在土层 20~40 cm 中，Cd 含量由大到小分别是：经济林 > 人工林 > 天然林，经济林的 Cd 含量最高；在土层 40~60 cm 中，Cd 含量由大到小分别是：经济林 > 天然林 > 人工林，经济林的 Cd 含量最高；在土层 60~80 cm 中，Cd 含量由大到小分别是：经济林 > 天然林 > 人工林，经济林的 Cd 含量最高；在土层 80~100 cm 中，Cd 含量由大到小分别是：经济林 > 天然林 > 人工林，经济林的 Cd 含量最高，各土层 Cd 含量最高的均为经济林。

**表 8.23 不同经营类型的林地土壤重金属 Cd 含量**（mg/kg）

| 林地利用类型 | 0~10cm 混合样 | 土层 | | | | |
| --- | --- | --- | --- | --- | --- | --- |
| | | 0~20cm | 20~40cm | 40~60cm | 60~80cm | 80~100cm |
| 人工林 | 0.048 ± 0.010 | 0.026 ± 0.004 | 0.022 ± 0.003 | 0.020 ± 0.003 | 0.019 ± 0.004 | 0.015 ± 0.002 |
| 天然林 | 0.044 ± 0.011 | 0.038 ± 0.012 | 0.021 ± 0.004 | 0.020 ± 0.005 | 0.020 ± 0.006 | 0.016 ± 0.005 |
| 经济林 | 0.066 ± 0.034 | 0.045 ± 0.021 | 0.028 ± 0.011 | 0.036 ± 0.022 | 0.029 ± .015 | 0.024 ± 0.011 |

### 8.3.3.5　新兴县不同经营类型的林地土壤重金属 Ni 含量

在 0~10 cm 土壤混合样中，Ni 含量从高到低依次是（表 8.24）：天然林 > 人工林 > 经济林；在土层 0~20 cm 中，Ni 含量从高到低依次是：天然林 > 经济林 > 人工林；在土层 20~40 cm 中，Ni 含量从高到低依次是：天然林 > 人工林 > 经济林；在土层 40~60 cm 中，Ni 含量从高到低依次是：天然林 > 人工林 > 经济林；在土层 60~80 cm 中，Ni 含量从高到低依次是：天然林 > 经济林 > 人工林；在土层 80~100 cm 中，Ni 含量从高到低依次是：天然林 > 经济林 > 人工林，天然林土壤 Ni 含量显著大于人工林和经济林，且各个土层均未超过广东省背景值。

**表 8.24　不同经营类型的林地土壤重金属 Ni 含量**（mg/kg）

| 林地利用类型 | 0~10cm 混合样 | 土层 | | | | |
| --- | --- | --- | --- | --- | --- | --- |
| | | 0~20cm | 20~40cm | 40~60cm | 60~80cm | 80~100cm |
| 人工林 | 6.39 ± 0.55b | 5.51 ± 0.50b | 4.79 ± 0.43b | 4.50 ± 0.39b | 4.18 ± 0.36b | 3.76 ± 0.31b |
| 天然林 | 10.00 ± 1.17a | 9.50 ± 1.19a | 7.45 ± 0.95a | 6.77 ± 0.72a | 6.28 ± 0.70a | 5.55 ± 0.57a |
| 经济林 | 7.77 ± 1.71ab | 6.92 ± 1.35ab | 6.14 ± 1.36ab | 5.94 ± 1.22ab | 6.08 ± 1.38ab | 5.28 ± 1.15ab |

## 8.3.4　新兴县土壤重金属污染评价

对新兴县土壤重金属进行污染评价（表 8.25），结果表明：新兴县土壤重金属 Cd、Pb、Cu、Zn、Ni 的单因子指数值分别为 0.48、0.65、0.64、0.36、0.44，污染水平均为非污染；单因子指数评价显示重金属 Pb 的污染水平最高，为 0.65，其次是元素 Cu（0.64）、Cd（0.48）、Ni（0.44）、Zn（0.36）；土壤综合污染指数为 0.72，处于污染等级 2，污染程度为警戒线，污染水平为尚清洁。

新兴县土壤重金属 Cd 处于非污染水平的样点数占总样点数的 89.83%，处于轻污染水平的样点数占 6.79%，处于中污染和重污染水平的样点数相同，均为 1.69%；重金属 Zn 中处于非污染水平的样点数占总样点数的比例最大，为 99.15%，其次是元素 Pb（94.92%）、Ni（94.92%）、Cd（89.83%）、Cu（89.83%）；重金属 Cu 中处于轻污染水平的样点数占总样点数的比例最大，为 8.47%，其次是元素 Cd（6.79%）、Ni（4.23%）、Pb（3.39%）、Zn（0.85%）；重金属 Pb 中无处于中污染水平的样点，其余元素均有；元素 Cd

和 Pb 中处于重污染水平的样点数比例相同, 为 1.69%, 元素 Cu 的比例是 0.85%, 重金属 Zn 和 Ni 中无处于重污染水平的样点数。

**表 8.25 新兴县土壤重金属污染评价**

| 重金属 | 污染水平 | | | | 污染评价 | |
|---|---|---|---|---|---|---|
| | 非污染(%) | 轻污染(%) | 中污染(%) | 重污染(%) | $P_i$ | $P_综$ |
| Cd | 89.83 | 6.79 | 1.69 | 1.69 | 0.48 | 0.72 |
| Pb | 94.92 | 3.39 | 0.00 | 1.69 | 0.65 | |
| Cu | 89.83 | 8.47 | 0.85 | 0.85 | 0.64 | |
| Zn | 99.15 | 0.85 | 1.28 | 0.00 | 0.36 | |
| Ni | 94.92 | 4.23 | 0.85 | 0.00 | 0.44 | |

# 8.4 郁南县土壤重金属

## 8.4.1 郁南县土壤重金属含量描述性统计

对郁南县样点的土壤重金属含量进行描述性统计分析(表 8.26), 可得郁南县 5 种元素的变异系数分别为 68.54%、30.86%、48.06%、42.23%、50.91%, 土壤中 Cd、Pb、Cu、Zn、Ni 元素含量的平均值分别为 0.028、30.121、17.646、39.639、23.944 mg/kg, 变异范围分别为 0.004 ~ 0.096 mg/kg、7.200~48.654 mg/kg、2.731~44.059 mg/kg、12.654~95.656 mg/kg、5.861~55.921 mg/kg。

**表 8.26 土壤重金属含量统计分析**

| 重金属 | 均值<br>(mg/kg) | 标准差<br>(mg/kg) | 极小值<br>(mg/kg) | 极大值<br>(mg/kg) | 变异系数<br>(%) |
|---|---|---|---|---|---|
| Cd | 0.028 | 0.019 | 0.004 | 0.096 | 68.54 |
| Pb | 30.121 | 9.295 | 7.200 | 48.654 | 30.86 |
| Cu | 17.646 | 8.481 | 2.731 | 44.059 | 48.06 |
| Zn | 39.639 | 16.741 | 12.654 | 95.656 | 42.23 |
| Ni | 23.944 | 12.189 | 5.861 | 55.921 | 50.91 |

### 8.4.2 郁南县土壤重金属含量与坡度、海拔、森林类型的关系

#### 8.4.2.1 坡度与土壤总镉含量分布分析

郁南县坡度与土壤总镉含量之间的关系如图 8.1 所示：在 20°≤坡度 <30°的样点总镉的含量范围为 0.0090~0.0420 mg/kg，30°≤坡度 <40°的样点总镉的含量范围为 0.0040~0.0912 mg/kg，40°≤坡度 <50°的样点总镉的含量范围为 0.0097 ~0.0956 mg/kg，50°≤坡度 <60°的样点总镉的含量范围为 0.0060~0.0423 mg/kg，60°≤坡度 <70°的样点总镉的含量范围为 0.0168 ~0.0643 mg/kg，70°≤坡度 <80°的样点只有一个，总镉的含量为 0.0407，80°≤坡度 <90°的样点总镉的含量范围为 0.0226~0.0927 mg/kg。

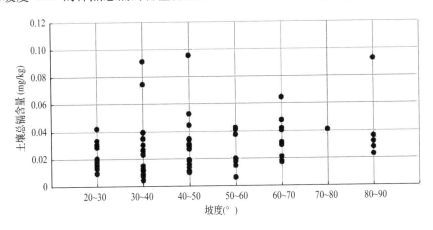

**图 8.1 郁南县坡度与土壤总镉含量的关系**

#### 8.4.2.2 坡度与土壤总铅含量分布分析

郁南县坡度与土壤总铅含量之间的关系如图 8.2 所示：20°≤坡度 <30°的样点总铅的含量范围为 19.68~43.01 mg/kg，30°≤坡度 <40°的样点总铅的含量范围为 14.80 ~48.65 mg/kg，40°≤坡度 <50°的样点总铅的含量范围为 7.20~44.94 mg/kg，50°≤坡度 <60°的样点总铅的含量范围为 16.76~40.19 mg/kg，60°≤坡度 <70°的样点总铅的含量范围为 20.45 ~44.65 mg/kg，70°≤坡度 <80°的样点只有一个，总铅的含量为 15.07 mg/kg，80°≤坡度 <90°的样点总铅的含量范围为 21.21~39.81 mg/kg。

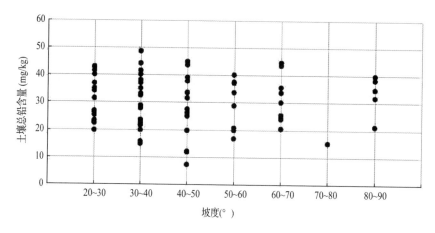

**图8.2 郁南县坡度与土壤总铅含量的关系**

### 8.4.2.3 坡度与土壤总铜含量分布分析

郁南县坡度与土壤总铜含量之间的关系如图 8.3 所示：20°≤坡度＜30°的样点总铜的含量范围为 6.67~44.06 mg/kg，30°≤坡度＜40°的样点总铜的含量范围为 4.82~35.34 mg/kg，40°≤坡度＜50°的样点总铜的含量范围为 5.34 ~24.41 mg/kg，50°≤坡度＜60°的样点总铜的含量范围为 4.32 ~23.49 mg/kg，60°≤坡度＜70°的样点总铜的含量范围为 5.35~30.51 mg/kg，70°≤坡度＜80°的样点只有一个，总铜的含量为 6.55，80°≤坡度＜90°的样点总铜的含量范围为 10.80~30.72 mg/kg。

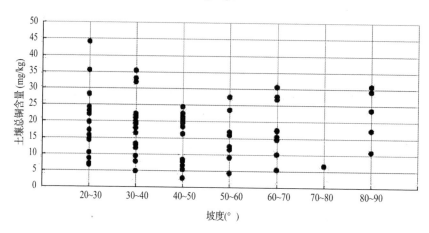

**图8.3 郁南县坡度与土壤总铜含量的关系**

#### 8.4.2.4　坡度与土壤总锌分布分析

郁南县坡度与土壤总锌含量之间的关系如图 8.4 所示：20°≤坡度 <30°的样点总锌的含量范围为 22.14~91.21 mg/kg，30°≤坡度 <40°的样点总锌的含量范围为 20.65 ~67.89 mg/kg，40°≤坡度 <50°的样点总锌的含量范围为 13.65~95.66 mg/kg，50°≤坡度 <60°的样点总锌的含量范围为 22.81~49.00 mg/kg，60°≤坡度 <70°的样点总锌的含量范围为 21.13~71.19 mg/kg，70° ≤坡度 <80°的样点只有一个，总锌的含量为 24.79 mg/kg，80°≤坡度 <90° 的样点总锌的含量范围为 22.65~66.30 mg/kg。

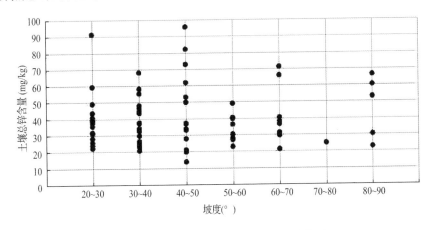

**图 8.4　郁南县坡度与土壤总锌含量的关系**

#### 8.4.2.5　坡度与土壤总镍含量分布分析

郁南县坡度与土壤总镍含量之间的关系如图 8.5 所示：20°≤坡度 <30°

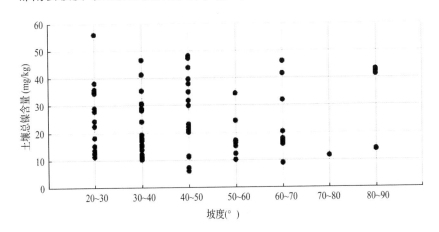

**图 8.5　郁南县坡度与土壤总镍含量的关系**

的样点总镍的含量范围为 11. 18 ~ 55. 92 mg/kg，30°≤坡度 <40°的样点总镍的含量范围为 10. 17 ~ 46. 56 mg/kg，40°≤坡度 <50°的样点总镍的含量范围为 5. 86 ~ 48. 08 mg/kg，50°≤坡度 <60°的样点总镍的含量范围为 10. 00 ~ 34. 32 mg/kg，60°≤坡度 <70°的样点总镍的含量范围为 8. 81 ~ 46. 10 mg/kg，70°≤坡度 <80°的样点只有一个，总镍的含量为 11. 50 mg/kg，80°≤坡度 <90°的样点总镍的含量范围为 13. 74 ~ 43. 06 mg/kg。

#### 8. 4. 2. 6　海拔与土壤总镉含量分布分析

郁南县海拔与土壤总镉含量之间的关系如图 8.6 所示：0 m≤海拔 <100 m 的样点总镉的含量范围为 0. 008 ~ 0. 093 mg/kg，100 m≤海拔 <200 m 的样点总镉的含量范围为 0. 004 ~ 0. 091 mg/kg，200 m≤海拔 <300 m 的样点总镉的含量范围为 0. 006 ~ 0. 096 mg/kg，300 m≤海拔 <400 m 的样点总镉的含量范围为 0. 018 ~ 0. 053 mg/kg，400 m≤海拔 <500 m 的样点总镉的含量范围为 0. 017 ~ 0. 039 mg/kg，500 m≤海拔 <600m 的样点总镉的含量范围为 0. 011 ~ 0. 048 mg/kg，海拔≥600 m 的样点只有一个，总镉的含量为 0. 018 mg/kg。

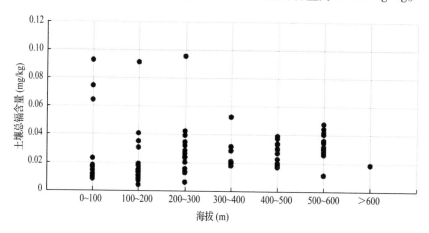

**图8.6　郁南县海拔与土壤总镉含量的关系**

#### 8. 4. 2. 7　海拔与土壤总铅含量分布分析

郁南县海拔与土壤总铅含量之间的关系如图 8.7 所示：0m≤海拔 <100 m 的样点总铅的含量范围为 7. 20 ~ 44. 20 mg/kg，100m≤海拔 <200 的样点总铅的含量范围为 11. 80 ~ 43. 00 mg/kg，200 m≤海拔 <300 m 的样点总铅的含量范围为 19. 70 ~ 43. 70 mg/kg，300 m≤海拔 <400 m 的样点总铅的含量范围为 20. 40 ~ 39. 10 mg/kg，400 m≤海拔 <500 m 的样点总铅的含量范围为 21. 20 ~ 48. 70 mg/kg，500m≤海拔 <600 m 的样点总铅的含量范围为 22. 50 ~

44.90 mg/kg，海拔≥600 m 的样点只有一个，总铅的含量为 20.70 mg/kg。

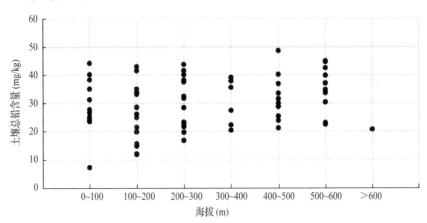

**图 8.7 郁南县海拔与土壤总铅含量的关系**

### 8.4.2.8 海拔与土壤总铜含量分布分析

郁南县海拔与土壤总铜含量之间的关系如图 8.8 所示：0 m≤海拔 < 100 m 的样点总铜的含量范围为 2.73~33.00 mg/kg，100 m≤海拔 < 200 m 的样点总铜的含量范围为 4.82~44.10 mg/kg，200 m≤海拔 < 300 m 的样点总铜的含量范围为 4.31 ~35.40 mg/kg，300 m≤海拔 < 400 m 的样点总铜的含量范围为 5.35~22.40 mg/kg，400 m≤海拔 < 500 m 的样点总铜的含量范围为 8.33~35.30 mg/kg，500 m≤海拔 < 600 m 的样点总铜的含量范围为 8.08 ~ 30.70 mg/kg，海拔≥600 m 的样点只有一个，总铜的含量为 9.05 mg/kg。

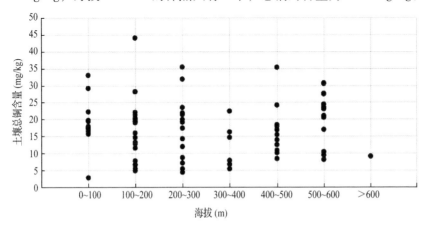

**图 8.8 郁南县海拔与土壤总铜含量的关系**

### 8.4.2.9　海拔与土壤总锌含量分布分析

郁南县海拔与土壤总锌含量之间的关系如图 8.9 所示：0 m ≤ 海拔 < 100 m 的样点总锌的含量范围为 13.70 ~ 67.90 mg/kg，100 m ≤ 海拔 < 200 m 的样点总锌的含量范围为 19.60 ~ 91.20 mg/kg，200 m ≤ 海拔 < 300 m 的样点总锌的含量范围为 22.80 ~ 59.30 mg/kg，300 m ≤ 海拔 < 400 m 的样点总锌的含量范围为 22.10 ~ 23.00 mg/kg，400 m ≤ 海拔 < 500 m 的样点总锌的含量范围为 21.10 ~ 58.10 mg/kg，500 m ≤ 海拔 < 600 m 的样点总锌的含量范围为 25.20 ~ 95.70 mg/kg，海拔 ≥ 600m 的样点只有一个，总锌的含量为 30.20 mg/kg。

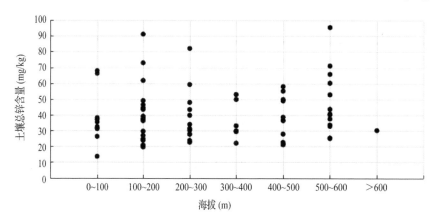

**图 8.9　郁南县海拔与土壤总锌含量的关系**

### 8.4.2.10　海拔与土壤总镍含量分布分析

郁南县海拔与土壤总镍含量之间的关系如图 8.10 所示：0m ≤ 海拔 < 100 m 的样点总镍的含量范围为 7.10 ~ 42.30 mg/kg，100 m ≤ 海拔 < 200 m 的样点总镍的含量范围为 5.86 ~ 55.90 mg/kg，200 m ≤ 海拔 < 300 m 的样点总镍的含量范围为 11.10 ~ 28.80 mg/kg，300 m ≤ 海拔 < 400 m 的样点总镍的含量范围为 8.81 ~ 37.90 mg/kg，400 m ≤ 海拔 < 500 m 的样点总镍的含量范围为 12.30 ~ 46.60 mg/kg，500 m ≤ 海拔 < 600 m 的样点总镍的含量范围为 28.90 ~ 48.10 mg/kg，海拔 ≥ 600 m 的样点只有一个，总镍的含量为 15.00 mg/kg。

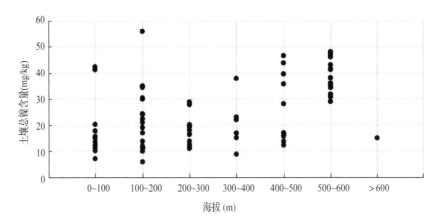

**图 8.10　郁南县海拔与土壤总镍含量的关系**

### 8.4.2.11　森林类型与土壤总镉的关系

郁南县森林资源丰富，根据不同经营方式将森林类型主要分为三大类，分别是人工林、天然林和杂木林。郁南县森林类型与总镉含量之间的关系（图 8.11）显示：人工林的样点总镉的含量范围为 0.004~0.093 mg/kg，平均总镉含量是 0.027 mg/kg，天然林的样点总镉的含量范围为 0.007 ~ 0.096 mg/kg，平均总镉含量是 0.028 mg/kg，杂木林的样点总镉的含量范围为 0.035~0.039 mg/kg，平均总镉含量是 0.037 mg/kg，整体表现为土壤总镉含量人工林 < 天然林 < 杂木林。

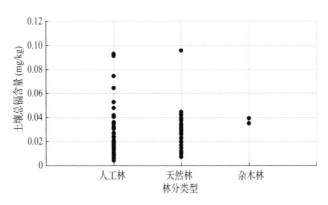

**图 8.11　郁南县森林类型与土壤总镉含量的关系**

### 8.4.2.12　森林类型与土壤总铅含量分布分析

郁南县森林类型与土壤总铅含量之间的关系如图 8.12 所示：人工林的样

点总铅的含量范围为 12.00~44.90 mg/kg，平均总铅含量是 29.32 mg/kg，天然林的样点总铅的含量范围为 7.20 ~ 48.70 mg/kg，平均总铅含量是 31.20 mg/kg，杂木林的样点总铅的含量范围为 28.60~38.10 mg/kg，平均总铅含量是 33.38 mg/kg，总铅含量整体表现为人工林＜天然林量＜杂木林。

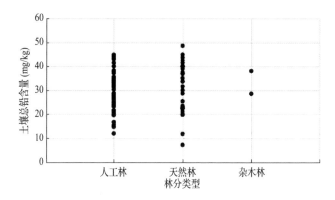

**图 8.12  郁南县森林类型与土壤总铅含量的关系**

### 8.4.2.13  森林类型与土壤总铜含量分布分析

郁南县森林类型与土壤总铜含量之间的关系如图 8.13 所示：人工林的样点总铜的含量范围为 4.31 ~ 44.10 mg/kg，平均总铜含量是 18.45 mg/kg，天然林的样点总铜的含量范围为 2.73 ~ 35.30 mg/kg，平均总铜含量是 16.21 mg/kg，杂木林的样点总铜的含量范围为 19.10 ~ 19.90 mg/kg，平均总铜含量是 19.64 mg/kg，总铜含量整体表现为天然林的＜人工林＜杂木林。

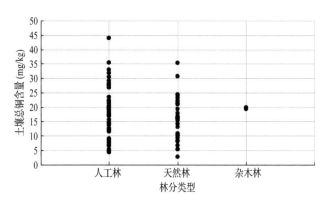

**图 8.13  郁南县森林类型与土壤总铜含量的关系**

#### 8.4.2.14  森林类型与土壤总锌含量分布分析

郁南县森林类型与土壤总锌含量之间的关系如图 8.14 所示：人工林的样点总锌的含量范围为 19.60～91.20 mg/kg，平均总锌含量是 40.26 mg/kg，天然林的样点总锌的含量范围为 13.70 ～ 95.70 mg/kg，平均总锌含量是 38.58 mg/kg，杂木林的样点总锌的含量范围为 37.60～43.50 mg/kg，平均总锌含量是 40.54 mg/kg，总锌含量整体表现为天然林＜人工林＜杂木林。

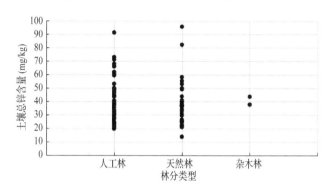

**图 8.14  郁南县森林类型与土壤总锌含量的关系**

#### 8.4.2.15  森林类型与土壤总镍含量分布分析

郁南县森林类型与土壤总镍含量之间的关系如图 8.15 所示：人工林的样点总镍的含量范围为 5.86～55.90 mg/kg，平均总镍含量是 23.90 mg/kg，天然林的样点总镍的含量范围为 7.10 ～ 48.10 mg/kg，平均总镍含量是 24.42 mg/kg，杂木林的样点总镍的含量范围为 17.00～19.20 mg/kg，平均总镍含量是 18.13 mg/kg，总镍含量整体表现为杂木林＜人工林＜天然林。

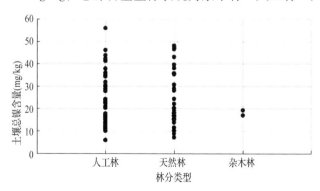

**图 8.15  郁南县森林类型与土壤总镍含量的关系**

### 8.4.3　郁南县土壤重金属污染评价

对郁南县土壤重金属进行污染评价（表 8.27），结果表明：郁南县土壤重金属 Cd、Pb、Cu、Zn、Ni 的单因子指数值分别为 0.50、0.84、1.04、0.84、1.66，污染水平分别为非污染、非污染、轻污染、非污染、轻污染；单因子指数评价显示重金属 Ni 的污染水平最高，为 1.66，其次为元素 Cu（1.04）、Zn（0.84）、Pb（0.84），重金属 Cd 的污染水平最低，为 0.50；土壤综合污染指数为 1.45，处于污染等级 3，污染程度为轻污染，污染水平为污染物超过起初污染值，作物开始污染。

土壤重金属 Cd 处于非污染水平的样点数占总样点数的 93.59%，处于轻污染水平的样点数占 6.41%，没有处于中污染和重污染水平的样点；只有重金属 Ni 中有处于重污染水平的样点，比例为 7.69%，重金属 Pb 和 Cd 所有样点中处于中污染水平的样点数为 0 个，元素 Cu、Zn、Ni 处于中污染水平的分别占 3.85%、1.28%、26.92%，元素 Cd 样点中未被污染的样点比例最高，元素 Ni 中未被污染的样点比例最低，为 26.92%，处于轻污染水平的比例元素 Cu 最高，Cd 最低。

表 8.27　郁南县土壤重金属污染评价

| 重金属 | 污染水平 | | | | 污染评价 | |
|---|---|---|---|---|---|---|
| | 非污染(%) | 轻污染(%) | 中污染(%) | 重污染(%) | $P_i$ | $P_综$ |
| Cd | 93.59 | 6.41 | 0.00 | 0.00 | 0.50 | |
| Pb | 70.51 | 29.49 | 0.00 | 0.00 | 0.84 | |
| Cu | 46.15 | 50.00 | 3.85 | 0.00 | 1.04 | 1.45 |
| Zn | 74.36 | 24.36 | 1.28 | 0.00 | 0.84 | |
| Ni | 26.92 | 38.47 | 26.92 | 7.69 | 1.66 | |

## 8.5　小　结

云城、云安二区土壤微量元素总镉、总铅、总锌的含量范围分别为 0.001~0.135 mg/kg、0.85~343.32 mg/kg、0.32~149.91 mg/kg。3 种微量元素总体都呈自西向东逐渐递减的分布趋势。总镉的含量处在土壤环境标准一级标准的范围内；总铅含量大部分处在 35 mg/kg 以上，在土壤环境质量标准的二级标准范围内；总锌含量大多分布在 100 mg/kg，处在土壤环境质量标准一级标准的范围中，极小的一块区域在二级标准的范围中，总体上来说研究区的土壤总锌含量未超标。总镉在高村镇、镇安镇、白石镇、石城镇和前锋镇的含量较高；总铅在高村镇、镇安镇与石城镇的含量较高；总锌在石城镇、镇安镇、高村镇、六都镇、云城街道、高峰街道、南盛镇以及前锋镇的含量较高。土壤中微量元素总镉、总铅、总锌含量受人为干扰影响较大，其中总镉含量受工业废水的影响而出现了高低值不同分布的情况，但因研究区内松树与其他植物对镉具有吸收作用，总镉在研究区的总体含量较低；总铅受汽车排气与人类活动的影响，造成了研究区西部的铅含量偏高的现象；总铅受汽车排气、人类活动、固体废弃物、含锌农药，受到轮胎和机械部件磨损污染物、含锌燃料（润滑油）的泄露、大量粉尘等影响，造成了西部与中部以及南盛镇的锌含量偏高。

罗定市土壤重金属 Cu 含量的平均值为 14.43 mg/kg，含量范围为 1.78 ~ 38.89 mg/kg，Zn 的平均值为 22.91 mg/kg，变异范围为 7.51 ~ 102.33 mg/kg，Pb 的平均值为 11.32 mg/kg，变异范围为 4.73 ~ 77.97 mg/kg，Cd 的平均值为 17.17 μg/kg，变异范围为 3.50 ~ 121.86 μg/kg，Ni 的平均值为 9.18 mg/kg，变异范围为 1.23 ~ 28.66 mg/kg。该区域 5 种土壤重金属元素变异系数均较大，均为中等程度变异，变异系数由大到小依次为：Pb > Cd > Zn > Ni > Cu，表明 5 种土壤重金属元素受外界环境干扰较大。罗定市土壤重金属 Cd、Pb、Cu、Zn、Ni 的单因子指数值分别为 0.31、0.31、0.85、0.48、0.64，污染水平均为非污染；单因子指数评价显示重金属 Cu 的污染水平最高，为 0.85，其次是元素 Ni（0.64）、Zn（0.48）、Pb（0.31）、Pb（0.31）；土壤综合污染指数为 0.71，处于污染等级 2，污染程度为警戒线，污染水平为尚清洁。

新兴县土壤重金属 Cu 含量的平均值为 10.88 mg/kg，含量范围为 1.81 ~ 200.73 mg/kg，Zn 的平均值为 17.02 mg/kg，变异范围为 5.36 ~ 52.19 mg/kg，Pb 的平均值为 23.33 mg/kg，变异范围为 2.85 ~ 729.31 mg/kg，Cd 的平均值为 27.02 μg/kg，变异范围为 2.69 ~ 312.77 μg/kg，Ni 的平均值为 6.27 mg/kg，变异范围为 0.90 ~ 35.84 mg/kg。该区域 5 种土壤重金属元素变异系数均较大，其中元素 Cu、Pb、Cd 的变异系数均大于 100%，变异系数由高到低依次为：Pb > Cu > Cd > Ni > Zn，表明 5 种土壤重金属元素受外界环境干扰较大。新兴县土壤重金属 Cd、Pb、Cu、Zn、Ni 的单因子指数值分别为 0.48、0.65、0.64、0.36、0.44，污染水平均为非污染；单因子指数评价显示重金属 Pb 的污染水平最高，为 0.65，其次是元素 Cu（0.64）、Cd（0.48）、Ni（0.44）、Zn（0.36）；土壤综合污染指数为 0.72，处于污染等级 2，污染程度为警戒线，污染水平为尚清洁。

郁南县 5 种元素的变异系数分别为 68.54%、30.86%、48.06%、42.23%、50.91%，土壤中 Cd、Pb、Cu、Zn、Ni 元素含量的平均值分别为 0.028、30.121、18.646、39.639、23.944 mg/kg，变异范围分别为 0.004～0.096 mg/kg、7.200～48.654 mg/kg、2.731～44.059 mg/kg、12.654～95.656 mg/kg、5.861～55.921 mg/kg。

# 9

# 云浮市土壤养分空间分布

根据正态分布检验的结果和插值精度的要求，对土壤中符合正态分布的全氮、全磷、全钾和有机质含量采用 Kriging 插值，生成的云浮市土壤养分含量空间分布图。图 9.1 至图 9.4 分别表示有机质、全氮、全磷、全钾含量在云浮市的空间分布。

## 9.1 云浮市土壤有机质空间分布

云浮市土壤有机质含量分布范围为 12.4 ~ 44.6 g/kg，土壤有机质含量分布以东北部地区土壤有机质较低，西北地区含量较高，呈现出截然不同的两个区域，详情见彩图 30。纵观全图，土壤有机质含量在郁南县、新兴县分布较高，土壤有机质含量分布范围为 17.0 ~ 44.6 g/kg，在郁南县呈由西向东逐渐递减的趋势，新兴县呈由西向东逐渐递增的趋势；其次是罗定市的有机质含量，分布范围是 12.4 ~ 40.0 g/kg，由西向东逐渐递减；云城区和云安区有机质含量普遍较低，土壤有机质含量分布范围为 12.4 ~ 21.6 g/kg，分布趋势是由北向南逐渐递增。土壤有机质含量最高的地区是郁南县的罗顺镇及桂圩镇，含量分布范围为 40.0 ~ 44.6 g/kg，其次是新兴县的东成镇，含量分布范围是 35.4 ~ 44.6 g/kg，土壤有机质含量较低的地区是云安区的富林镇和白石镇、云城区的云城街道和思劳镇，含量分布范围均小于 12.4 g/kg。

## 9.2 云浮市土壤全氮空间分布

土壤全氮含量分布以西北偏上至中部地区分布较高,其他地方分布较低。如彩图31所示,总体趋势是过研究区中心,以南北方向线为基线,以西的大数地区土壤全氮含量较高,以东的大部分地区土壤全氮含量较低,东西地区含量差呈现非明显性。郁南县的土壤全氮较其他地区高,分布范围是0.88~2.58 g/kg,由西北方向向东南方向逐渐降低;罗定市的含量分布范围为0.67~2.58 g/kg,其中分界镇和罗镜镇土壤全氮含量较高,为1.97~2.58 g/kg,苹塘镇、华石镇和太平镇含量较低;新兴县的含量分布范围为0.67~1.36 g/kg,车岗镇和洞口镇的含量较低,小于0.67 g/kg;云安区含量由北到南逐渐递增,含量分布范围是0.67~1.69 g/kg;云城区含量分布范围为0.67~1.36 g/kg,由北到南含量逐渐降低。在郁南县罗顺镇和桂圩镇镇分布较高,含量分布范围为2.24~2.58 g/kg,在罗定市太平镇、华石镇和苹塘镇及云城区前锋镇地区分布较低,含量分布范围小于0.67 g/kg。

## 9.3 云浮市土壤全磷空间分布

土壤全磷含量分布以过研究区域西南部分地带和东南部地带较高,研究区域东西走向中轴线以北部分地带较低,如彩图32所示。罗定市土壤全磷含量分布范围是0.24~11.93 g/kg,趋势为由北向南递减;郁南县、云安区、云城区的土壤全磷含量均整体较低,范围分别为0.24~0.78 g/kg、0.24~1.45 g/kg、0.24~0.78 g/kg;新兴县的土壤全磷含量跨度较大,其中东成镇的含量最高,为大于11.93 g/kg,洞口镇的含量最低,为小于0.24 g/kg,其余镇的含量范围均在0.24~5.77 g/kg之间。总体看在罗定市新乐镇和新兴县车岗镇、东成镇土壤全磷含量较高,含量分布范围为2.84~11.93 g/kg,而云城区的思劳镇和腰古镇、云安区都杨镇和高村镇的土壤全磷含量相对较低,范围为0.24~0.31 g/kg。

## 9.4　云浮市土壤全钾空间分布

　　土壤全钾含量分布以过研究区中心线西南地区和东南部地区分布较高，自南向北逐渐降低，总体趋势是过研究区域南北中心线南部区域土壤全钾含量较高，而北部地区较低，在新乐镇、集成镇、太平镇、共成镇和里洞镇分布较高，如彩图33所示，即在罗定市和新兴县域区域森林土壤含钾量普遍较高，分布范围为65.4～108.1 g/kg，而在郁南县的平台镇、桂圩镇和宋桂镇、河口镇、云安区的白石镇土壤全钾含量分布相对较低，范围小于10.4 g/kg。郁南县的土壤全钾含量分布范围是10.4～20.9 g/kg，平台镇、桂圩镇和宋桂镇、河口镇的含量较低，小于10.4 g/kg；云安区和云城区的全钾含量由北到南逐渐递增，含量分布范围是10.4～65.4 g/kg、10.4～41.6 g/kg；罗定市的含量分布范围是14.5～108.1 g/kg，由西北向东南逐渐降低；新兴县的含量分布范围是16.8～108.1 g/kg，其中集成镇、太平镇和共成镇的含量较高，为65.4～108.1 g/kg。

# 参考文献

安辛克，李琳琳，张运刚，等．不同分辨率 SRTM － DEM 的数字地形分析比较研究［J］．测绘与空间地理信息，2006，61（12）：1326．

鲍士旦．土壤农化分析（第三版）［M］．北京：中国农业出版社，2008．

毕如田，李华．不同地形部位耕地微量元素空间变异性研究——以永济市为例［J］．土壤，2005，37（3）：290 － 294．

曹丽花，刘合满，赵世伟．退化高寒草甸土壤有机碳分布特征及与土壤理化性质的关系［J］．草业科学，2011，28（8）：1411 － 1415．

曹龙熹，符素华．基于 DEM 的坡长计算方法比较分析［J］．水土保持通报，2007，27（5）：58 － 62．

常冬梅，郭红霞，林东生．双能 γ 射线穿透法测量土壤密度和水含量［J］．核电子学与探测技术．1998，18（5）：375 － 378．

陈海生，刘大双，刘国顺．河南襄城植烟区土壤中量元素含量的空间异质性［J］．土壤通报，2010（03）：582 － 589．

陈荣卿．探索云浮低碳环保之路——以云浮市硫铁矿、石材、水泥三大产业为例［J］．沿海企业与科技，2010（09）：98 － 100．

陈仕栋．湖南省土壤有机碳密度、储量的空间分布格局及其影响因子分析［D］．长沙：中南林业科技大学，2011．

陈思萱，邹滨，汤景文．空间插值方法对土壤重金属污染格局识别的影响［J］．测绘科学，2015（01）：63 － 67．

陈同斌，黄铭洪，黄焕忠，等．香港土壤中的重金属含量及其污染现状［J］．地理学报，1997，52（03）：228 － 236．

陈玉真，王峰，王果，等．土壤锌污染及其修复技术研究进展［J］．福建农业学报，2012（08）：901 － 908．

邓新辉，蒋忠诚，覃小群．广西弄拉岩溶植被的表层水文地球化学效应［J］．山地学报，2008，26（2）：170 － 179．

丁咸庆，马慧静，朱晓龙，等．大围山不同海拔森林土壤有机碳垂直分布特征［J］．水土保持学报，2015（02）：258 － 262．

杜建刚，曾学贵．基于等高线数据鱼骨状 DEM 的建立［J］．北方交通大学学报，1997，21(4)：437－440.

范玉兰，卢映琼，巫辅香，等．赣南地区脐橙园土壤交换性钙镁含量分布特征研究[J]．中国果树，2014(03)：29－32.

冯琼瑛，肖敏，杨锋，等．基于 ArcGIS10 空间插值法的填挖方计算精度分析比较[J]．测绘与空间地理信息，2015(02)：94－96.

广东省土壤普查办公室．广东土壤[M]．北京：科学出版社，1993.

国家环境保护局科技标准司．GB 15618—1995 土壤环境质量标准[S]．北京：中国标准出版社，1995.

洪雪姣．大、小兴安岭主要森林群落类型土壤有机碳密度及影响因子的研究[D]．哈尔滨：东北林业大学，2012.

黄昌勇，徐建明．土壤学(第三版)[M]．北京：中国农业出版社，2010.

纪华．生活垃圾填埋场含硫恶臭气体分析与评价[J]．环境卫生工程，2011(01)：4－6.

纪萱，陈立新，薛洪祥．不同林龄红松人工林土壤养分及微量元素的变化规律[J]．东北林业大学学报，2007，35(7)：27－29.

贾静淅．精准提升森林质量——增强碳汇能力[N]．中国气象报．2016－03－07.

晋蓓，刘学军，甄艳，等．ArcGIS 环境下 DEM 的坡长计算与误差分析[J]．地球信息科学学报，2010，12(5)：700－706.

雷志栋，杨诗秀，许志荣．土壤特性空间变异性初步研究[J]．水利学报，1985，9(9)：10－21.

李德生，张萍，张水龙．等．黄前库区流域植被水源涵养功能及植被类型选择的研究[J]．水土保持学报，2003，17(4)：128－131.

李国良，周昌敏，杨苞梅，等．'砂糖橘'养分累积分布特性研究[J]．热带作物学报，2015(12)：2166－2170.

李际平，陈端吕，袁晓红，等．人类干扰对森林景观类型相关性的影响研究[J]．中南林业科技大学学报，2009，29(05)：39－43.

李俊．基于 DEM 的黄土高原坡长的自动提取和分析[D]．西安：西北大学，2007.

李敏．广东烟区土壤养分状况与烟叶品质的关系研究[J]．安徽农业科学，2009(02)：699－700.

李旭，王海燕，杨晓娟，等．基于地统计学的土壤养分空间变异研究进展[J]．广东农业科学，2012，39(22)：65－69.

李勇，周永章，窦磊，等. 珠江三角洲平原广东省佛山市顺德区土壤——蔬菜系统中 Pb 的健康安全预测预警[J]. 地质通报，2010(11)：1662 - 1676.

李志斌. 基于地统计学方法和 Scorpan 模型的土壤有机质空间模拟研究[D]. 北京：中国农业科学院，2010.

李志洪，王淑华. 土壤容重对土壤物理性状和小麦生长的影响[J]. 土壤通报，2000，31(2)：55 - 57.

李中元，何腾兵，赵泽英，等. 土壤养分数据几种特异值处理方法的比较[J]. 贵州农业科学，2008，36(2)：93 - 96.

刘菊秀，周国逸，温达志，等. 酸沉降影响下广东陆地生态系统表层土壤特征[J]. 农业环境保护，2001(04)：231 - 234.

刘留辉，邢世和，高承芳. 土壤碳储量研究方法及其影响因素[J]. 武夷科学，2007，23 (1)：219 - 226.

刘杏梅，张蔚文. 中尺度上水稻田质量与精确农业[J]. 浙江大学学报：农业与生命科学版，2005，31(6)：745 - 749.

卢德亮，乔璐，陈立新，等. 哈尔滨市区绿地土壤重金属污染特征及植物富集[J]. 林业科学，2012，48(08)：16 - 24.

鲁剑巍，陈防，王富华，等. 湖北省柑橘园土壤养分分级研究[J]. 植物营养与肥料学报，2002，8(04)：390 - 394.

吕国强. 城市生活垃圾焚烧过程中硫和氯的行为研究[D]. 昆明：昆明理工大学，2004.

马慧静. 大围山典型森林土壤有机碳特征及其影响因子分析[D]. 长沙：中南林业科技大学，2014.

聂明，万佳蓉，陈晓枫，等. 亚热带自然林与人工林土壤重金属含量的研究[J]. 光谱学与光谱分析，2011，31(11)：3098 - 3100.

宁晓波，项文化，方晰，等. 贵阳花溪区石灰土林地土壤重金属含量特征及其污染评价[J]. 生态学报，2009，29(04)：2169 - 2177.

尚志海，丘世钧. 广东省红色风化壳地区水土流失严重性的成因分析——以五华县为例[J]. 地质灾害与环境保护，2004(04)：15 - 18.

盛庆凯. 基于支持向量机的土壤养分制图研究[D]. 重庆：西南大学，2013.

石元春. 土壤学的数字化和信息化革命[J]. 土壤学报，2000，37(3)：289 - 295.

汤国安，杨昕. ArcGIS 地理信息系统空间分析实验教程[M]. 北京：科学出版社，2011：388.

田大伦，方晰，康文星．杉木林不同更新方式对林地土壤性质的影响[J]．中南林学院学报，2003，23（2）：1-5.

万洪富，杨国义，周建民，等．广东土壤科学的发展历程与展望[J]．生态学，2011（S1）：69-72.

王春铭，高云华，张登伟，等．广州增城市垃圾填埋场封场土壤及植物重金属调查与评价[J]．农业环境科学学报，2013（04）：714-720.

王凡，朱云集，路玲．土壤中的硫素及其转化研究综述[J]．中国农学通报，2007（05）：249-253.

王婧．伊犁草原黑钙土理化特征及质量评价研究[D]．乌鲁木齐：新疆农业大学，2014.

王宁宁．九台市土壤养分空间分布预测研究[D]．长春：吉林大学，2009.

王树力，袁伟斌，杨振．镜泊湖区4种主要森林类型的土壤养分状况和微生物特征[J]．水土保持学报，2007，21（5）：50-54.

韦红波，李锐，杨勤科．我国植被水土保持功能研究进展[J]．植物生态学报，2002，26（4）：489-496.

魏强，凌雷，柴春山，等．甘肃兴隆山森林演替过程中的土壤理化性质[J]．生态学报，2012，32（15）：4700-4713.

魏强，王芳，陈文业，等．黄河上游玛曲不同退化程度高寒草地土壤物理特性研究[J]．水土保持通报．2010，30（5）：16-21.

吴启堂．环境土壤学[M]．北京：中国农业出版社，2011.58-218.

吴新民，李恋卿，潘根兴，等．南京市不同功能城区土壤中重金属 Cu、Zn、Pb 和 Cd 的污染特征[J]．环境科学，2003，24（3）：105-111.

谢高地，甄霖，杨丽，等．泾河流域景观稳定性与类型转换机制[J]．应用生态学报，2005，16（09）：1693-1698.

谢寄托．莽山常绿阔叶林土壤养分分布规律研究[D]．长沙：中南林业科技大学，2014.

熊咏梅，朱剑云，叶永昌．东莞林科园土壤水分的空间异质性[J]．华南农业大学学报，2006，27（3）：21-25.

徐燕千，张宏达，曾天勋，等．广东森林[M]．北京：中国林业出版社，1990.

许明祥，刘国彬．黄土丘陵区刺槐人工林土壤养分特征及演变[J]．植物营养与肥料学报，2004，10（01）：40-46.

杨杰. 川西北高寒草地生态系统土壤性状研究[D]. 成都：四川师范大学，2011.

杨亚利，谢永生，赵暄. 红壤区土壤侵蚀危险程度分级初探[J]. 水土保持通报，2013，33(3)：231 – 235.

姚丽贤，周修冲，彭智平，等. 广东省柑橘园土壤养分肥力研究[J]. 土壤通报，2006(01)：41 – 44.

俞聪，殷杉，周丕生，等. 上海浦东新区公园绿地土壤重金属的分布特征及其评价[J]. 环境与健康杂志，2008，25(10)：891 – 894.

张会儒，雷相东. 精准提升森林质量需强化技术支撑[N]. 中国绿色时报，2016-06-16.

张继舟，吕品，王立民，等. 大兴安岭森林土壤重金属含量空间变异与污染评价[J]. 生态学杂志，2015(03)：810 – 819.

张建. GPS 定位对贵州喀斯特山区县级尺度土壤养分变异与空间格局研究——以务川县为例[J]. 西南农业学报，2006，19(3)：414 – 417.

赵斯. 东北黑土区农林复合土壤理化性质研究[D]. 哈尔滨：东北林业大学，2010.

赵心苗. 冀北山地森林土壤理化性质与健康比较研究[D]. 保定：河北农业大学，2013.

郑惠典，肖辉林，叶细养，等. 广东在经济发展中存在的土壤问题及其对策[J]. 土壤与环境，2001(03)：230 – 233.

郑袁明，余轲，吴泓涛，等. 北京城市公园土壤铅含量及其污染评价[J]. 地理研究，2002(04)：418 – 424.

中国环境监测总站. 中国土壤元素背景值[M]. 北京：中国环境科学出版社，1990.

中国林业科学研究院林业研究所. LY/T 1210—1999 森林土壤样品的采集与制备标准[S]. 北京：中国标准出版社，1999.

中国林业科学研究院林业研究所. LY/T 1245—1999 森林土壤交换性钙和镁的测定[S]. 北京：中国标准出版社，1999.

中国林业科学研究院林业研究所. LY/T 1255—1999 森林土壤全硫的测定标准[S]. 北京：中国标准出版社，1999.

钟晓兰，周生路，李江涛，等. 长江三角洲地区土壤重金属污染的空间变异特征——以江苏省太仓市为例[J]. 土壤学报，2007，44(1)：33 – 40.

周广柱，杨锋杰，程建光，等. 土壤环境质量综合评价方法探讨[J]. 山东科技大学学报(自然科学版), 2005, 24(4): 113 –115.

周鸣铮. 微量元素钼的农业化学与土壤化学[J]. 土壤通报, 1964, 1: 43 –49.

朱求安, 江洪, 宋晓东. 基于空间插值方法的中国南方酸雨时空分布格局模拟及分析[J]. 环境科学研究, 2009, 22(11): 1237 –1244.

庄伊美. 柑橘营养与施肥[M]. 北京: 中国农业出版社, 1994: 31 –34.

邹俊亮, 郭胜利, 李泽, 等. 小流域土壤有机碳的分布和积累及土壤水分的影响[J]. 自然资源学报, 2012(03): 430 –439.

邹青, 赵业婷, 常庆瑞, 等. 黄土高原南部耕地土壤养分空间格局分析——以陕西省富县为例[J]. 干旱地区农业研究, 2012, 30(3): 107 –113.

祖元刚, 李冉, 王文杰, 等. 我国东北土壤有机碳无机碳含量与土壤理化性质的相关性[J]. 生态学报, 2011, 31(18): 5207 –5216

Ambroise B, Beven K, Freer J. Toward a Generalization of the TOPMODEL Concepts: Topographic Indices of Hydrological Similarity [J]. Water Resources Research, 1996, 32(7): 2135 –2145.

Brockerhoff E G, Jactel H, Parrotta J A, et al.. Plantation forests and biodiversity: oxymoron or opportunity? [J]. Biodiversity and Conservation, 2008, 17(5): 925 –951.

Fernandez C. Estimating water erosion and sediment yield with GIS, Rusle, and SEDD[J]. Journal of Soil & Water Conservation, 2003, 58(3): 128 –136.

Ferro V, Minacapilli M. Sediment delivery processes at basin scale[J]. Hydrological Sciences Journal/journal Des Sciences Hydrologiques, 1995, 40(6): 703 –717.

Fun M H, Hagan M T. Levenberg – Marquardt training for modular networks [C]. IEEE International Conference on Neural Networks. IEEE, 1996: 468 –473 vol. 1.

Hovmand M E, Kemp K, Kystol J, et al. Atmospheric heavy metal deposition accumulated in rural forest soils of southern Scandinavia[J]. Environmental Pollution, 2008, 155: 537 –541.

LOWERY B, SWAN J, SCHUMACHER T, et al. Physical properties of selected soils by erosion class[J]. Journal of soil and water conservation. 1995, 50: 306 –311.

MARIA BV, NILDA M A, Norman P. Soil degradation related to overgrazing in the semi – arid southern Caldenal areaof Argentina[J]. Soil Science, 2001, 166 (7): 441 –452.

Robert P C. Precision agriculture: an information revolution in agriculture[J]. General Information, 1999.

Scanlon T M, Raffensperger J P, Hornberger G M, et al.. Shallow subsurface storm flow in a forested headwater catchment: observations and modeling using a modified TOPMODEL[J]. Water Resources Research, 2000, 36(9): 2575 – 2586.

Sprynskyy M, Kowalmkowski T, Tutu H, et al. The adsorption properties of agricultural and forest soils towards heavy metal ions (Ni, Cu, Zn and Cd) [J]. Soil and Sediment Contamination, 2011, 20: 12 – 29.

Weiss A. Topographic position and landforms analysis[C]. Poster presentation, ESRI user conference, San Diego, CA. 2001, 200.

Zhao Z, Chow T L, Rees H W, et al.. Predict soil texture distributions using an artificial neural network model[J]. Computers and Electronics in Agriculture, 2009, 65(1): 36 – 48.

Zhao Z, Chow T L, Yang Q, et al.. Model prediction of soil drainage classes based on digital elevation model parameters and soil attributes from coarse resolution soil maps[J]. Canadian Journal of Soil Science, 2008, 88(88): 787 – 799.

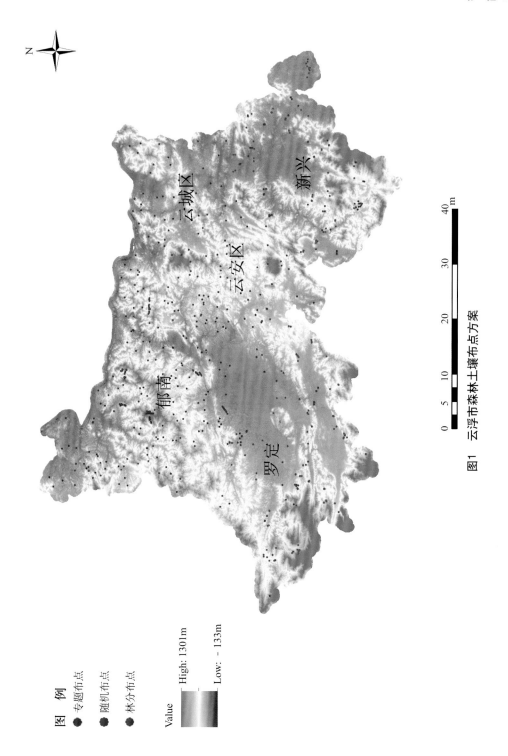

**图1 云浮市森林土壤布点方案**

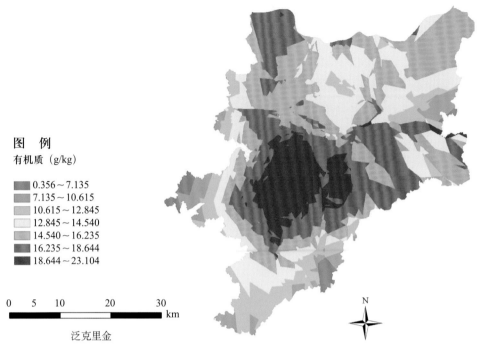

图 例
有机质（g/kg）

- 0.356～7.135
- 7.135～10.615
- 10.615～12.845
- 12.845～14.540
- 14.540～16.235
- 16.235～18.644
- 18.644～23.104

0　5　10　　20　　30
km

泛克里金

图2　土壤有机质空间模型插值对比

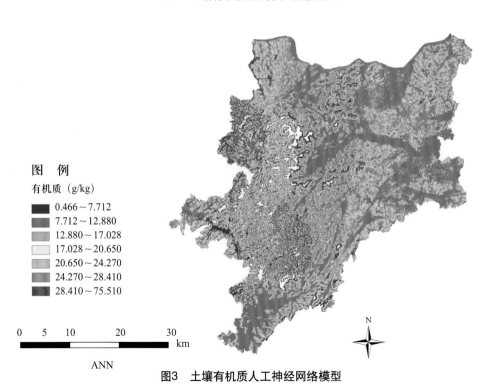

图 例
有机质（g/kg）

- 0.466～7.712
- 7.712～12.880
- 12.880～17.028
- 17.028～20.650
- 20.650～24.270
- 24.270～28.410
- 28.410～75.510

0　5　10　　20　　30
km

ANN

图3　土壤有机质人工神经网络模型

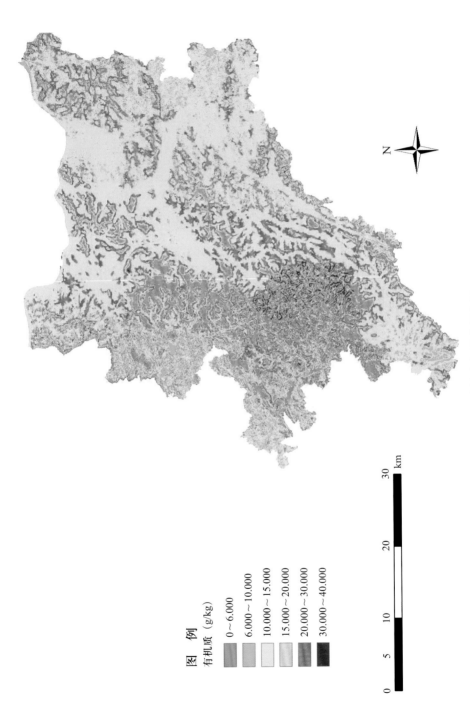

图 例

有机质（g/kg）

0～6.000
6.000～10.000
10.000～15.000
15.000～20.000
20.000～30.000
30.000～40.000

0　　5　　10　　　　20　　　　30
km

图4　土壤有机质空间分级

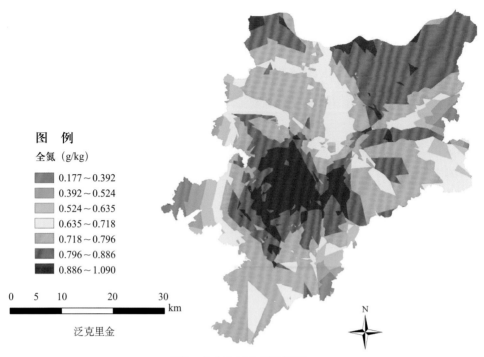

图例

全氮（g/kg）

- 0.177~0.392
- 0.392~0.524
- 0.524~0.635
- 0.635~0.718
- 0.718~0.796
- 0.796~0.886
- 0.886~1.090

0 5 10 20 30 km

泛克里金

图5　全氮克里金插值模型

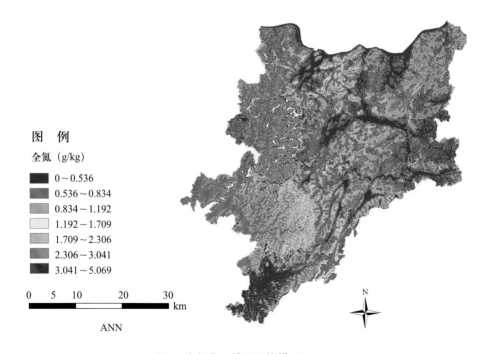

图例

全氮（g/kg）

- 0~0.536
- 0.536~0.834
- 0.834~1.192
- 1.192~1.709
- 1.709~2.306
- 2.306~3.041
- 3.041~5.069

0 5 10 20 30 km

ANN

图6　全氮人工神经网络模型

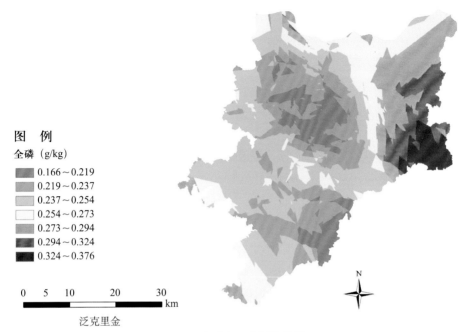

图例

全磷（g/kg）

- 0.166～0.219
- 0.219～0.237
- 0.237～0.254
- 0.254～0.273
- 0.273～0.294
- 0.294～0.324
- 0.324～0.376

0　5　10　　　20　　　30

km

泛克里金

图7　全磷克里金插值模型

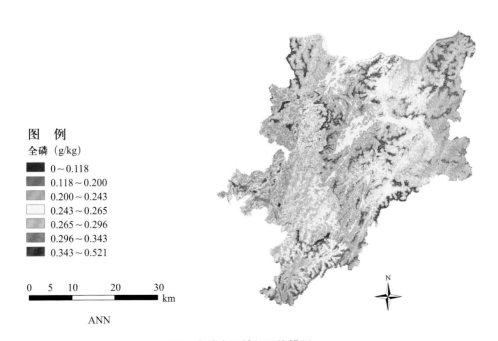

图例

全磷（g/kg）

- 0～0.118
- 0.118～0.200
- 0.200～0.243
- 0.243～0.265
- 0.265～0.296
- 0.296～0.343
- 0.343～0.521

0　5　10　　　20　　　30

km

ANN

图8　全磷人工神经网络模型

5

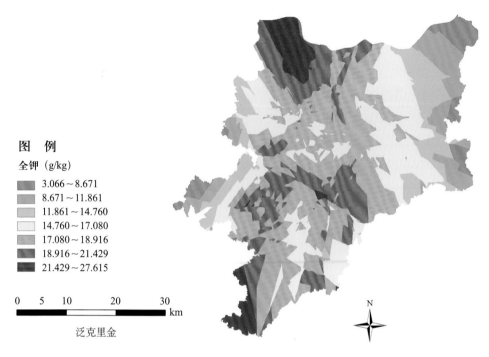

图 例

全钾（g/kg）

- 3.066～8.671
- 8.671～11.861
- 11.861～14.760
- 14.760～17.080
- 17.080～18.916
- 18.916～21.429
- 21.429～27.615

0   5   10        20        30
km

泛克里金

图9　全钾克里金插值模型

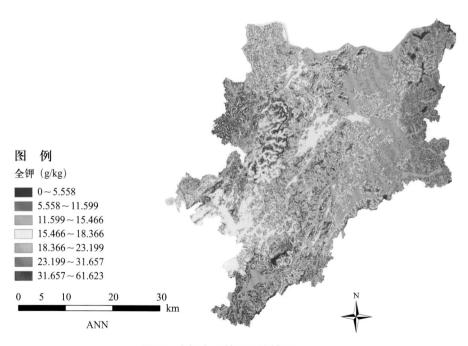

图 例

全钾（g/kg）

- 0～5.558
- 5.558～11.599
- 11.599～15.466
- 15.466～18.366
- 18.366～23.199
- 23.199～31.657
- 31.657～61.623

0   5   10        20        30
km

ANN

图10　全钾人工神经网络模型

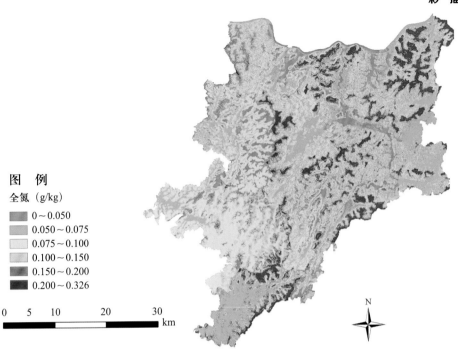

图例

全氮（g/kg）

▨ 0~0.050
▨ 0.050~0.075
▨ 0.075~0.100
▨ 0.100~0.150
▨ 0.150~0.200
▨ 0.200~0.326

图11 土壤全氮空间分级

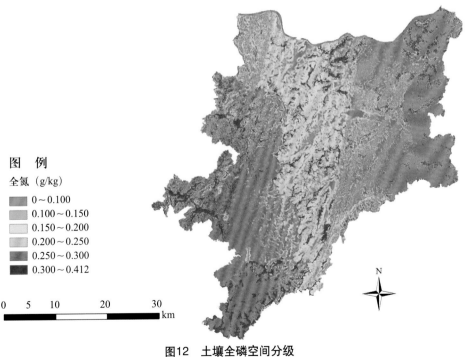

图例

全氮（g/kg）

▨ 0~0.100
▨ 0.100~0.150
▨ 0.150~0.200
▨ 0.200~0.250
▨ 0.250~0.300
▨ 0.300~0.412

图12 土壤全磷空间分级

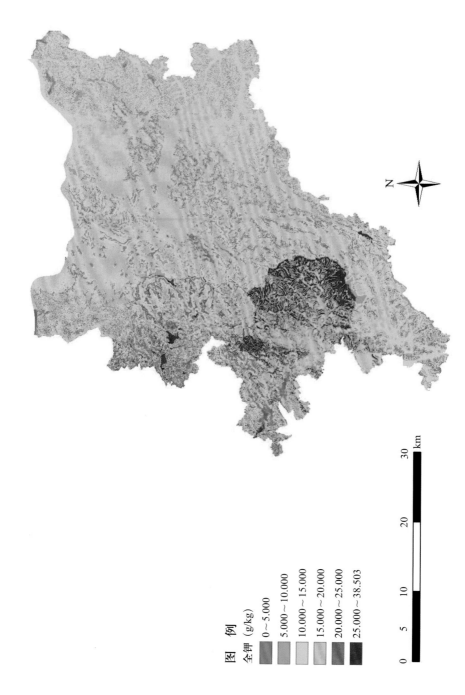

图例

全钾（g/kg）

0～5.000
5.000～10.000
10.000～15.000
15.000～20.000
20.000～25.000
25.000～38.503

0    5    10         20         30
km

图13 土壤全钾空间分级

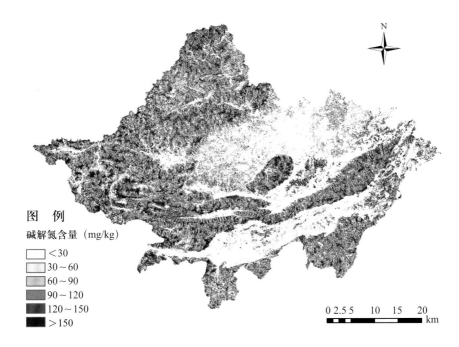

图例

碱解氮含量（mg/kg）

☐ ＜30
☐ 30～60
☐ 60～90
☐ 90～120
☐ 120～150
■ ＞150

0 2.5 5   10   15   20
▬▬▭▬▭▬▬▭ km

图14 罗定市森林土壤碱解氮含量预测

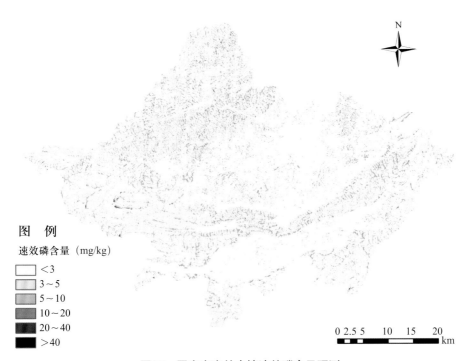

图例

速效磷含量（mg/kg）

☐ ＜3
☐ 3～5
☐ 5～10
☐ 10～20
☐ 20～40
■ ＞40

0 2.5 5   10   15   20
▬▬▭▬▭▬▬▭ km

图15 罗定市森林土壤速效磷含量预测

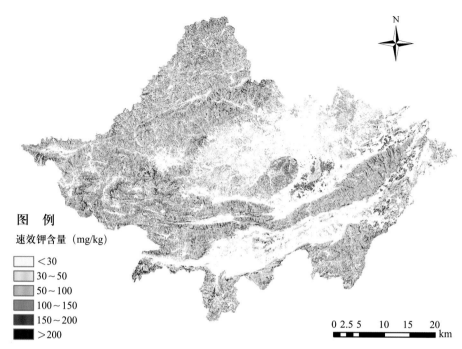

图 例

速效钾含量（mg/kg）

- ＜30
- 30～50
- 50～100
- 100～150
- 150～200
- ＞200

0 2.5 5　10　15　20 km

**图16　罗定市森林土壤速效钾含量预测**

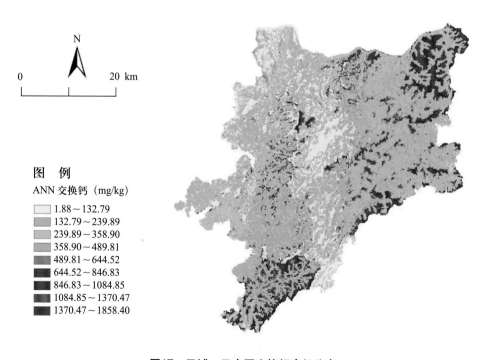

N

0　　　　　　20 km

图 例

ANN 交换钙（mg/kg）

- 1.88～132.79
- 132.79～239.89
- 239.89～358.90
- 358.90～489.81
- 489.81～644.52
- 644.52～846.83
- 846.83～1084.85
- 1084.85～1370.47
- 1370.47～1858.40

**图17　云城、云安区交换钙空间分布**

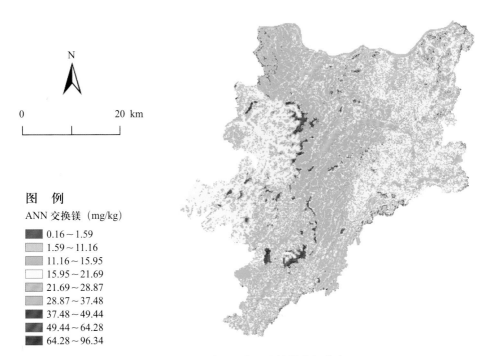

N

0  20 km

图 例

ANN 交换镁（mg/kg）

0.16～1.59
1.59～11.16
11.16～15.95
15.95～21.69
21.69～28.87
28.87～37.48
37.48～49.44
49.44～64.28
64.28～96.34

**图18 云城、云安区交换镁空间分布**

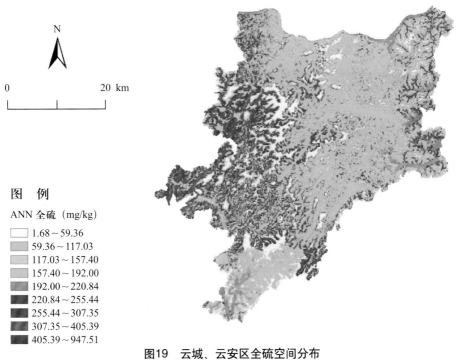

N

0  20 km

图 例

ANN 全硫（mg/kg）

1.68～59.36
59.36～117.03
117.03～157.40
157.40～192.00
192.00～220.84
220.84～255.44
255.44～307.35
307.35～405.39
405.39～947.51

**图19 云城、云安区全硫空间分布**

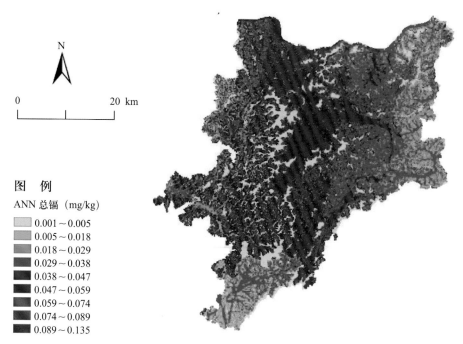

图例

ANN 总镉（mg/kg）

- 0.001～0.005
- 0.005～0.018
- 0.018～0.029
- 0.029～0.038
- 0.038～0.047
- 0.047～0.059
- 0.059～0.074
- 0.074～0.089
- 0.089～0.135

图20　云城、云安区总镉空间分布

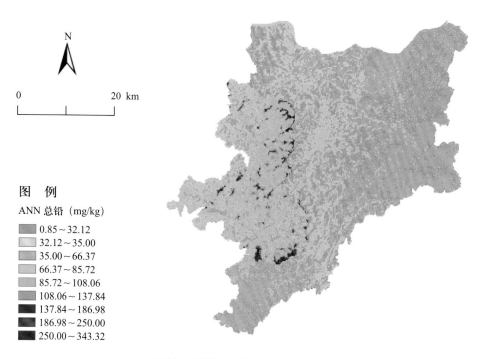

图例

ANN 总铅（mg/kg）

- 0.85～32.12
- 32.12～35.00
- 35.00～66.37
- 66.37～85.72
- 85.72～108.06
- 108.06～137.84
- 137.84～186.98
- 186.98～250.00
- 250.00～343.32

图21　云城、云安区总铅空间分布

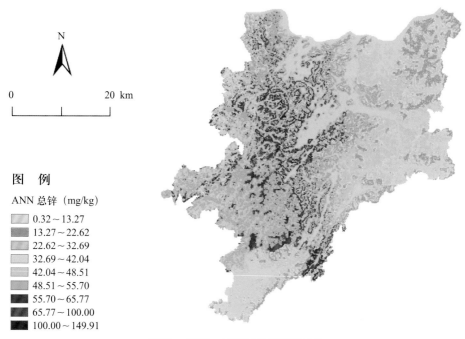

图 例

ANN 总锌（mg/kg）

- 0.32～13.27
- 13.27～22.62
- 22.62～32.69
- 32.69～42.04
- 42.04～48.51
- 48.51～55.70
- 55.70～65.77
- 65.77～100.00
- 100.00～149.91

图22 云城、云安区总锌空间分布

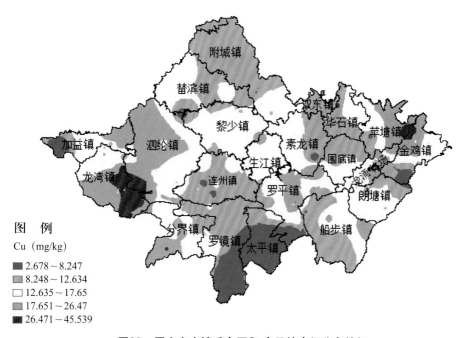

图 例

Cu（mg/kg）

- 2.678～8.247
- 8.248～12.634
- 12.635～17.65
- 17.651～26.47
- 26.471～45.539

图23 罗定市土壤重金属Cu含量的空间分布特征

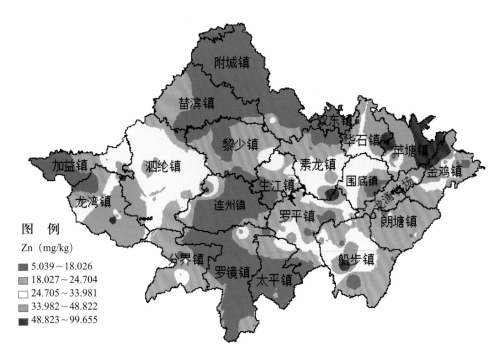

图24　罗定市土壤重金属Zn含量的空间分布特征

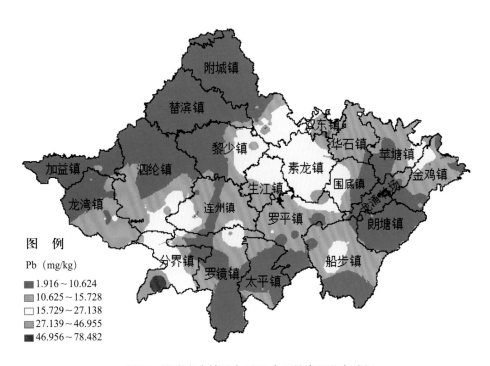

图25　罗定市土壤重金属Pb含量的空间分布特征

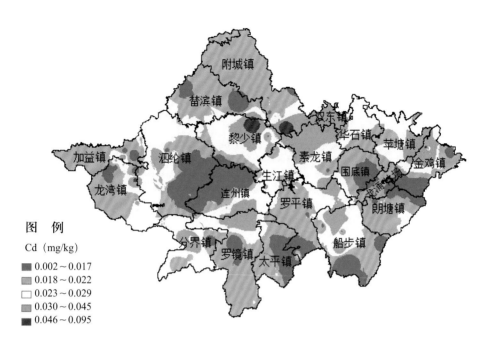

图26 罗定市土壤重金属Cd含量的空间分布特征

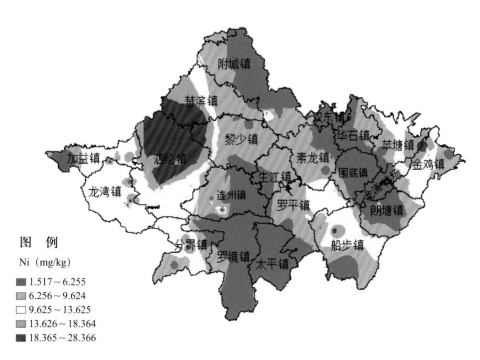

图27 罗定市土壤重金属Ni含量的空间分布特征

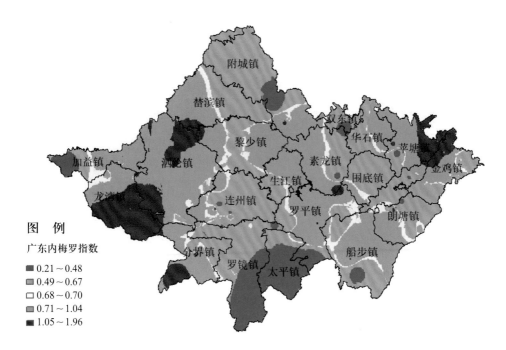

图28 土壤重金属污染评价等级空间分布（广东省背景值）

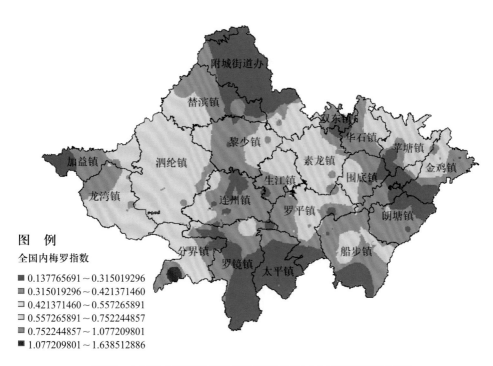

图29 土壤重金属污染评价等级空间分布（全国环境质量标准）

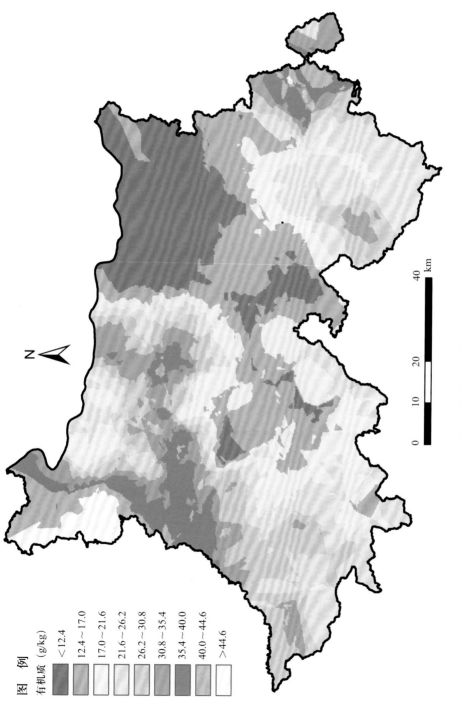

图例

有机质（g/kg）

<12.4
12.4~17.0
17.0~21.6
21.6~26.2
26.2~30.8
30.8~35.4
35.4~40.0
40.0~44.6
>44.6

0   10   20   40
km

图30  云浮市森林土壤有机质含量分布

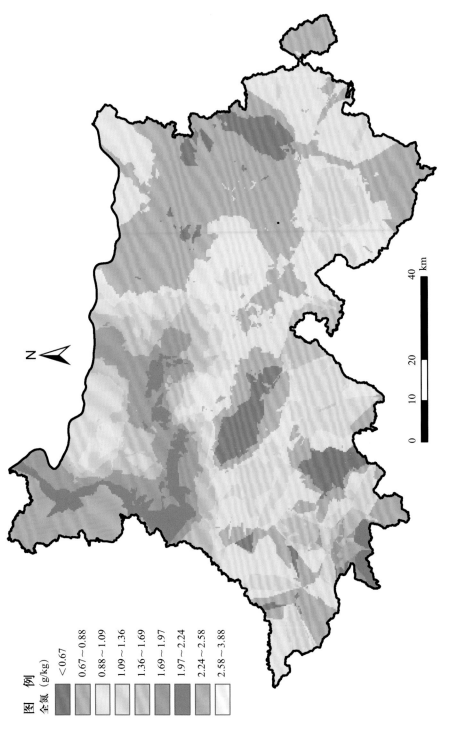

图31 云浮市森林土壤全氮含量分布

图 例
全氮（g/kg）

<<0.67
0.67～0.88
0.88～1.09
1.09～1.36
1.36～1.69
1.69～1.97
1.97～2.24
2.24～2.58
2.58～3.88

0　　10　20　　　　40
km

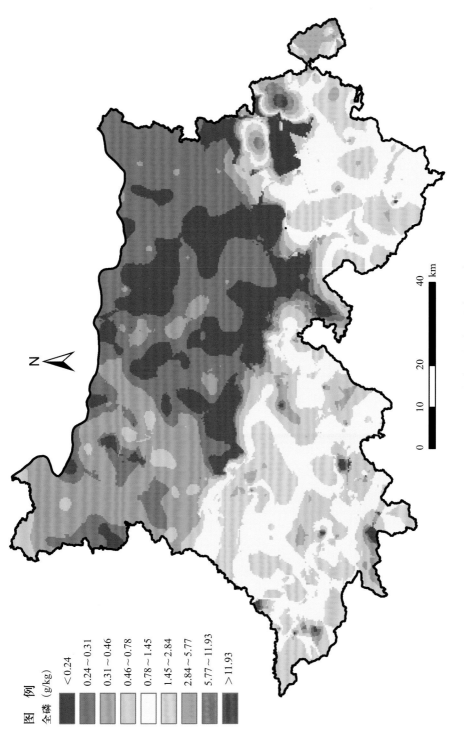

图例

全磷 (g/kg)

<0.24
0.24~0.31
0.31~0.46
0.46~0.78
0.78~1.45
1.45~2.84
2.84~5.77
5.77~11.93
>11.93

图32　云浮市森林土壤全磷含量分布

**19**

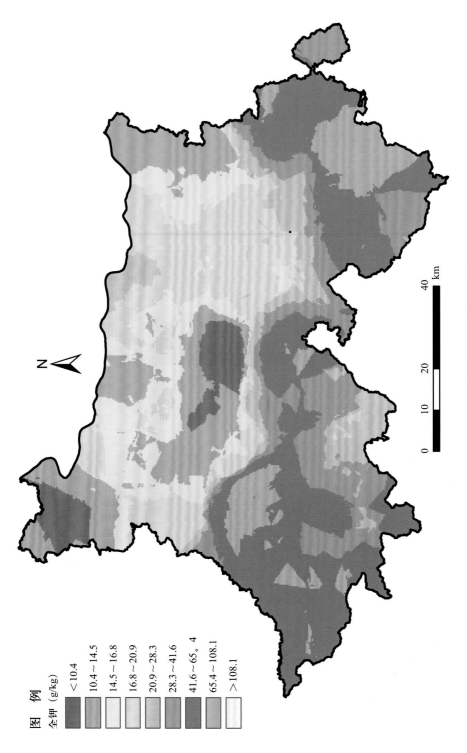

图33 云浮市森林土壤全钾含量分布

图　例

全钾（g/kg）

- <10.4
- 10.4~14.5
- 14.5~16.8
- 16.8~20.9
- 20.9~28.3
- 28.3~41.6
- 41.6~65.4
- 65.4~108.1
- >108.1